U0186415

高等职业教育系列教材配套教学用书

高等职业学校课程改革实验教材

应用电子技术实训教程

浙江天煌科技实业有限公司　组编

杨爱敏　编

机械工业出版社

本书根据高职高专机电一体化、电梯工程技术、应用电子技术等专业的培养目标，参照企业技术工人的考核标准，围绕应用电子技术实训而编写。全书分三大部分：基础篇、模拟电子技术篇和数字电子技术篇。基础篇主要介绍了常用的测量设备、常见的电子元器件和简单的焊接技术，此部分内容是后续学习的基础。模拟电子技术篇和数字电子技术篇分别介绍了常见模拟电子电路和数字电子电路的相关知识。

本书采用由易入难、循序渐进的编写方式，使学生在完成实训的过程中，除了提高动手能力外，可同步提高分析和解决问题的能力，并加强团队合作意识。书中内容以实训为主，结合理论，易于在实训过程中加深学生对理论的理解，培养学生的学习兴趣，提高教学效果。

本书主要用于高职高专机电一体化、电梯工程技术、应用电子技术等专业的实训教学，也可以作为电气、电子等相关行业从业人员的参考用书。

图书在版编目（CIP）数据

应用电子技术实训教程/浙江天煌科技实业有限公司组编；杨爱敏编. —北京：机械工业出版社，2020.4（2024.1 重印）
高等职业教育系列教材配套教学用书　高等职业学校课程改革实验教材
ISBN 978-7-111-65073-7

Ⅰ.①应…　Ⅱ.①浙…②杨…　Ⅲ.①电子技术－高等职业教育－教材　Ⅳ.①TN

中国版本图书馆 CIP 数据核字（2020）第 042764 号

机械工业出版社（北京市百万庄大街 22 号　邮政编码 100037）
策划编辑：汪光灿　　责任编辑：汪光灿　陈文龙
责任校对：樊钟英　　封面设计：张　静
责任印制：张　博
北京雁林吉兆印刷有限公司印刷
2024 年 1 月第 1 版第 2 次印刷
184mm×260mm·16.75 印张·409 千字
标准书号：ISBN 978-7-111-65073-7
定价：49.00 元

电话服务　　　　　　　　网络服务
客服电话：010-88361066　机　工　官　网：www.cmpbook.com
　　　　　010-88379833　机　工　官　博：weibo.com/cmp1952
　　　　　010-68326294　金　书　网：www.golden-book.com
封底无防伪标均为盗版　机工教育服务网：www.cmpedu.com

前 言

电子技术是 19 世纪末 20 世纪初发展起来的新兴技术，是近代科学技术发展的一个重要标志。电子技术的迅猛发展在很大程度上依赖于所使用的电子元器件，从最初的以电子管为核心的第一代电子产品到小巧、省电、寿命长的半导体管，再到大规模集成电路甚至超大规模集成电路，使得电子产品向着小型化、高性能化的方向发展。

现今，电子技术在各个方面支撑着我们的生活，被广泛应用于工农业生产、科技和人们的生活。电子技术应用水平的高低，已成为衡量人们生活水平和生产水平的重要标志之一。目前有大量的人员从事与电气、电子技术相关的工作，但相关技术人才仍有较大缺口，故培养大量既掌握基本的电子技术知识又具有较强动手能力的相关人才是非常必要的。

本书可作为相关教程的配套用书，主要围绕电子技术实训编写，分为基础篇、模拟电子技术篇和数字电子技术篇。

基础篇主要介绍了常用的测量设备、常见的电子元器件和简单的焊接技术，此部分内容是后续学习的基础。模拟电子技术篇和数字电子技术篇分别介绍了常见模拟电子电路和数字电子电路相关内容，包括基本实训和综合实训。本书的基本实训包含了内容说明、知识链接（简单的理论介绍）以及实训部分等栏目。在学习过程中，可以将理论知识和实训相结合，通过理论知识指导实训，通过实训的实施去巩固对理论知识的理解。

本书在浙江天煌科技实业有限公司开发的电子类教仪所能实现的功能基础上，选择合适的实训项目，并添加理论知识链接和实训反思进行编写，更适合学生使用。在此对在写作过程中给予帮助的朋友们表示深深的谢意。由于编者水平有限，书中疏漏和错误之处在所难免，望广大读者提出宝贵意见，以便修订时加以改正。

编 者

目 录

第三篇　数字电子技术篇

第一篇 基 础 篇

【本篇说明】

生活中经常用到各种电器，如洗衣机、电吹风、音响等，无论这些电器电路复杂还是简单，都是由各种各样的电子元器件组成的，可见，识别和选用这些元器件，是非常重要的。本篇主要介绍用万用表检测常用电子元器件、示波器的原理及使用、电阻器的标称值及精度色环标志法，以及焊接工艺，这些都是重要的基础内容。

用万用表检测常用电子元器件

➡ 内容说明

万用表是目前电工电子中常用的测量工具，它是一种可以测量多种电量且具有多种量程的便携式仪表。万用表可以测量交直流电压、交直流电流、电阻、电容和频率等。万用表可分为模拟式（指针式）万用表和数字式万用表。在学习其他内容之前，要学会如何使用万用表。此处主要介绍万用表及如何用万用表测量常用电子元器件，如电阻、电容、二极管、晶体管及晶闸管等。

➡ 知识链接

【测量基本知识】

测量时，一般应先研究被测量本身的特性及所需的精确程度、环境条件及所具有的测量设备等因素。综合考虑后，再确定采用何种测量方法和测量设备。想要得到正确的测量结果，需要正确的测量方法。否则，不仅测量结果不准确，还可能损坏测量仪表或元器件。

一个物理量的测量可以通过不同的方法来实现，通常有以下几类方法。

1. 直接测量和间接测量

直接测量：顾名思义，这是一种可以直接得到被测量值的测量方法。例如，使用万用表测量稳压电源的工作电压。

间接测量：这是一种利用直接测量的量与被测量之间已知的函数关系，进而得到被测量值的测量方法。这种方法常用于被测量不便于直接测量或间接测量的结果比直接测量结果更为准确的场合。

组合测量：这是一种使用直接测量和间接测量相结合的方法，一般利用被测量和另外几个量组成方程，最后求解得到被测量。

2. 直接测量法与比较测量法

直接测量法：这是一种直接从测量仪表上读出测量结果的方法，例如用指针式万用表或数字式万用表测量电阻。这种方法简单直观。

比较测量法：这是一种在测量过程中将被测量值与标准量直接进行比较而获得测量结果

的方法。在实际测量中，直接测量法与直接测量、比较测量法与间接测量并不相同，但相互之间有交叉。

3. 测量性质分类

频域测量：频域测量技术又称为正弦测量技术，测量参数多表现为频域的函数，而与时间无关。这种测量方式的缺点是不宜用于研究电路的瞬时状态，例如，放大器增益、相位差、输入阻抗等参数。

时域测量：测量的是电路瞬变过程及其特性。

数据域测量：用逻辑分析仪对数字量进行测量的方法。

噪声测量：噪声是一种随机信号，噪声测量属于随机测量。在后续测量中，噪声与信号是相对存在的。

【测量工具——万用表】

生活中万用表常用来测量交直流电压。交流电压是大小和方向都随时间变化的电压。直流电压是大小和方向都不随时间变化的电压。使用万用表之前，要对万用表上的各种符号有所了解，万用表常见符号的说明见表 1-1。

表 1-1 万用表常见符号说明

符　号	功　能
V ~	交流电压测量
V ---	直流电压测量
A ~	交流电流测量
A ---	直流电流测量
Ω	电阻测量
Hz	频率测量
h_{FE}	晶体管测量
F	电容测量
℃	温度测量
⊣▷⊢	二极管测量
•)))	通断测量

1. 指针式万用表

某型指针式万用表如图 1-1 所示。

指针式万用表的红表笔接表内电池的负极，黑表笔接表内电池的正极。

指针式万用表利用一只灵敏的磁电系直流电流表（微安表）做表头，当微小电流通过表头时，就会有电流指示，表头不能通过大电流，所以必须在表头上并联或串联一些电阻进行分流或分压，从而测出电路中的电流、电压和电阻。

直流电流测量原理：如图 1-2a 所示，在表头上并联一个适当的电阻（叫作分流电阻）进行分流，即可以扩展电流量程。改变分流电阻的阻值，就能改变电流的测量范围。

直流电压测量原理：如图 1-2b 所示，在表头上串联一个适当的电阻（叫作倍增电阻）进行分压，就可以扩展电压量程。改变倍增电阻的阻值，就能改变电压的测量范围。

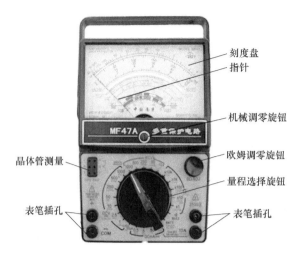

图 1-1　指针式万用表

交流电压测量原理：如图 1-2c 所示，因为表头是直流表，所以在测量交流量时，需加装一个并串式半波整流电路，将交流量整流变成直流量后再通过表头，即根据直流电压的大小来测量交流电压。扩展交流电压量程的方法与扩展直流电压量程的方法相似。

电阻测量原理：如图 1-2d 所示，在表头上串并联适当的电阻，同时串联表内电池，使电流通过被测电阻，根据电流的大小，即可测量出电阻值。改变分流电阻的阻值，即可改变电阻的量程。

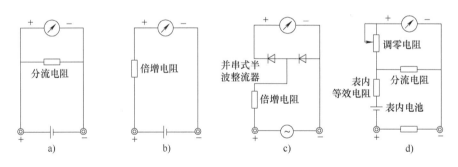

图 1-2　测量原理

2. 数字式万用表

某型数字式万用表如图 1-3 所示。

数字式万用表使用时的注意事项如下：

1）数字式万用表使用前应了解被测量元器件的种类、被测量的大小，然后选择合适的量程及表笔连接的位置。

2）测量时，若显示屏始终显示数字"1"，其他位均消失，则说明该量程无法测出被测量，此时应重新选择更高的量程测量。

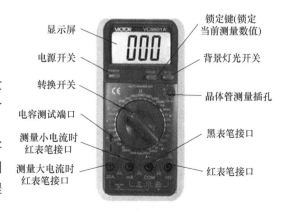

图 1-3　数字式万用表

3）当被测量未知时，应尽量选择较大的量程测量，不要超过各量程的测量范围。

4）当用万用表连接测量电路时，不要接触表笔顶端。

5）数字式万用表红表笔对应万用表内部电池的正极，黑表笔对应万用表内部电池的负极。

6）当预先不知道被测量大小时，应将转换开关置于最高档。

7）若测量端与大地之间的电压超过 500V，不要测量电压。

8）测量时，当被测电压高于 DC 60V 或 AC 30V（有效值）时，应注意保持手指始终在表笔的挡手板之后。

9）在旋转转换开关改变测量功能之前，应将表笔与被测电路断开。

10）在电流、电阻、二极管档位时，不要将万用表连接电压源。

11）当测量电视机的开关电源电路时，测试点的高电压脉冲可能损坏万用表。

12）不要带电测量电阻。

13）禁止在测量时切换量程。

14）在电容器完全放电前，不要测量电容器电容。

15）如果万用表出现任何异常或故障，应立即停止使用。

16）只有万用表底壳及电池盖在原位完全紧固时，才能使用仪表。

17）不要在阳光直射、高温、高湿的环境下储存或使用仪表。

18）测量时，先连接公共测试表笔（黑表笔），再连接带电表笔（红表笔）；断开连接时，先断开带电表笔，再断开公共表笔。

19）使用完毕后请关闭万用表电源。

【实践与应用】

1. 二极管管脚极性及质量判别

扩展阅读：PN 结的形成

半导体：常温下的导电性能介于导体和绝缘体之间的材料。无论是从科技或是经济发展的角度来看，半导体的重要性都是不言而喻的。目前大部分的电子产品（如计算机、移动电话或数字录音机）之中的核心单元都和半导体有着极为密切的关联。常见的半导体材料有硅、锗、砷化镓等，而硅更是各种半导体材料中应用十分广泛的一种。

本征半导体：不含杂质且无晶格缺陷的半导体称为本征半导体。在极低温度下，半导体的价带是满带（见能带理论），受到热激发后，价带中的部分电子会越过禁带进入能量较高的空带，空带中存在电子后成为导带，价带中缺少一个电子后形成一个带正电的空位，称为空穴。空穴导电并非空穴的实际运动，而是一种等效。电子导电时等电量的空穴会沿其反方向运动。

N 型半导体（N 为 Negative 的字头，因电子带负电荷而得此名）：掺入少量杂质磷元素（或锑元素）的硅晶体（或锗晶体）中，由于半导体原子（如硅原子）被杂质原子取代，磷原子的五个外层电子中的四个与周围的半导体原子形成共价键，多出的一个电子几乎不受束缚，成为自由电子。于是，N 型半导体就成为含电子浓度较高的半导体，其导电原理是自由电子导电。

P 型半导体（P 为 Positive 的字头，因空穴带正电而得此名）：掺入少量杂质硼元素（或铟元素）的硅晶体（或锗晶体）中，由于半导体原子（如硅原子）被杂质原子取代，硼原子的三个外层电子与周围的半导体原子形成共价键时，会产生一个空穴，这个空穴可能吸引束缚电子来"填充"，使得硼原子成为带负电的离子。这样，这类半导体由于含有较高浓度的空穴（相当于正电荷），因而成为能够导电的物质。

如图 1-4 所示，如果把一块本征半导体的两边掺入不同的元素，使一边为 P 区，另一边为 N 区，则在两部分的接触面就会形成一个特殊的薄层，称为 PN 结。PN 结是构成二极管、晶体管及晶闸管等许多半导体器件的基础。

一块两边掺入不同元素的半导体中，由于 P 区和 N 区的载流子性质及浓度均不相同，P 区的空穴浓度大，而 N 区的电子浓度大，于是在交界面处产生了扩散运动。P 区的空穴向 N 区扩散，因失去空穴而带负电；而 N 区的电子向 P 区扩散，因失去电子而带正电，这样在 P 区和 N 区的交界处形成了一个电场，称为内电场。内电场的方向由 N 区指向 P 区，如图 1-5 所示。

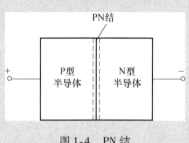

图 1-4　PN 结

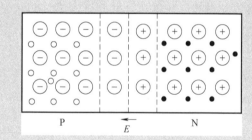

图 1-5　内电场的形成

在内电场的作用下，电子将从 P 区向 N 区做漂移运动，空穴则从 N 区向 P 区做漂移运动。经过一段时间后，扩散运动与漂移运动达到一种相对平衡状态，在交界处形成了一定厚度的空间电荷区，叫作 PN 结，也叫作阻挡层、势垒。

二极管由一个 PN 结组成，具有单向导电性，其正向电阻小（一般为几百欧），反向电阻大（一般为几十欧至几百千欧），利用这一点即可进行判别。

（1）二极管管脚极性判别　将指针式万用表拨到 $R \times 100 \Omega$（或 $R \times 1 k \Omega$）的电阻档，用万用表的两根表笔分别接触二极管的两只管脚，如图 1-6 所示。如果测出的电阻较小（几十至几百欧），则与万用表黑表笔相接的一端是正极，另一端就是负极；相反，如果测出的电阻较大（几百千欧），则与万用表黑表笔相连接的一端是负极，另一端就是正极。

（2）二极管质量判别　一个二极管的正、反向电阻

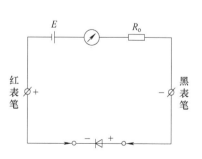

图 1-6　判断二极管管脚极性

差别越大，其性能就越好。如果双向阻值都较小，说明二极管质量差，不能使用；如果双向阻值都为无穷大，则说明该二极管已经断路。若双向阻值均为零，则说明二极管已被击穿。

利用数字万用表的二极管档也可判别二极管的正、负极，此时红表笔（插在"V·Ω"插孔）带正电，黑表笔（插在"COM"插孔）带负电。用两支表笔分别接触二极管两个电极，若显示值在1V以下，说明二极管处于正向导通状态，红表笔接的是二极管的正极，黑表笔接的是二极管的负极。若显示溢出符号"1"，则说明二极管处于反向截止状态，黑表笔接的是二极管的正极，红表笔接的是二极管的负极。

补充阅读：特殊二极管

稳压管

（1）工作原理　稳压管是一种特殊的二极管，它利用PN结反向击穿后特性陡直的特点，在电路中起稳压作用。稳压管工作在反向击穿状态。

（2）主要参数　稳定电压U_Z、稳定电流I_Z、最大工作电流I_{ZM}和最大耗散功率P_{ZM}。

发光二极管

发光二极管是一种将电能转化为光能的特殊二极管。

发光二极管（LED）的基本结构是一个PN结，它的特性曲线与普通二极管类似，但正向导通电压一般为1~2V，正向工作电流一般为几毫安至几十毫安。

光电二极管

光电二极管是一种将光信号转换为电信号的特殊二极管。

变容二极管

变容二极管是一种利用二极管结电容随反向电压的增加而减少的特性制成的电容效应显著的二极管，多于高频技术中。

---

2. 晶体管管脚及质量判别

可以把晶体管的结构看作两个背靠背的PN结，对NPN型晶体管来说，基极是两个PN结的公共阳极，对PNP型晶体管来说，基极是两个PN结的公共阴极，分别如图1-7和图1-8所示。

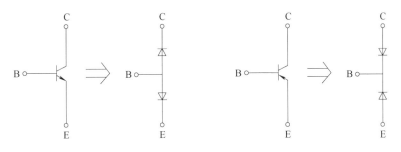

图 1-7　NPN 型晶体管　　　　　　图 1-8　PNP 型晶体管

（1）管型与基极的判别　将万用表置于电阻档，量程选$R \times 1k\Omega$（或$R \times 100\Omega$）档，将万用表任一表笔先接触某一个电极——假定的公共极（基极），另一表笔分别接触其他两个电极，若两次测得的阻值均很小（或均很大），则前者所接电极就是基极；若两次测得的阻值一大、一小，且相差很多，则前者假定的基极有误，应更换其他电极重测。

根据上述方法，可以找出公共极，该公共极就是基极 B（Base），若公共极是阳极，该晶体管为 NPN 型晶体管，反之，则是 PNP 型晶体管。

（2）发射极与集电极的判别　为了使晶体管具有电流放大作用，发射结需加正偏置电压，集电结加反偏置电压，如图 1-9 所示。

当晶体管基极 B 确定后，便可判别集电极 C（Collector）和发射极 E（Emitter），同时还可以大致了解穿透电流 I_{CEO} 和电流放大倍数 β 的大小。

以 PNP 型晶体管为例，若用红表笔（对应指针式万用表内电池的负极，万用表置为电阻档）接集电极 C，黑表笔接发射极 E，（相当 C、E 间电源正向接法），如图 1-10 所示，这时万用表指针摆动很小，它所指示的电阻值反映的是晶体管的穿透电流 I_{CEO}（电阻值大，表示 I_{CEO} 小）。如果在 C、B 间跨接一只 $R_B = 100k\Omega$ 电阻，此时万用表指针将有较大摆动（它指示的电阻值较小），反映了集电极电流 $I_C = I_{CEO} + \beta I_B$ 的大小。且电阻值减小越多，表示 β 越大。如果 C、E 接反（相当于 C、E 间电源极性反接），则晶体管处于倒置工作状态，此时电流放大倍数很小（一般小于 1），故万用表指针摆动很小。因此，比较 C、E 间两种不同电源极性接法，便可判断集电极和发射极。同时，还可大致了解穿透电流 I_{CEO} 和电流放大倍数 β 的大小，若万用表上有 h_{FE} 插孔，则可利用 h_{FE} 插孔来测量电流放大倍数 β。

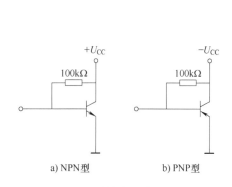

a) NPN型　　　　b) PNP型

图 1-9　晶体管的偏置情况

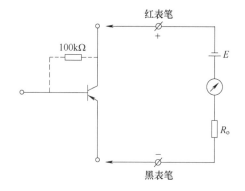

图 1-10　晶体管集电极 C、发射极 E 的判别

3. 检查整流桥堆的质量

整流桥堆是把四只硅整流二极管接成桥式电路，再用环氧树脂（或绝缘塑料）封装而成的半导体器件。桥堆有交流输入端（A、B）和直流输出端（C、D），如图 1-11 所示。采用判定二极管的方法可以检查桥堆的质量。从图 1-11 中可以看出，交流输入端 A、B 之间总会有一只二极管处于截止状态使 A、B 间总电阻趋向于无穷大。直流输出端 D、C 间的正向电压降则等于两只硅二极管的电压降之和。因此，用数字式万用表的二极管档测 A、B 间的正、反向电压时，均显示溢出，而测 D、C 之间的电压时，则显示约为 1V，即可证明桥堆内部无短路现象。如果有一只二极管已被击穿短路，那么测 A、B 间的正、反向电压时，必定有一次

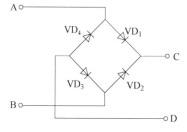

图 1-11　整流桥堆的质量判别

显示为 0.5V 左右。

4. 电容器

（1）电容器简介　电容器（Capacitor），顾名思义，是"装电的容器"。它是一种容纳电荷的器件，由两块金属电极之间夹一层绝缘电介质构成。当在两金属电极间加上电压时，电极上就会存储电荷，所以电容器是储能元件。任何两个彼此绝缘又相距很近的导体，都会组成一个电容器。平行板电容器由电容器的极板和电介质组成。

电容器是电子设备中大量使用的电子元件之一，广泛应用于电路中的隔直通交、耦合、旁路、滤波、调谐回路、能量转换、控制等方面。

国产电容器的型号一般由四部分组成（不适用于压敏、可变、真空电容器），依次代表名称、材料、分类和序号。

第一部分：名称，用字母表示，电容器用 C。

第二部分：材料，用字母表示。

第三部分：分类，一般用数字表示，个别用字母表示。

第四部分：序号，用数字表示。

（2）电容器的容量标示

1）直标法。用数字和单位符号直接标出。例如，$1\mu F$ 表示 1 微法，有些电容器用"R"表示小数点，如 R56，表示 $0.56\mu F$。

2）文字符号法。用有规律的数字和文字符号组合来表示电容量。例如，p10 表示 $0.1pF$，1p0 表示 $1pF$，6P8 表示 $6.8pF$，$2\mu2$ 表示 $2.2\mu F$。

3）色标法。用色环或色点表示电容器的主要参数。电容器的色标法与电阻器的色标法相同。

电容器偏差标志符号：H—0 ~ 100%、R—10% ~ 100%、T—10% ~ 50%、Q—10% ~ 30%、S—20% ~ 50%、Z—20% ~ 80%。

4）数学计数法。数学计数法一般使用三位数字，第一位和第二位数字为有效数字，第三位数字为倍数。标值 272，容量就是 $27 \times 10^2 pF = 2700pF$，标值 473 即为 $47 \times 10^3 pF = 47000pF$（后面的 2、3，都表示 10 的幂）。又如，332 表示 $33 \times 10^2 pF = 3300pF$。

（3）电容器的分类　电容器的分类方式主要有以下几种。

1）按结构可分为三大类：固定电容器、可变电容器和微调电容器。

2）按电解质分类：有机介质电容器、无机介质电容器、电解电容器、电热电容器和空气介质电容器等。

3）按用途分类：高频旁路电容器、低频旁路电容器、滤波电容器、调谐电容器和低耦合电容器。

①高频旁路电容器：陶瓷电容器、云母电容器、玻璃膜电容器、涤纶电容器和玻璃釉电容器。

②低频旁路电容器：纸介电容器、陶瓷电容器、铝电解电容器和涤纶电容器。

③滤波电容器：铝电解电容器、纸介电容器、复合纸介电容器和液体钽电容器。

④调谐电容器：陶瓷电容器、云母电容器、玻璃膜电容器和聚苯乙烯电容器。

⑤低耦合电容器：纸介电容器、陶瓷电容器、铝电解电容器、涤纶电容器和固体钽电容器。

4）按制造材料的不同分类：瓷介电容、涤纶电容、电解电容器及钽电容器，还有先进的聚丙烯电容器等。

5）小型电容器：金属化纸介电容器、陶瓷电容器、铝电解电容器、聚苯乙烯电容器、固体钽电容器、玻璃釉电容器、金属化涤纶电容器、聚丙烯电容器和云母电容器。

电容器的测量，一般应借助专门的测试仪器，通常用电桥，而用万用表仅能粗略地检查电解电容器是否失效或存在漏电情况。

（4）电容器的测量方法　电容器的测量电路如图1-12所示。

测量前，应先将电解电容器的两个引出线短接一下，对其上所充的电荷进行释放。然后将万用表置于$R \times 1k\Omega$档，并将电解电容器的正、负极分别与万用表的黑表笔、红表笔接触。在正常情况下，可以看到表头指针先是产生较大偏转（向零欧姆处），然后逐渐向起始零位（高阻值处）返回。这反映了电容器的充电过程，指针的偏转反映了电容器充电电流的变化情况。

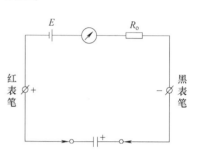

图 1-12　电容器的测量电路

一般说来，表头指针偏转越大、返回速度越慢，说明电容器的容量越大。若指针返回到接近零位（高阻值），则说明电容器漏电阻很大，指针所指示的电阻值即为该电容器的漏电阻。对于合格的电解电容器而言，该阻值通常在$500k\Omega$以上。电解电容器在失效时（电解液干涸，容量大幅度下降），表头指针的偏转很小，甚至不偏转；已被击穿的电容器，其阻值接近于零。

对于容量较小的电容器（云母电容器、陶瓷电容器等），原则上也可以用上述方法进行检查，但由于其电容量较小，表头指针偏转也很小，返回速度又很快，实际上难以对它们的电容量和性能进行鉴别，仅能检查它们是否短路或断路，这时应选用$R \times 10k\Omega$档测量。

5. 电感器

（1）电感器简介　电感器（Inductor）是能够把电能转化为磁能并存储起来的元件。电感器的结构类似于变压器，但只有一个绕组。电感器具有一定的电感，它只阻碍电流的变化。如果电感器在没有电流通过的状态下，电路接通时它将试图阻碍电流流过；如果电感器在有电流通过的状态下，电路断开时它将试图维持电流不变。电感器又称扼流器、电抗器和动态电抗器。

电感器的主要作用是阻交流、通直流，阻高频、通低频。信号频率越高，电感器呈现的阻抗就越大；反之，信号频率越低，电感器呈现的阻抗就越小。对于直流电，理论上阻抗为零，在电路中，电感器主要起滤波、振荡、延迟、稳定电流及抑制电磁波的干扰等作用。它在电路中用字母"L"表示。电感器一般由骨架、绕组、屏蔽罩、封装材料、磁心或铁心等组成。

电感分为自感和互感。电感是闭合回路的一种属性，即当通过闭合回路的电流改变时，会出现电动势来抵抗电流的改变，这种电感称为自感，是闭合回路自身的属性。而当一个闭合回路的电流改变，由于感应作用而在另外一个闭合回路中产生电动势，这种电感称为互感。

电感器的主要参数有电感量、误差和品质因数。

（2）电感器的分类

按电感形式分类：固定电感器和可变电感器。

按导磁体性质分类：空心电感器、铁氧体电感器、铁心电感器和铜心电感器。

按工作性质分类：天线电感器、振荡电感器、扼流电感器、陷波电感器和偏转电感器。

按绕线结构分类：单层电感器、多层电感器和蜂房式电感器。

按工作频率分类：高频电感器和低频电感器。

按结构特点分类：磁心电感器、可变电感器、色码电感器和无磁心电感器等。

（3）电感器的测量

1）电感测量：将万用表置于蜂鸣二极管档，把表笔放在电感器两引脚上，观察万用表的读数。

2）好坏判断：对于贴片电感器，此时的读数应为零，若万用表读数偏大或为无穷大，则表示电感器损坏；对于电感线圈匝数较多、线径较细的电感器，读数会达到几十～几百欧姆，通常情况下线圈的直流电阻只有几欧姆。损坏表现为发烫或电感器磁环明显损坏，若电感线圈不是严重损坏，而又无法确定，可用电感表测量其电感量或用替换法来判断。

6. 晶闸管

（1）晶闸管简介　晶闸管（Semiconductor Controlled Rectifier，SCR）是晶体闸流管的简称，它是一种半导体器件。晶闸管能在高电压、大电流条件下工作，且其工作过程可以控制，被广泛应用于可控整流、交流调压、无触点电子开关、逆变及变频等电子电路中，其中单向晶闸管和双向晶闸管使用最为广泛。

（2）晶闸管的分类　晶闸管有如下多种分类方法：

1）按关断、导通及控制方式分类。晶闸管按其关断、导通及控制方式可分为普通晶闸管、双向晶闸管、逆导晶闸管、门极关断（GTO）晶闸管、BTG晶闸管、温控晶闸管和光控晶闸管等。

2）按管脚和极性分类。晶闸管按其管脚和极性可分为二极晶闸管、三极晶闸管和四极晶闸管。

3）按封装形式分类。晶闸管按其封装形式可分为金属封装晶闸管、塑封晶闸管和陶瓷封装晶闸管三种。

其中，金属封装晶闸管又分为螺栓形、平板形、圆壳形等多种；塑封晶闸管又分为带散热片型和不带散热片型两种。

4）按电流容量分类。晶闸管按电流容量可分为大功率晶闸管、中功率晶闸管和小功率晶闸管三种。通常，大功率晶闸管多采用金属壳封装，而中、小功率晶闸管则多采用塑封或陶瓷封装。

5）按关断速度分类。晶闸管按其关断速度可分为普通晶闸管和高频（快速）晶闸管。

（3）单向晶闸管和双向晶闸管

1）单向晶闸管。单向晶闸管是一种四层结构（PNPN）的大功率半导体器件，它同时又被称作可控硅元件。它有三个引出电极，即阳极（A）、阴极（K）和门极（G）。其结构如图1-13所示。单向晶闸管的导通与关断两个状态是由阳极电压、阳极电流和门极电流共同决定的。

单向晶闸管一般在电路中作为电子开关使用。其导通条件

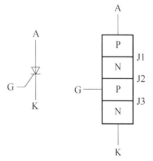

图1-13　单向晶闸管结构

为加正向电压且门极有触发电流，派生器件有快速晶闸管、双向晶闸管、逆导晶闸管和光控晶闸管等。它是一种大功率开关型半导体器件，在电路中用文字符号 VTH 表示。

2）双向晶闸管。双向晶闸管是由 N-P-N-P-N 五层半导体材料制成的，对外也引出三个电极。双向晶闸管相当于两个单向晶闸管的反向并联，但只有一个门极。其结构和电路符号如图 1-14 所示。

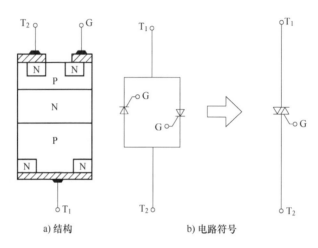

a) 结构   b) 电路符号

图 1-14 双向晶闸管的结构及电路符号

（4）单向晶闸管的测量

1）用万用表电阻档测量：

① 将数字式万用表置于 $R \times 20k\Omega$ 档，红表笔接阳极 A，黑表笔接阴极 K，把门极 G 悬空，此时晶闸管截止，万用表显示溢出符号"1"。

② 然后在红表笔与阳极 A 保持接触的同时，用它的笔尖接触一下门极 G（将 A 极与 G 极短接一下），即给晶闸管加上正触发电压，晶闸管立即导通，显示值减小到几百欧至几千欧，若显示值不变，则说明晶闸管已损坏。

注意：数字式万用表的电阻档测试电压很低，电流也很小，测试时，提供的阳极电压和触发电压较低，一旦把门极 G 的触发电压撤除，晶闸管将无法维持导通状态，万用表又恢复到显示溢出符号"1"，这属于正常现象。

2）其他档测量：

① 将数字式万用表拨至 h_{FE} 测试的 NPN 档，此时 h_{FE} 插座上的 C 插孔带正电，E 插孔带负电，对于 DT830 型数字式万用表而言，C、E 插孔之间的电压为 2.8V。把单向晶闸管的阳极 A 插入 C 插孔、阴极 K 插入 E 插孔，门极 G 悬空，此时晶闸管截止，万用表显示"000"。

② 用镊子把门极 G 的引脚与插入 C 插孔的阳极 A 短路，万用表显示值马上从"000"开始迅速增加，直到显示溢出符号"1"，这是因为门极 G 接正电压后，单向晶闸管被触发并迅速导通，阳极电流从零急剧增大，使 h_{FE} 测试档过载，所以万用表的显示值从"000"变为溢出符号"1"。

③ 撤除门极 G 与阳极 A 的短路状态，万用表仍显示溢出符号"1"，则说明晶闸管在撤去触发电压后仍然保持导通状态。

注意事项：

① 如果使用 PNP 档来测试单向晶闸管，则阳极 A 应插入 E 插孔，阴极 K 应插入 C 插孔，以确保所加电压为正向电压。

② 晶闸管导通时，阳极电流可达几十毫安。检测时，应尽量缩短测试时间，以节省表内 9V 叠层电池的电量。

（5）双向晶闸管的测量　双向晶闸管的测量方法如下。

1）将数字式万用表置于 $R \times 20\text{k}\Omega$ 档，红表笔接 T_2 极，黑表笔接 T_1 极，门极 G 悬空，此时晶闸管截止，万用表显示溢出符号"1"。

2）然后在红表笔与 T_2 极保持接触的同时，用它的笔尖接触一下门极 G，给晶闸管加上正触发电压，晶闸管立即导通（导通方向为 T_2-T_1），显示值减小到几百欧至几千欧。若显示值不变，则说明晶闸管已损坏。

3）交换红、黑表笔，再次进行上述两步测试，测试结果应该类似，即说明双向晶闸管被负触发电压触发后也能够导通（导通方向为 T_1-T_2）。

经过上述几步测试，证明被测双向晶闸管能在两个方向上导通，判定其质量良好。

数字式万用表的电阻档测试电压很低，电流也很小，测试时提供的触发电压较低，一旦把门极 G 的触发电压撤除，晶闸管将无法维持导通状态，万用表又恢复到显示溢出符号"1"，这属于正常现象。

示波器的原理及使用

内容说明

随着电子技术的发展，家电产品的品种越来越多，档次及智能化水平越来越高。通信技术、计算机技术、集成电路及数字电路的广泛使用，对电子测量技术提出了更高的挑战，而万用表只适用于简单电路的测试，所以还需要使用其他仪表进行测试，比如示波器，下面就介绍一下示波器。

知识链接

在电子技术中，电信号波形的观察和测量是一项很重要的内容，而示波器就是完成这个任务的一种很好的测量仪器。示波器是可以用来显示信号瞬时幅度随时间变化的情况，也可以用来测量脉冲的幅值、上升时间等特性。

电子示波器的种类多种多样，分类方法也各不相同。

按示波器所示不同可分为单线示波器、多踪示波器和记忆示波器等。

按示波器功能不同可分为通用示波器、多用示波器和高压示波器等。

按示波器输入通道的不同可分为单通道示波器和双通道示波器。

按示波器工作原理的不同可分为数字示波器和模拟示波器。

电子示波器是最常用的电子仪器之一，通常具有以下特点：

1）输入阻抗高，对被测系统的影响小。

2）能显示信号波形，并可测量出瞬时值。

3）工作频率宽、速度快，便于观察瞬变现象。

4）测量灵敏度高，具有较高的过载能力。

5）配有变换器，可观察各种非电量。

6）示波器是一种快速 $X\text{-}Y$ 描绘器，可以在荧光屏上描绘出任何两个量的函数关系曲线。

【示波器介绍】

一、示波器的基本结构

示波器的种类虽然有很多，但它们都包含图 1-15 所示的基本组成部分。

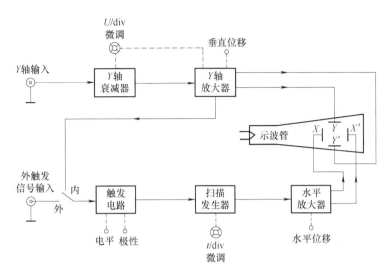

图 1-15 示波器的基本结构框图

1. 主机

主机包括示波管及其所需的各种直流供电电路，面板上的控制旋钮有辉度、聚焦、水平移位及垂直移位等。

2. 垂直通道

垂直通道主要用来控制电子束按被测信号的幅值大小在垂直方向上的偏移。

它包括 Y 轴衰减器、Y 轴放大器和配用的高频探头。通常示波管的偏转灵敏度比较低，因此在一般情况下，被测信号往往需要通过 Y 轴放大器放大后加到垂直偏转板上，这样才能在屏幕上显示出一定幅度的波形。Y 轴放大器提高了示波管的 Y 轴偏转灵敏度。为了保证 Y 轴放大不失真，加到 Y 轴放大器的信号不宜太大，但是实际的被测信号幅度往往在很大范围内变化，故 Y 轴放大器前还必须加一个 Y 轴衰减器，以适应观察不同幅度的被测信号。示波器面板上设有"Y 轴衰减器"（通常称"Y 轴灵敏度选择"开关）和"Y 轴增益微调"旋钮，分别调节 Y 轴衰减器的衰减量和 Y 轴放大器的增益。

对 Y 轴放大器的要求是：增益大、频响好、输入阻抗高。

为了避免杂散信号的干扰，被测信号一般都要通过同轴电缆或带有探头的同轴电缆加到示波器 Y 轴输入端。但必须注意，被测信号通过探头时，幅值将衰减（或不衰减），其衰减比为 10:1（或 1:1）。

3. 水平通道

水平通道主要用来控制电子束按时间值在水平方向上的偏移，由扫描发生器、水平放大器和触发电路组成。

（1）扫描发生器 又叫锯齿波发生器，用来产生频率调节范围宽的锯齿波，作为 X 轴偏转板的扫描电压。锯齿波的频率（或周期）调节是由"扫描速度选择"开关和"扫描速度微调"旋钮控制的。使用时，调节"扫描速度选择"开关和"扫描速度微调"旋钮，使其扫描周期为被测信号周期的整数倍，保证屏幕上显示稳定的波形。

（2）水平放大器 其作用与垂直放大器一样，用来将扫描发生器产生的锯齿波放大到 X

轴偏转板所需的数值。

（3）触发电路　用于产生触发信号以实现触发扫描的电路。为了扩展示波器的应用范围，一般示波器上都设有触发源控制开关、触发电平与极性控制旋钮和触发方式选择开关等。

二、示波器的二踪显示

1. 二踪显示原理

示波器的二踪显示是依靠电子开关的控制作用来实现的。

电子开关由"显示方式"开关控制，共有五种工作状态，即 Y_1、Y_2、$Y_1 + Y_2$、交替、断续。当开关置于"交替"或"断续"位置时，荧光屏上便可同时显示两个波形。当开关置于"交替"位置时，电子开关的转换频率受扫描系统控制，即电子开关首先接通 Y_2 通道，进行第一次扫描，显示由 Y_2 通道送入的被测信号的波形；然后电子开关接通 Y_1 通道，进行第二次扫描，显示由 Y_1 通道送入的被测信号的波形；接着再接通 Y_2 通道……这样便轮流地对 Y_2 和 Y_1 两个通道送入的信号进行扫描、显示。由于电子开关转换速度较快，每次扫描的回扫线在荧光屏上又不显示出来，借助于荧光屏的余辉作用和人眼的视觉暂留特性，使用者便能在荧光屏上同时观察到两个清晰的波形。这种工作方式适用于观察频率较高的输入信号，如图 1-16 所示。

当开关置于"断续"位置时，相当于将一次扫描时间分成许多个相等的时间间隔。在第一次扫描的第一个时间间隔内，显示 Y_2 信号波形的某一段；在第二个时间时隔内，显示 Y_1 信号波形的某一段；以后各个时间间隔轮流显示 Y_2、Y_1 两个信号波形的其余段，经过若干次断续转换，使荧光屏上显示出两个由光点组成的完整波形，如图 1-17a 所示。由于转换的频率很高，光点靠得很近，其间隙用肉眼几乎无法分辨，再利用消隐的方法使两通道间转换过程的过渡线不显示出来，同样可达到同时清晰地显示两个波形的目的。这种工作方式适合于输入信号频率较低时使用。

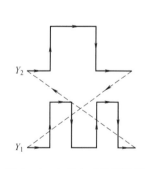

图 1-16　交替方式显示波形

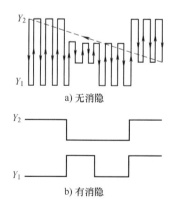

a) 无消隐

b) 有消隐

图 1-17　断续方式显示波形

2. 触发扫描

在普通示波器中，X 轴的扫描总是连续进行的，称为"连续扫描"。为了能更好地观测各种脉冲波形，在脉冲示波器中，通常采用"触发扫描"。采用这种扫描方式时，扫描发生器将工作在待触发状态，即只有在外加触发信号的作用下，时基信号才开始扫描，否则便不扫描。这个外加触发信号通过触发选择开关分别取自"内触发"（Y轴的输入信号经内触发放大器输出触发信号），也可取自"外触发"（输入端的外接同步信号）。其基本原理是利用这些触发脉冲信号的上升沿或下降沿来触发扫描发生器，产生锯齿波扫描电压，然后经X轴放大后送X轴偏转板进行光点扫描。适当地调节"扫描速率"开关和"电平"调节旋钮，能方便地在荧光屏上显示具有合适宽度的被测信号波形。

上面介绍了示波器的基本结构，下面将结合使用介绍电子技术实训中常用的 CA8020 型双踪示波器。

三、CA8020 型双踪示波器

1. 概述

CA8020 型双踪示波器为便携式双通道示波器。其垂直系统具有 0～20MHz 的频带宽度和 5mV/div～5V/div 的偏转灵敏度，配以 10:1 探极，灵敏度可达 5V/div。本机在全频带范围内可获得稳定触发，触发方式设有常态、自动、TV 和峰值自动（峰值自动可给使用者带来了极大方便）。内触发设置了交替触发，可以稳定地显示两个频率不相关的信号。本机的水平系统具有 0.5s/div～0.2μs/div 的扫描速度，并设有扩展（×10），可将最快扫描速度提高到 20ns/div。

2. 面板介绍

CA8020 型双踪示波器面板如图 1-18 所示，面板说明见表 1-2。

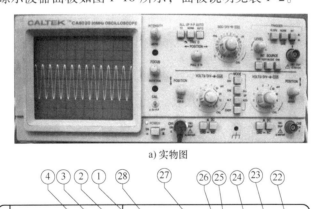

a) 实物图

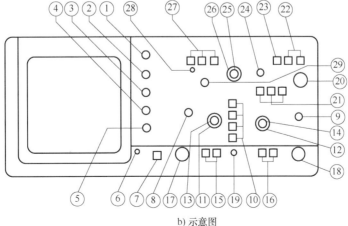

b) 示意图

图 1-18　CA8020 型双踪示波器面板实物及示意图

表 1-2　CA8020 型双踪示波器面板说明

序号	控制件名称	功　能
1	亮度	调节光迹的亮度
2	辅助聚焦	与聚焦配合，调节光迹的清晰度
3	聚焦	调节光迹的清晰度
4	迹线旋转	调节光迹与水平刻度线平行
5	校正信号	提供幅值为 0.5V、频率为 1kHz 的方波信号，用于校正 10:1 探极的补偿电容器和检测示波器垂直与水平的偏转因数
6	电源指示	电源接通时，灯亮
7	电源开关	电源接通或关闭
8	CH1 移位 PULL CH1-X CH2-Y	调节通道 1 光迹在屏幕上的垂直位置，用作 X-Y 显示
9	CH2 移位 PULL INVERT	调节通道 2 光迹在屏幕上的垂直位置，在 ADD 方式时使 CH1 + CH2 或 CH1 − CH2
10	垂直方式	CH1 或 CH2：通道 1 或通道 2 单独显示 ALT：两个通道交替显示 CHOP：两个通道断续显示，用于扫描速度较慢时的双踪显示 ADD：用于两个通道的代数和或差
11、12	垂直衰减器	调节垂直偏转灵敏度
13、14	微调	用于连续调节垂直偏转灵敏度，顺时针旋转为校正位置
15、16	耦合方式（AC-DC-GND）	用于选择被测信号馈入垂直通道的耦合方式
17	CH1 OR X	被测信号的输入插座
18	CH2 OR Y	被测信号的输入插座
19	接地（GND）	与机壳相连的接地端
20	外触发输入	外触发输入插座
21	内触发源	用于选择 CH1、CH2 或交替触发
22	触发源选择	用于选择触发源为 INT（内）、EXT（外）或 LINE（电源）
23	触发极性	用于选择信号的上升或下降沿触发扫描
24	电平	用于调节被测信号在某一电平下触发扫描
25	微调	用于连续调节扫描速度，顺时针旋转为校正位置
26	扫描速率	用于调节扫描速度
27	触发方式	常态（NORM）：无信号时，屏幕上无显示；有信号时，与电平控制配合显示稳定波形 自动（AUTO）：无信号时，屏幕上显示光迹；有信号时，与电平控制配合显示稳定波形 电视场（TV）：用于显示电视场信号 峰值自动（P-P AUTO）：无信号时，屏幕上显示光迹；有信号时，无须调节电平即可获得稳定波形显示
28	触发指示	在触发扫描时，指示灯亮
29	水平移位 PULL ×10	调节迹线在屏幕上的水平位置拉出时，扫描速度被扩展 10 倍

3. 操作方法

（1）电源检查　CA8020 双踪示波器的电源电压为 220V （±10%）。接通电源前，检查电源电压，若不符合要求，严格禁止使用！

（2）面板一般功能的检查步骤

1）将有关控制件按表 1-3 置位。

表 1-3　控制件置位说明

控制件名称	作用位置	控制件名称	作用位置
亮　度	居中	触发方式	峰值自动
聚　焦	居中	扫描速率	0.5ms/div
位　移	居中	极　性	正
垂直方式	CH1	触发源	INT
灵敏度选择	10mV/div	内触发源	CH1
微　调	校正位置	输入耦合	AC

2）接通电源，电源指示灯亮，稍预热后，屏幕上出现扫描光迹，分别调节亮度、聚焦、辅助聚焦、迹线旋转、垂直、水平移位等控制件，使光迹清晰并与水平刻度平行。

3）用 10:1 探极将校正信号输入 CH1 输入插座。

4）调节示波器有关控制件，使荧光屏上显示稳定且易观察方波波形。

5）将探极换至 CH2 输入插座，垂直方式置于"CH2"位置，内触发源置于"CH2"位置，重复步骤 4）操作。

（3）垂直系统的操作

1）垂直方式的选择。当只需观察一路信号时，将"垂直方式"开关置"CH1"或"CH2"位置，此时被选中的通道有效，被测信号可从通道端口输入。当需要同时观察两路信号时，将"垂直方式"开关置"交替"位置，该方式使两个通道的信号交替显示，交替显示的频率受扫描周期控制。当扫描速度低于一定频率时，交替方式显示会出现闪烁，此时应将开关置于"断续"位置。当需要观察两路信号的代数和时，将"垂直方式"开关置于"代数和"位置，在选择这种方式时，两个通道的衰减设置必须一致，CH2 移位处于常态时为 CH1 + CH2，CH2 移位拉出时为 CH1 − CH2。

2）输入耦合方式的选择。

① 直流（DC）耦合：适用于观察包含直流成分的被测信号，如信号的逻辑电平和静态信号的直流电平，当被测信号的频率很低时，也必须采用这种方式。

② 交流（AC）耦合：信号中的直流分量被隔断，用于观察信号的交流分量，如观察较高直流电平上的小信号。

③ 接地（GND）：通道输入端接地（输入信号断开），用于确定输入为零时光迹所处的位置。

3）灵敏度（U/div）的设定。按被测信号幅值的大小选择合适档位。"灵敏度选择"开关外旋钮为粗调，中心旋钮为细调（微调），微调旋钮按顺时针方向旋转至校正位置时，可根据粗调旋钮的示值（U/div）和波形在 Y 轴方向上的格数读出被测信号幅值。

（4）触发源的选择

1）触发源选择。当触发源开关置于"电源"触发时，机内 50Hz 信号输入触发电路。当触发源开关置于"常态"触发时，有两种选择：一种是"外触发"，由面板上外触发输入插座输入触发信号；另一种是"内触发"，由内触发源选择开关控制。

2）内触发源选择。

① "CH1"触发：触发源取自通道 1。

② "CH2"触发：触发源取自通道 2。

③ "交替"触发：触发源受垂直方式开关控制，当垂直方式开关置于"CH1"位置时，触发源自动切换到通道 1；当垂直方式开关置于"CH2"位置时，触发源自动切换到通道 2；当垂直方式开关置于"交替"位置时，触发源与通道 1、通道 2 同步切换，在这种状态使用时，两个不相关信号的频率不应相差很大，同时垂直输入耦合应置于"AC"位置，触发方式应置于"自动"或"常态"位置。当垂直方式开关置于"断续"和"代数和"位置时，内触发源选择应置于"CH1"或"CH2"位置。

（5）水平系统的操作

1）扫描速度（t/div）的设定

按被测信号频率高低选择合适档级，"扫描速率"开关外旋钮为粗调，中心旋钮为细调（微调），微调旋钮按顺时针方向旋转至校正位置时，可根据粗调旋钮的示值（t/div）和波形在 X 轴方向上的格数读出被测信号的时间参数。当需要观察波形某一个细节时，可进行水平扩展（×10），此时原波形在 X 轴方向上扩展 10 倍。

2）触发方式的选择

① "常态"：无信号输入时，屏幕上无光迹显示；有信号输入时，触发电平调节在合适位置上，电路被触发扫描。当被测信号频率低于 20Hz 时，必须选择这种方式。

② "自动"：无信号输入时，屏幕上有光迹显示；一旦有信号输入，电平调节在合适位置上，电路自动转换到触发扫描状态，显示稳定的波形。当被测信号频率高于 20Hz 时，最常用这种方式。

③ "电视场"：对电视信号中的场信号进行同步，如果是正极性，则可以由 CH2 输入，借助于 CH2 移位拉出，把正极性转变为负极性后测量。

④ "峰值自动"：这种方式同"自动"方式，但无须调节电平即可同步，它一般适用于正弦波、对称方波和占空比相差不大的脉冲波。对于频率较高的测试信号，有时也要借助于电平调节，它的触发同步灵敏度要比"常态"方式或"自动"方式稍低一些。

3）"极性"的选择。用于选择被测信号的上升沿或下降沿去触发扫描。

4）"电平"的位置。用于调节被测信号在某一合适的电平上启动扫描，当产生触发扫描后，触发指示灯亮。

4. 测量电参数

（1）电压的测量　示波器的电压测量实际上是对所显示波形的幅度进行测量，测量时，应使被测波形稳定地显示在荧光屏中央，幅度一般不宜超过 6div，以避免非线性失真造成的测量误差。

1）交流电压的测量。

① 将信号输入至 CH1 或 CH2 插座，将垂直方式置于被选用的通道。

② 将 Y 轴"灵敏度微调"旋钮置于校准位置,调整示波器有关控制件,使荧光屏上显示稳定、易观察的波形,则交流电压幅值为

$$U_{pp} = 垂直方向格数(div) × 垂直偏转因数(U/div)$$

2)直流电平的测量。

① 设置面板控制件,使屏幕显示扫描基线。

② 设置被选用通道的输入耦合方式为"GND"。

③ 调节垂直移位,将扫描基线调至合适位置,作为零电平基准线。

④ 将"灵敏度微调"旋钮置于校准位置,输入耦合方式置于"DC"位置,被测电平由相应 Y 输入端输入,这时扫描基线将偏移,读出扫描基线在垂直方向上偏移的格数(div),则被测电平为

$$U = 垂直方向偏移格数(div) × 垂直偏转因数(U/div) × 偏转方向(+或-)$$

式中,基线向上偏移取正号,基线向下偏移取负号。

(2)时间的测量 时间测量是指对脉冲波形的宽度、周期、边沿时间及两个信号波形间的时间间隔(相位差)等参数的测量。一般要求被测部分在荧光屏 X 轴方向上应占 $4 \sim 6\text{div}$。

1)时间间隔的测量。对于一个波形中两点间时间间隔的测量,测量时先将"扫描微调"旋钮旋置校准位置,调整示波器有关控制件,使荧光屏上波形在 X 轴方向大小适中,读出波形中需测量的两点之间水平方向的格数,则时间间隔为

$$时间间隔 = 两点之间水平方向格数(div) × 扫描时间因数(t/div)$$

2)脉冲边沿时间的测量。上升(或下降)时间的测量方法和时间间隔的测量方法一样,只不过是测量被测波形满幅度的 10% 和 90% 两点之间的水平方向距离,如图 1-19 所示。

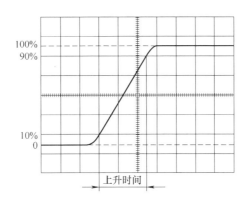

图 1-19 上升时间的测量

用示波器观察脉冲波形的上升沿和下降沿时,必须合理选择示波器的触发极性(用触发极性开关控制)。显示波形的上升沿用"+"极性触发,显示波形下降沿用"-"极性触发。若波形的上升沿或下降沿较快,则可将水平扩展×10,使波形在水平方向上扩展 10 倍,则上升(或下降)时间为

$$上升(或下降)时间 = \frac{水平方向格数(div) × 扫描时间因数(t/div)}{水平扩展倍数}$$

3）相位差的测量。

① 参考信号和一个待比较信号分别馈入"CH1"和"CH2"输入插座。

② 根据信号频率，将垂直方式置于"交替"或"断续"位置。

③ 设置内触发源至参考信号通道。

④ 将 CH1 和 CH2 输入耦合方式置于"⊥"位置，调节 CH1、CH2 移位旋钮，使两条扫描基线重合。

⑤ 将 CH1、CH2 耦合方式开关置于"AC"位置，调整有关控制件，使荧光屏显示大小适中、便于观察的两路信号，如图 1-20 所示。读出两波形水平方向差距格数 D 及信号周期所占格数 T，则相位差为

$$\theta = \frac{D}{T} \times 360°$$

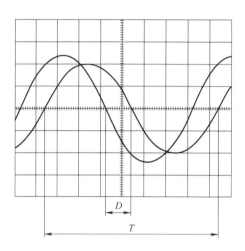

图 1-20　相位差的测量

电阻器的标称值及精度色环标志法

➡ 内容说明

用不同颜色的色环表示电阻器的阻值和偏差是一种常用的方法，本部分内容主要讲述如何根据不同颜色的色环读取电阻值。

➡ 知识链接

电阻器（Resistor）在日常生活中一般直接称为电阻，通常用 R 表示。

电阻器是一个限流元件，将电阻器接在电路中后，其阻值是固定的，它可限制通过它所连支路的电流大小。阻值不能改变的电阻器称为固定电阻器，阻值可变的电阻器称为电位器或可变电阻器。理想的电阻器是线性的，即通过电阻器的瞬时电流与外加瞬时电压成正比。用于分压的可变电阻器，在裸露的电阻体上，紧压着 1～2 可移动的金属触点，触点位置决定了电阻器任何一端与触点间的阻值。

电阻器是一种端电压与电流有确定的函数关系，体现电能转化为其他形式能力的二端元件，其阻值用字母 R 表示，单位为欧姆（Ω），常用单位还有千欧（kΩ）、兆欧（MΩ）等。实际器件如灯泡、电热丝等均可表示为电阻器元件。电阻器元件的电阻值大小一般与温度、材料、长度、横截面积有关。

电阻器的主要物理特征是变电能为热能，也可说它是一个耗能元件，电流经过它就产生内能。电阻器在电路中通常起分压、分流的作用。对信号来说，交流与直流信号都可以通过电阻器。

色环标志法是用不同颜色的色环在电阻器表面标示标称阻值和允许偏差。

1. 两位有效数字的色环标志法

普通电阻器用 4 条色环表示标称阻值和允许偏差，其中 3 条表示阻值，1 条表示偏差，如图 1-21 所示。

2. 三位有效数字的色环标志法

精密电阻器用 5 条色环表示标称阻值和允许偏差，如图 1-22 所示。

示例：

两位和三位有效数字的色环标志法说明见表 1-4 和表 1-5。

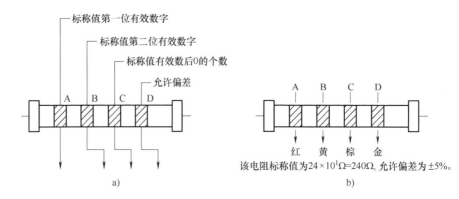

图 1-21　电阻器色环标志法举例（1）

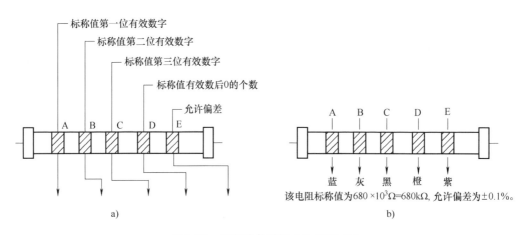

图 1-22　电阻器色环标志法举例（2）

表 1-4　两位有效数字的色环标志法说明

颜色	第一位有效数	第二位有效数	倍率	允许偏差
黑	0	0	10^0	
棕	1	1	10^1	
红	2	2	10^2	
橙	3	3	10^3	
黄	4	4	10^4	
绿	5	5	10^5	
蓝	6	6	10^6	
紫	7	7	10^7	
灰	8	8	10^8	
白	9	9	10^9	$+50\%$ -20%
金			10^{-1}	$\pm 5\%$
银			10^{-2}	$\pm 10\%$
无色				$\pm 20\%$

表 1-5　三位有效数字的阻值色环标志法说明

颜色	第一位有效数	第二位有效数	第三位有效数	倍率	允许偏差
黑	0	0	0	10^0	
棕	1	1	1	10^1	$\pm 1\%$
红	2	2	2	10^2	$\pm 2\%$
橙	3	3	3	10^3	
黄	4	4	4	10^4	
绿	5	5	5	10^5	$\pm 0.5\%$
蓝	6	6	6	10^6	$\pm 0.25\%$
紫	7	7	7	10^7	$\pm 0.1\%$
灰	8	8	8	10^8	
白	9	9	9	10^9	
金				10^{-1}	
银				10^{-2}	

焊 接 工 艺

→ 内容说明

在电子产品制作中，元器件的连接处通常需要焊接。组装及焊接质量的优劣，不仅影响电子产品外观质量，还直接影响电路的性能，焊接的质量对电子产品的质量影响非常大。所以，学习电子产品制作技术，必须掌握焊接技术，练好焊接基本功。

→ 知识链接

电子电路的组装包括电路的布局与元器件的安装。

电路的布局应合理、紧凑，并满足检测、调试及维修等需要。布局时，一般需遵循：按电路信号流向布置集成电路和晶体管等，避免输入/输出、高/低电平的交叉；与集成电路和晶体管相关的其他元器件应就近布置，避免绕远；发热元器件应与集成电路和晶体管保持足够的距离，以免影响电路的正常工作；合理布置地线，避免电路间的相互干扰。

安装元器件时需注意：安装元器件前，须认真查看各元器件外观及标称值，通过仪器检查元器件的参数与性能；用镊子等工具弯曲元器件引线时，不得随意弯曲，以免损坏元器件；对所安装的元器件，应能方便地查看到元器件表面所标注的重要参数信息；元器件在电路板上的分布应尽量均匀、整齐，不允许重叠排列与立体交叉排列；有安装高度要求的元器件要符合规定要求，同规格的元器件应尽量在同一高度；元器件的安装顺序应为"先低后高、先轻后重、先易后难、先一般后特殊"。

【焊接基本知识】

1. 手工焊接的工具

手工焊接的工具有电烙铁、铬铁架。

2. 锡焊的条件

为了提高焊接质量，必须掌握锡焊的条件：

1）被焊件必须具备可焊性。

2）被焊金属表面应保持清洁。

3）使用合适的助焊剂。

4）具有适当的焊接温度。

5）具有合适的焊接时间。

【钎料与助焊剂】

1. 钎料

凡是用来熔合两种或两种以上的金属面，使之成为一个整体的金属或合金都叫钎料。这里所说的钎料，只针对锡焊所用钎料。常用的锡焊钎料有：管状焊锡丝、抗氧化焊锡、含银的焊锡、焊膏。

2. 助焊剂的选用

在焊接过程中，由于金属在加热的情况下会产生一层薄氧化膜，这将阻碍焊锡的浸润，影响焊接点合金的形成，容易出现虚焊、假焊现象。使用助焊剂可改善焊接性能。助焊剂有松香、松香溶液、焊膏、焊油等，可根据不同的焊接对象合理选用。焊膏、焊油具有一定的腐蚀性，不可用于焊接电子元器件和电路板，焊接完毕后，应将焊接处残留的焊膏、焊油擦拭干净。元器件引脚镀锡时，应选用松香作为助焊剂，印制电路板上已涂有松香溶液的，元器件焊接时不必再使用助焊剂。

【手工焊接的注意事项】

手工锡焊接技术是电子技术工人的一项基本功，即使是在大规模生产的情况下，维护和维修也常常使用手工焊接。因此，必须通过学习和实践操作熟练掌握这项技术。手工焊接的注意事项如下。

1）手握电烙铁的姿势。掌握正确的操作姿势，可以保证操作者的身体健康，减轻劳动伤害。为减少焊剂加热时挥发出的化学物质对人体的危害，减少有害气体的吸入量，一般情况下，电烙铁到鼻子的距离应该不小于 20cm，通常以 30cm 为宜。

如图 1-23 所示，电烙铁有三种握法。反握法，其动作稳定，长时间操作不易疲劳，适于大功率电烙铁的操作；正握法，适于中功率电烙铁或带弯头电烙铁的操作；握笔法，一般在操作台上焊接印制电路板等焊件时，多采用握笔法。

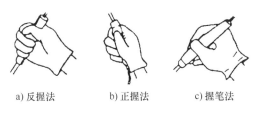

a) 反握法　　　b) 正握法　　　c) 握笔法

图 1-23　电烙铁的握法

2）焊锡丝一般有两种拿法，由于焊锡丝中含有一定比例的铅，而铅是对人体有害的一种重金属，所以操作时应该戴手套或在操作后洗手，避免食入铅尘。

3）电烙铁使用完毕，一定要将其稳妥地插放在烙铁架上，并注意导线等其他杂物不要碰到烙铁头，以免烫伤导线，造成漏电等事故。

【手工焊接的基本操作步骤】

掌握好电烙铁的温度和焊接时间，选择恰当的烙铁头和焊点的接触位置，才可能得到良好的焊点。正确的手工焊接操作过程可以分成若干个步骤，主要有锡焊五步操作法和锡焊三步操作法。

1. 锡焊五步操作法（见图1-24）

步骤1：准备施焊。左手拿焊锡丝，右手握电烙铁，进入备焊状态。要求烙铁头保持干净，无焊渣等氧化物，并在表面镀有一层焊锡。

步骤2：加热焊件。烙铁头靠在两焊件的连接处，加热整个焊件，时间为2~4s（当在印制电路板上焊接元器件时，要注意使烙铁头同时接触两个被焊接物），导线与接线柱、元器件引线与焊盘要同时均匀受热。

步骤3：送入焊锡丝。焊件的焊接面被加热到一定温度时，将焊锡丝从电烙铁对面接触焊件。注意：不要把焊锡丝送到烙铁头上。

步骤4：移开焊锡丝。当焊锡丝熔化一定量后，应立即从左上45°方向移开焊锡丝。

步骤5：移开电烙铁。焊锡浸润焊盘和焊件的施焊部位以后，从右上45°方向移开电烙铁，结束焊接。从第3步开始到第5步结束，时间为1~2s。

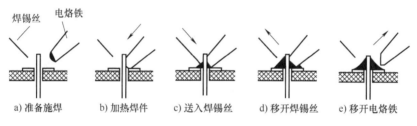

图1-24　手工焊接五步法

2. 锡焊三步操作法

对于热容量小的焊件，如印制电路板上较细导线的连接，可以简化为三步操作。

步骤1：准备施焊。同五步操作法的步骤1。

步骤2：加热与送焊锡丝。烙铁头放在焊件上后立即放入焊锡丝。

步骤3：去焊锡丝移电烙铁。焊锡在焊接面上浸润扩散达到预期范围后，立即拿开焊锡丝并移开电烙铁，并注意移去焊锡丝的时间不得滞后于移开电烙铁的时间。

对于吸收低热量的焊件而言，上述整个过程不超过2~4s，各步骤的节奏控制、顺序的准确掌握、动作的熟练协调，都是要通过大量实践并用心体会才能达到的。

总结在五步骤操作法中用数秒的办法控制时间：电烙铁接触焊点后数1、2（约2s），送入焊锡丝后数3、4，移开电烙铁，焊锡丝熔化量要靠观察决定。

此办法可以参考，但由于电烙铁功率、焊点热容量的差别等因素，实际掌握焊接火候并无定章可循，必须具体条件具体对待。对于一个热容量较大的焊点，若使用功率较小的电烙铁焊接，在上述时间内可能加热温度还不能使焊锡丝熔化，焊接就无法完成。

【手工焊接的具体操作方法】

在保证得到优质焊点的目标下，具体的焊接操作方法可以有所不同，但下面讲述的这些方法，对初学者具有指导意义。

1. 保持烙铁头的清洁

焊接时，烙铁头长期处于高温状态，又接触助焊剂等弱酸性物质，其表面很容易氧化腐蚀并沾上一层黑色杂质。这些杂质形成隔热层，妨碍了烙铁头与焊件之间的热传导。因此，要用一块湿布或湿的木质纤维海绵随时擦拭烙铁头。对于普通烙铁头，在腐蚀污染严重时可以使用锉刀修去表面氧化层；对于长寿命烙铁头，则不能使用这种方法。

2. 靠增加接触面积加快传热

加热时，应该让焊件上需要焊锡浸润的各部分均匀受热，而不是仅仅加热焊件的一部分，更不要采用电烙铁对焊件增加压力的办法，以免造成焊件损坏或不易觉察的隐患。有些初学者用烙铁头对焊接面施加压力，企图加快焊接，这是不对的。正确的方法是，根据焊件的形状选用不同的烙铁头，或者自己修整烙铁头，让烙铁头与焊件形成面的接触而不是点或线的接触，这样就能大大提高传热效率。

3. 加热要靠焊锡桥

在非流水线作业中，焊接的焊点形状是多种多样的，不大可能不断更换烙铁头。要提高加热的效率，需要有进行热量传递的焊锡桥。所谓焊锡桥，就是靠烙铁头上保留的少量焊锡，作为加热时烙铁头与焊件之间传热的桥梁。由于金属熔液的导热效率远远高于空气，焊件很快就被加热到焊接温度。应该注意，作为焊锡桥的锡量不可保留过多，因为长时间存留在烙铁头上的焊料处于过热状态，实际已经降低了质量，还可能造成焊点之间的误连短路。

4. 电烙铁撤离有讲究

电烙铁的撤离要及时，因为电烙铁不同的撤离方向对焊点的焊锡量影响不同，所以撤离时的角度和方向十分重要。

5. 在焊锡凝固前不能动

切勿使焊件移动或受到振动，特别是用镊子夹住焊件时，一定要等焊锡凝固后再移走镊子，否则极易造成焊点结构疏松或虚焊。

6. 焊锡用量要适中

手工焊接常使用的管状焊锡丝，内部已经装有由松香和活化剂制成的助焊剂。焊锡丝的直径有 0.5mm、0.8mm、1.0mm、…、5.0mm 等多种规格，要根据焊点的大小选用，一般应使焊锡丝的直径略小于焊盘的直径。

过量的焊锡不但造成焊锡丝的过量消耗，而且还会增加焊接时间、降低工作速度。更为严重的是，过量的焊锡很容易造成不易觉察的短路故障。若焊锡过少，则不能形成牢固的结合，同样是不利的。特别是焊接印制电路板引出导线时，焊锡用量不足，极容易造成导线脱落。

7. 助焊剂用量要适中

适量的助焊剂对焊接非常有利。过量使用松香等助焊剂，焊接以后势必需要擦除多余的助焊剂，并且延长了加热时间，降低了工作效率。当加热时间不足时，又容易形成"夹渣"的缺陷。焊接开关、插接件时，过量的助焊剂容易流到触点上，会造成接触不良。合适的助焊剂量，应该是松香液仅能浸湿将要形成焊点的部位，不会透过印制电路板上的通孔流走。对使用松香芯焊锡丝的焊接来说，基本上不需要再涂助焊剂。目前，印制电路板生产厂在电路板出厂前大多进行过松香液喷涂处理，无须再加助焊剂。

8. 不要将烙铁头作为运送焊锡的工具

有人习惯在焊接面上进行焊接，结果造成焊料的氧化。因为烙铁尖的温度一般都在300℃以上，焊锡丝中的助焊剂在高温时容易分解失效，焊锡也处于过热的低质量状态。应该特别指出的是，在一些书刊中还介绍过用烙铁头运送焊锡的方法，请读者注意鉴别。

【焊点质量及检查】

对焊点的质量要求，应该包括电气接触良好、机械结合牢固和美观三个方面。保证焊点质量最重要的一点，就是必须避免虚焊。

1. 虚焊产生的原因及其危害

虚焊主要是由待焊金属表面的氧化物和污垢造成的，它使焊点成为有接触电阻的连接状态，导致电路工作不正常，出现连接时好时坏的不稳定现象，噪声增加而没有规律性，给电路的调试、使用和维护带来重大隐患。此外，也有一部分虚焊点在电路开始工作的一段较长时间内，保持接触尚好，因此不容易发现。但在温度、湿度和振动等环境条件的作用下，接触表面逐步被氧化，接触慢慢变得不完全。虚焊点的接触电阻会引起局部发热，局部温度升高又促使不完全接触的焊点情况进一步恶化，最终甚至使焊点脱落，电路完全不能正常工作。这一过程有时可长达一二年，其原理可以用"原电池"的概念来解释：当焊点受潮使水汽渗入间隙后，水分子溶解金属氧化物和污垢形成电解液，虚焊点两侧的铜和铅锡钎料相当于原电池的两个电极，铅锡钎料失去电子被氧化，铜材获得电子被还原。在这样的原电池结构中，虚焊点内发生金属损耗性腐蚀，局部温度升高加剧了化学反应，机械振动让其中的间隙不断扩大，直到恶性循环使虚焊点最终形成断路。

据统计数字表明，在电子整机产品的故障中，有将近一半是由焊接不良引起的。然而，要从一台有成千上万个焊点的电子设备里找出引起故障的虚焊点来，实在不是一件容易的事。所以，虚焊是电路可靠性的重大隐患，必须严格避免。进行手工焊接操作时，尤其要加以注意。

一般来说，造成虚焊的主要原因是：焊锡丝质量差；助焊剂的还原性不良或用量不够；被焊接处表面未预先清洁好，镀锡不牢；烙铁头的温度过高或过低，表面有氧化层；焊接时间掌握不好，太长或太短；焊接中焊锡尚未凝固时，被焊元器件松动。

2. 对焊点的要求

1）可靠的电气连接。

2）足够的机械强度。

3）光洁整齐的外观。

3. 典型焊点的形成及其外观

在单面和双面（多层）印制电路板上，焊点的形成是有区别的：在单面板上，焊点仅形成在焊接面的焊盘上方；但在双面板或多层板上，熔融的焊料不仅浸润焊盘上方，还由于毛细作用，渗透到金属化孔内，焊点形成的区域包括焊接面的焊盘上方、金属化孔内和元器件面上的部分焊盘。

典型焊点的外观与焊锡量过多或过少焊点的对比如图 1-25 所示。

从外表直观看典型焊点，对它的要求如下。

1）形状为近似圆锥而表面稍微凹陷，呈漫坡状，以焊接导线为中心，对称成裙形展开。虚焊点的表面往往向外凸出,可以鉴别出来。

2)焊点上,钎料的连接面呈凹形自然过渡,焊锡和焊件的交界处平滑,接触角尽可能小。

3)表面平滑,有金属光泽。

4)无裂纹、针孔、夹渣。

不同焊锡量的焊点对比图如图 1-25 所示。

a) 焊锡过多焊点　　　　b) 焊锡过少焊点　　　　c) 合适的焊锡量焊点

图 1-25　不同焊锡量的焊点对比图

表 1-6 为焊点分析对比。

表 1-6　焊点分析对比表

焊点外形	外观特点	原因分析	结　果
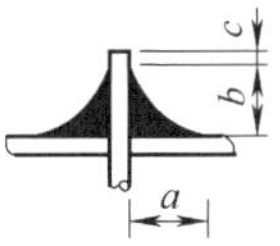	以焊接导线为中心,匀称,成裙形拉开,外观光洁、平滑 $a=(1\sim1.2)b$, $c\approx1\mathrm{mm}$	钎料适当、温度合适,焊点自然呈圆锥状	外形美观、导电良好,连接可靠
	钎料过多,焊料面呈凸形	焊锡丝撤离过迟	浪费钎料,可能内藏缺陷
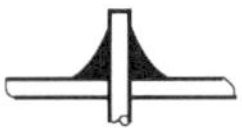	钎料过少	焊锡丝撤离过早	机械强度不足
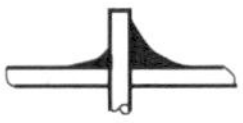	钎料未流满焊盘	钎料流动性不好;助焊剂不足或质量差	强度不够
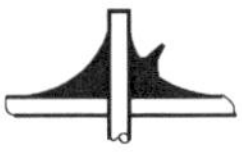	出现拉尖	电烙铁撤离角度不当;助焊剂过多;加热时间过长	外观不佳,易造成桥接
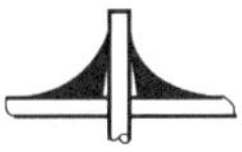	松动	钎料未凝固前引线移动;引线氧化层未处理好	导通不良或不导通

电路板分金板和锡板,作业过程中要求轻拿轻放,同时不能裸手触摸金面,否则容易引起氧化。同时,产品摆放时不能叠着放,存放温度不高于 25℃,湿度应小于 60%。电烙铁和电路板之间呈 45°,焊接面应光滑,焊点不要太大也不要太小,焊接时间不要太长,否则容易烧坏元器件和破坏电路板上的铜线。

焊接顺序基本上是从内到外、先低后高、先轻后重、先小后大、先无源后有源。

第二篇　模拟电子技术篇

【本篇说明】

　　本篇主要介绍由常见电子元器件组成的模拟电路，通过本篇的学习，同学们可以将理论和实践良好地结合在一起，本篇选择的实训较多，各个不同专业的学生可以根据需要进行有针对性的选择。

　　综合实训二十一和二十二根据前面的内容进行综合设计和实施，达到循序渐进、学以致用的目的。

→ 实训一 ←

常用电子仪器的使用

➡ 内容说明

1）学习电子电路实训中常用的电子仪器——示波器、函数信号发生器、直流稳压电源、交流毫伏表、频率计等的主要技术指标、性能及正确使用方法。

2）初步掌握用双踪示波器观察正弦信号波形和读取波形参数的方法。

➡ 知识链接

在模拟电子电路实训中，经常使用的电子仪器有示波器、函数信号发生器、直流稳压电源、交流毫伏表及频率计等。它们和万用电表一起，可以完成对模拟电子电路静态和动态工作情况的测试。

示波器：是一种用途十分广泛的电子测量仪器。它能把肉眼看不到的电信号转换成看得见的图像，便于人们研究各种电现象的变化过程。

函数信号发生器：是一种信号发生装置，能产生某些特定的周期性时间函数波形（正弦波、方波、三角波、锯齿波和脉冲波等）信号，频率范围可从几微赫到几十兆赫。除供通信、仪表和自动控制系统测试外，还广泛用于其他非电测量领域。

直流稳压电源：能为负载提供稳定直流电源的电子装置。直流稳压电源的供电电源大都是交流电源，当交流供电电源的电压或负载电阻变化时，直流稳压电源的直流输出电压都保持稳定。

交流毫伏表：是由微型计算机控制的、集成电路及晶体管组成的高稳定度的放大器电路等组成的测量装置，具有开关手感好、结构紧凑、精度高、可靠性高等特点。

频率计：又称为频率计数器，是一种专门对被测信号频率进行测量的电子仪器。

【模拟电路和数字电路】

信号是信息的载体。在人们生存的环境中，存在着电、声、光、磁等各种形式的信号。电子技术所处理的对象是载有信息的电信号。但在目前通信、测量、自动控制以及日常生活等各个领域中，也会遇到非电信号的处理问题，实际中一般需要将要处理的信号（非电信号）变成电信号，经过处理后再还原成非电信号。

在电子技术中遇到的电信号按不同的特点可分为两类：模拟信号和数字信号。

1）模拟信号：时间和幅值均是连续的信号叫作模拟信号。此类信号的特点是，在一定动态范围内，幅值可取任何值。

2）数字信号：时间和幅值均离散（不连续）的信号叫作数字信号。

同一个物理量，既可以用模拟信号表示，也可以用数字信号表示。

模拟信号和数字信号的特点不同，处理这两种信号的方法和电路也不同，一般分为模拟电路和数字电路。

1）模拟电路：处理模拟信号的电子电路称为模拟电路。模拟电路研究的重点是信号在处理过程中的波形变化以及这期间电路对信号波形的影响，主要采用电路分析的方法。

2）数字电路：处理数字信号的电子电路称为数字电路。数字电路着重研究各种电路的输入和输出之间的逻辑关系，分析时常采用逻辑代数、真值表、卡诺图和转换图等方法。

模拟电路和数字电路的分析方法有很大的差别，这是由模拟信号和数字信号的不同特点决定的。由于电子电路分为模拟电路和数字电路两部分，所以电子技术通常也被人们分为模拟电子技术和数字电子技术。但这两种技术并不是孤立的，一般情况下，这两种电路并用。

实训中要对各种电子仪器进行综合使用，可按照信号流向，以连线简捷、调节顺手、观察与读数方便等原则进行合理布局，各仪器与被测实训装置之间的布局与连接如图 2-1 所示。接线时应注意，为防止外界干扰，各仪器的公共接地端应连接在一起，称共地。信号源和交流毫伏表的引线通常使用屏蔽线或专用电缆线，示波器接线使用专用电缆线，直流电源接线使用普通导线。

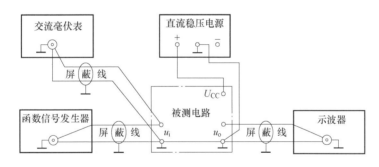

图 2-1　模拟电子电路中常用电子仪器布局图

1. 示波器

示波器是一种用途广泛的电子测量仪器，它既能直接显示电信号的波形，又能对电信号的各种参数进行测量。现着重讲述下列几点。

1）寻找扫描光迹。将示波器 Y 轴显示方式置 "Y1" 或 "Y2"，输入耦合方式置 "GND"。开机预热后，若显示屏上不出现光点和扫描基线，可按下列操作找到扫描基线：

① 适当调节亮度旋钮。

② 触发方式开关置 "自动"。

③ 适当调节垂直（↕）、水平（⇄）"位移" 旋钮，使扫描光迹位于屏幕中央（若示波器设有 "寻迹" 按键，可按下 "寻迹" 按键，以判断光迹偏移基线的方向）。

2）双踪示波器一般有五种显示方式，即 "Y_1""Y_2""$Y_1 + Y_2$" 三种单踪显示方式和 "交替""断续" 两种双踪显示方式。"交替" 显示一般适合在输入信号频率较高时使用。"断续" 显示一般适合在输入信号频率较低时使用。

3）为了显示稳定的被测信号波形，"触发源选择"开关一般选为"内"触发，使扫描触发信号取自示波器内部的 Y 通道。

4）触发方式开关通常先置于"自动"位置，调出波形后，若被显示的波形不稳定，可置触发方式开关于"常态"位置，通过调节"触发电平"旋钮找到合适的触发电压，使被测试的波形稳定地显示在示波器屏幕上。

有时，由于选择了较慢的扫描速率，显示屏上会出现闪烁的光迹，但被测信号的波形不在 X 轴方向左右移动，这样的现象仍属于稳定显示。

5）适当调节"扫描速率"开关及" Y 轴灵敏度"开关，使屏幕上显示 $1 \sim 2$ 个周期的被测信号波形。在测量幅值时，应注意将" Y 轴灵敏度微调"旋钮置于"校准"位置，即顺时针旋到底，且听到关的声音。在测量周期时，应注意将" X 轴扫速微调"旋钮置于"校准"位置，即顺时针旋到底，且听到关的声音。此外，还要注意"扩展"旋钮的位置。

根据被测波形在屏幕坐标刻度上垂直方向所占的格数（div 或 cm）与" Y 轴灵敏度"开关指示值（$V/$div）的乘积，即可算得信号幅值的实测值。

根据被测信号波形一个周期在屏幕坐标刻度水平方向所占的格数（div 或 cm）与"扫描速度"开关指示值（$t/$div）的乘积，即可算得信号频率的实测值。

2. 函数信号发生器

函数信号发生器按需要可输出正弦波、方波、三角波三种信号波形。输出电压（U_{pp}）最大可达 20V。通过输出衰减开关和输出幅度调节旋钮，可调节输出电压在毫伏级到伏级范围内连续变化。函数信号发生器的输出信号频率可以通过频率分档开关进行调节。

函数信号发生器作为信号源，它的输出端不允许短路。

3. 交流毫伏表

交流毫伏表只能在其工作频率范围之内测量正弦交流电压的有效值。为了防止过载而损坏，测量前一般先把量程开关置于较大档位上，然后在测量中逐档减小量程。

➡ 实训部分

【实训设备与器件】

①函数信号发生器；②双踪示波器；③交流毫伏表。

【实训内容】

1. 用机内校正信号对示波器进行自检

（1）扫描基线调节 将示波器的显示方式开关置于"单踪"显示（Y_1 或 Y_2），输入耦合方式开关置于"GND"位置，触发方式开关置于"自动"位置。开启电源开关后，调节"辉度""聚焦""辅助聚焦"等旋钮，使显示屏上显示出一条细而且亮度适中的扫描基线。然后调节" X 轴位移"（⇄）和" Y 轴位移"（↕）旋钮，使扫描基线位于屏幕中央，并且能上、下、左、右移动。

（2）测试"校正信号"波形的幅值、频率 将示波器的"校正信号"通过专用电缆线引入选定的 Y 通道（Y_1 或 Y_2），将 Y 轴输入耦合方式开关置于"AC"或"DC"位置，触发源选择开关置于"内"位置,内触发源选择开关置于"Y_1"或"Y_2"位置。调节 X 轴"扫描速率"开关(t/div)和 Y 轴"输入灵敏度"开关(V/div),使示波器显示屏上显示出一个或数个周期稳定的方波波形。

1)校准"校正信号"幅度。将"Y 轴灵敏度微调"旋钮置于"校准"位置,"Y 轴灵敏度"开关置于适当位置,读取校正信号幅值,记入表 2-1。

表 2-1 校正信号测量表

	标 准 值	实 测 值
幅值 U_{pp}/V		
频率 f/kHz		
上升沿时间/μs		
下降沿时间/μs		

注:不同型号示波器的标准值有所不同,请按所用示波器将标准值填入表格中。

2)校准"校正信号"频率。将"扫速微调"旋钮置于"校准"位置,"扫描速度"开关置于适当位置,读取校正信号周期,记入表 2-1 中。

3)测量"校正信号"的上升沿时间和下降沿时间。调节"Y 轴灵敏度"开关及微调旋钮,并移动波形,使方波波形在垂直方向上正好占据中心轴上,且上下对称,便于阅读。通过扫描速度开关逐级提高扫描速度,使波形在 X 轴方向扩展(必要时可以利用"扫描速度扩展"开关将波形再扩展 10 倍),并同时调节触发电平旋钮,从显示屏上清楚地读出上升沿时间和下降沿时间,记入表 2-1 中。

2. 用示波器和交流毫伏表测量信号参数

调节函数信号发生器的有关旋钮,使输出频率分别为 100Hz、1kHz、10kHz、100kHz,有效值均为 1V(交流毫伏表测量值)的正弦波信号。

改变示波器"扫描速度"开关及"Y 轴灵敏度"开关的位置,测量信号源输出电压频率及峰-峰值,记入表 2-2 中。

表 2-2 示波器和交流毫伏表测量信号参数对比表

信号电压频率	示波器测量值		信号电压毫伏表读数/V	示波器测量值	
	周期/ms	频率/Hz		峰-峰值/V	有效值/V
100Hz					
1kHz					
10kHz					
100kHz					

3. 测量两波形间的相位差

1)观察双踪显示波形"交替"与"断续"两种显示方式的特点。Y_1、Y_2 均不加输入信号,输入耦合方式置于"GND"位置,扫描速度开关置于扫描速度较低的档位(如 0.5s/div 档)和扫描速度较高档位(如 5μs/div 档),把显示方式开关分别置于"交替"和"断续"位置,观察两条扫描基线的显示特点并记录。

2)用双踪显示测量两波形间的相位差。

① 按图 2-2 连接实训电路,将函数信号发生器的输出电压调至频率为 1kHz、幅值为 2V

的正弦波，经 RC 移相网络获得频率相同但相位不同的两路信号 u_i 和 u_R，分别加到双踪示波器的 Y_1 和 Y_2 输入端。

为了便于稳定波形，比较两波形的相位差，应使内触发信号取自被设定作为测量基准的一路信号。

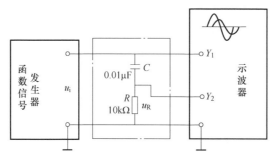

图 2-2　两波形间相位差测量电路

② 把显示方式开关置于"交替"档位，将 Y_1 和 Y_2 输入耦合方式开关置于"⊥"档位，调节 Y_1、Y_2 的移位旋钮（↕），使两条扫描基线重合。

③ 将 Y_1、Y_2 输入耦合方式开关置于"AC"档位，调节触发电平、扫描速度开关及 Y_1、Y_2 灵敏度开关的位置，使显示屏上显示出易于观察的两个相位不同的正弦波形 u_i 及 u_R，如图 2-3 所示。根据两波形在水平方向的差距 X 及信号周期 X_T，则可求得两波形的相位差，即

$$\theta = \frac{X}{X_T} \times 360°$$

式中，X_T 为 1 个周期所占格数（div）；X 为两波形在 X 轴方向相差的格数（div）。

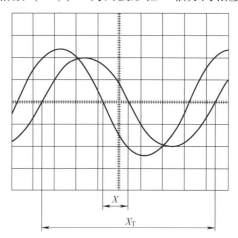

图 2-3　双踪示波器显示两相位不同的正弦波

记录两波形相位差于表 2-3 中。

表 2-3　波形相位差表

1 个周期格数	两波形 X 轴相差格数	相 位 差	
		实测值	计算值
$X_T =$	$X =$	$\theta =$	$\theta =$

为了数读和计算方便，可适当调节扫描速度开关及微调旋钮，使波形 1 个周期占整数格。

【实训总结】

1）整理实训数据，并进行分析。

2）问题讨论：

① 如何操纵示波器有关旋钮，以便从示波器显示屏上观察到稳定、清晰的波形？

② 用双踪显示波形，并要求比较相位时在显示屏上得到稳定波形，应怎样选择下列开关的位置？

a. 显示方式选择（Y_1，Y_2，$Y_1 + Y_2$，交替，断续）。

b. 触发方式选择（常态，自动）。

c. 触发源选择（内，外）。

d. 内触发源选择（Y_1，Y_2，交替）。

3）函数信号发生器有哪几种输出波形？它的输出端能否短接？如用屏蔽线作为输出引线，则屏蔽层一端应该接在哪个接线柱上？

4）交流毫伏表是用来测量正弦波电压还是非正弦波电压的？它的表头指示值是被测信号的什么数值？它是否可以用来测量直流电压的大小？

晶体管共射极单管放大器的调试与测量

➡ 内容说明

1）学会放大器静态工作点的调试方法，分析静态工作点对放大器性能的影响。

2）掌握放大器电压放大倍数、输入电阻、输出电阻及最大不失真输出电压的测试方法。

3）熟悉常用电子仪器及模拟电路实训设备的使用。

➡ 知识链接

图 2-4 所示为共射极单管放大器实训电路。它的偏置电路采用由 R_{B1} 和 R_{B2} 组成的分压电路，并在发射极后接有电阻 R_E，以稳定放大器的静态工作点。当在放大器的输入端加入输入信号 u_i（有效值用 U_i 表示，后同）后，在放大器的输出端便可得到一个与 u_i 相位相反、幅值被放大了的输出信号 u_o，从而实现了电压放大。

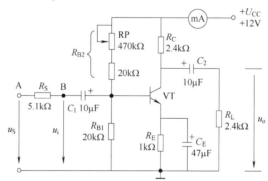

图 2-4 共射极单管放大器实训电路

在图 2-4 所示电路中，当流过偏置电阻 R_{B1} 和 R_{B2} 的电流远大于晶体管 VT 的基极电流 I_B 时（一般为 $(5 \sim 10) I_B$），则它的静态工作点可用下式估算：

$$\begin{cases} U_B \approx \dfrac{R_{B1}}{R_{B1} + R_{B2}} U_{CC} \\[2mm] I_E \approx \dfrac{U_B - U_{BE}}{R_E} \approx I_C \\[2mm] U_{CE} = U_{CC} - I_C(R_C + R_E) \end{cases}$$

电压放大倍数为

$$A_u = -\beta \frac{R_C \mathbin{/\mkern-5mu/} R_L}{r_{be}}$$

输入电阻为

$$R_i = R_{B1} \mathbin{/\mkern-5mu/} R_{B2} \mathbin{/\mkern-5mu/} r_{be}$$

输出电阻为

$$R_o \approx R_C$$

由于电子器件性能的分散性比较大，所以在设计和制作晶体管放大电路时，离不开测量和调试技术。在设计前应测量所用元器件的参数，为电路设计提供必要的依据，在完成设计和装配后，还必须测量和调试放大器的静态工作点和各项性能指标。一个优质的放大器，必定是理论设计与实训调整相结合的产物。因此，除了学习放大器的理论知识和设计方法外，还必须掌握必要的测量和调试技术。

放大器的测量和调试一般包括放大器静态工作点的测量与调试、消除干扰与自激振荡及放大器各项动态参数的测量与调试等。

1. 放大器静态工作点的测量与调试

（1）静态工作点的测量　测量放大器的静态工作点，应在输入信号 $u_i = 0$ 的情况下进行，即将放大器输入端与地端短接，然后选用量程合适的直流毫安表和直流电压表分别测量晶体管的集电极电流 I_C 以及各电极与地间的电压 U_B、U_C 和 U_E。一般实训中，为了避免断开集电极，常采用测量电压 U_E 或 U_C，然后算出 I_C 的方法，例如，只要测出 U_E，即可用 $I_C \approx I_E = \dfrac{U_E}{R_E}$ 算出 I_C（也可根据 $I_C = \dfrac{U_{CC} - U_C}{R_C}$，由 U_C 确定 I_C），同时也能算出 $U_{BE} = U_B - U_E$，$U_{CE} = U_C - U_E$。

为了减小误差，提高测量精度，应选用内阻较高的直流电压表。

（2）静态工作点的调试　放大器静态工作点的调试是指对晶体管集电极电流 I_C（或 U_{CE}）的调整与测试。

放大器失真有饱和失真、截止失真及交越失真。

饱和失真：饱和导通时，晶体管对信号失去了放大作用，此时的晶体管的失真称为饱和失真。

截止失真：由晶体管截止造成的失真，称为截止失真。

交越失真：在分析电路时把晶体管的导通电压看作零，当输入电压较低时，因晶体管截止而产生的失真称为交越失真。这种失真通常出现在通过零值处。与一般放大电路相同，消除交越失真的方法是设置合适的静态工作点，使得晶体管在静态时微导通。

静态工作点是否合适，对放大器的性能和输出波形都有很大影响。如工作点偏高，则放大器在加入交流信号以后易产生饱和失真，此时 u_o 的负半周将被削底，如图 2-5a 所示；如工作点偏低，则易产生截止失真，即 u_o 的正半周被缩顶（一般截止失真不如饱和失真明显），如图 2-5b 所示。这些情况都不符合不失真放大的要求。所以在选定工作点以后还必须进行动态调试，即在放大器的输入端加入一定的输入电压 u_i，检查输出电压 u_o 的大小和波形是否满足要求。若不满足，则应调节静态工作点的位置。

改变电路参数 U_{CC}、R_C、R_B（R_{B1}、R_{B2}）都会引起静态工作点的变化，如图 2-6 所示。

但通常多采用调节偏置电阻 R_{B2} 的方法来改变静态工作点，如减小 R_{B2}，可使静态工作点提高。

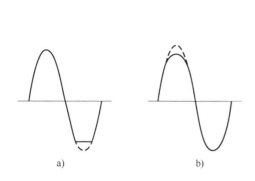

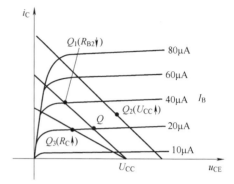

图 2-5　静态工作点对输出电压波形失真的影响　　　图 2-6　电路参数对静态工作点的影响

最后还要说明的是，上面所说的工作点"偏高"或"偏低"不是绝对的，是相对信号的幅值而言的，如输入信号幅值很小，即使工作点较高或较低也不一定会出现失真。所以确切地说，产生波形失真的原因是信号幅值与静态工作点设置配合不当。如需满足较大信号幅值的要求，静态工作点最好尽量靠近交流负载线的中性点。

2. 放大器动态指标的测试

放大器动态指标包括电压放大倍数、输入电阻、输出电阻、最大不失真输出电压（动态范围）和通频带等。

（1）电压放大倍数 A_u 的测量　调整放大器到合适的静态工作点，然后加入输入电压 u_i，在输出电压 u_o 不失真的情况下，用交流毫伏表测出 u_i 和 u_o 的有效值 U_i 和 U_o，则

$$A_u = \frac{U_o}{U_i}$$

（2）输入电阻 R_i 的测量　为了测量放大器的输入电阻，按图 2-7 所示电路在被测放大器的输入端与信号源之间串联一已知电阻 R，在放大器正常工作的情况下，用交流毫伏表测出 U_S 和 U_i，则根据输入电阻的定义可得

$$R_i = \frac{U_i}{I_i} = \frac{U_i}{\dfrac{U_R}{R}} = \frac{U_i}{U_S - U_i} R$$

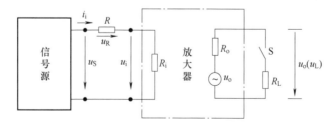

图 2-7　输入、输出电阻测量电路

测量时应注意下列几点：

1）由于电阻 R 两端没有电路公共接地点，所以测量 R 两端电压 U_R 时必须先分别测出

U_S 和 U_i，然后按 $U_R = U_S - U_i$ 求出 U_R 值。

2）电阻 R 的值不宜过大或过小，以免产生较大的测量误差，通常取 R 与 R_i 为同一数量级，本实训可取 $R = 1 \sim 2\text{k}\Omega$。

（3）输出电阻 R_o 的测量

按图 2-7 所示电路，在放大器正常工作条件下，测出输出端不接负载 R_L 的输出电压 U_o 和接入负载后的输出电压 U_L，根据 $U_L = \dfrac{R_L}{R_o + R_L} U_o$ 即可求出

$$R_o = \left(\frac{U_o}{U_L} - 1 \right) R_L$$

在测试中应注意，必须保持 R_L 接入前后输入信号的大小不变。

（4）最大不失真输出电压 U_{oPP} 的测量（最大动态范围）　如上所述，为了得到最大动态范围，应将静态工作点调在交流负载线的中点。为此，在放大器正常工作的情况下，逐步增大输入信号的幅值，并同时调节 RP（改变静态工作点），用示波器观察 u_o，当输出波形同时出现削底和缩顶现象（见图 2-8）时，说明静态工作点已调在交流负载线的中点。然后反复调整输入信号，使波形输出幅值最大且无明显失真，此时用交流毫伏表测出 U_o（有效值），则动态范围为 $2\sqrt{2}U_o$。或用示波器直接读出 U_{oPP}。

（5）放大器幅频特性的测量　放大器的幅频特性是指放大器的电压放大倍数 A_u 与输入信号频率 f 之间的关系曲线。单管阻容耦合放大电路的幅频特性曲线如图 2-9 所示，A_{um} 为中频电压放大倍数，通常规定电压放大倍数随频率变化下降到中频放大倍数的 $1/\sqrt{2}$（即 $0.707A_{um}$）所对应的频率分别称为下限频率 f_L 和上限频率 f_H，则通频带 $f_{BW} = f_H - f_L$。

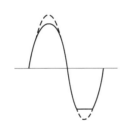

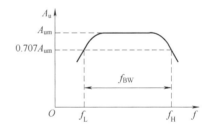

图 2-8　静态工作点正常时　　　　　图 2-9　单管阻容耦合放大电路
　　输入信号太大引起的失真　　　　　　　　的幅频特性曲线

放大器的幅频特性就是测量不同频率信号时的电压放大倍数 A_u。为此，可采用前述测 A_u 的方法，每改变一个信号频率，测量其相应的电压放大倍数，测量时应注意取点要恰当，在低频段与高频段应多测几个点，在中频段可以少测几个点。此外，在改变频率时，要保持输入信号的幅值不变，且输出波形不得失真。

（6）干扰和自激振荡的消除　干扰和自激振荡的消除见附录 A。

实训部分

【实训设备与器件】

①+12V 直流电源；②函数信号发生器；③双踪示波器；④交流毫伏表；⑤直流电压

表；⑥直流毫安表；⑦频率计；⑧万用电表；⑨晶体管 3DG6×1（$\beta = 50 \sim 100$）或 9011×1（管脚排列见图 2-10）；⑩电阻器、电容器若干。

【实训内容】

实训电路如图 2-4 所示，各电子仪器可按图 2-1 所示方式连接，为了防止干扰，各仪器的公共端必须连在一起，同时信号源、交流毫伏表和示波器的引线应采用专用电缆线或屏蔽线，如使用屏蔽线，则屏蔽线的外包金属网应接在公共接地端上。

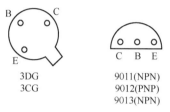

图 2-10　晶体管管脚排列

1. 调试静态工作点

接通直流电源前，先将 RP 调至最大，函数信号发生器输出旋钮旋至零。接通 +12V 电源、调节 RP，使 $I_C = 2.0\text{mA}$（即 $U_E = 2.0\text{V}$），用直流电压表测量 U_B、U_E、U_C 并用万用电表测量 R_{B2} 值，记入表 2-4 中。

表 2-4　静态工作点测量表

测　量　值				计　算　值		
U_B/V	U_E/V	U_C/V	$R_{B2}/k\Omega$	U_{BE}/V	U_{CE}/V	I_C/mA

2. 测量电压放大倍数

在放大器输入端加入频率为 1kHz 的正弦信号 u_S，调节函数信号发生器的输出旋钮使放大器输入电压 $U_i \approx 10\text{mV}$，同时用示波器观察放大器输出电压 u_o 的波形，在波形不失真的条件下用交流毫伏表测量下述三种情况下的 U_o 值，并用双踪示波器观察 u_o 和 u_i 的相位关系，记入表 2-5 中。

表 2-5　电压放大倍数测试表

$R_C/k\Omega$	$R_L/k\Omega$	U_o/V	A_u	观察并记录一组 u_o 和 u_i 波形
2.4	∞			
1.2	∞			
2.4	2.4			

3. 观察静态工作点对电压放大倍数的影响

置 $R_C = 2.4\text{k}\Omega$、$R_L = \infty$、U_i 适量，调节 RP，用示波器监视输出电压波形，在 u_o 不失真的条件下，测量数组 I_C 和 U_o 值，记入表 2-6 中。

表 2-6　静态工作点对电压放大倍数的影响表

I_C/mA			2.0		
U_o/V					
A_u					

测量 I_C 时，要先将信号源输出旋钮旋至零（即 $u_i = 0$）。

4. 观察静态工作点对输出波形失真的影响

置 $R_C = 2.4k\Omega$、$R_L = 2.4k\Omega$、$u_i = 0$，调节 RP 使 $I_C = 2.0mA$，测出 U_{CE} 值，再逐步加大输入信号，使输出电压 u_o 足够大但不失真。然后保持输入信号不变，分别增大和减小 RP，使波形出现失真，绘出 u_o 的波形，并测出失真情况下的 I_C 和 U_{CE} 值，记入表 2-7 中。每次测 I_C 和 U_{CE} 值时都要将信号源的输出旋钮旋至零。

表 2-7　静态工作点对输出波形失真的影响表

I_C/mA	U_{CE}/V	u_o 波形	失真情况	晶体管工作状态
2.0				

5. 测量最大不失真输出电压

置 $R_C = 2.4k\Omega$、$R_L = 2.4k\Omega$，按照上文所述方法，同时调节输入信号的幅值和电位器 RP，用示波器和交流毫伏表测量 U_{oPP} 及 U_o 值，记入表 2-8 中。

表 2-8　最大不失真输出电压测量表

I_C/mA	U_{im}/mV	U_{om}/V	U_{oPP}/V

*6. 测量输入电阻和输出电阻

置 $R_C = 2.4k\Omega$、$R_L = 2.4k\Omega$、$I_C = 2.0mA$，输入 $f = 1kHz$ 的正弦信号，在输出电压 u_o 不失真的情况下，用交流毫伏表测出 U_S、U_i 和 U_L 并记入表 2-9 中。保持 U_S 不变，断开 R_L，测量输出电压 U_o，记入表 2-9 中。

表 2-9　输入电阻和输出电阻测量表

U_S/mV	U_i/mV	R_i/kΩ		U_L/V	U_o/V	R_o/kΩ	
		测量值	计算值			测量值	计算值

*7. 测量幅频特性曲线

置 $I_C = 2.0\text{mA}$、$R_C = 2.4\text{k}\Omega$、$R_L = 2.4\text{k}\Omega$，保持输入信号 u_i 的幅值不变，改变信号源频率 f，逐点测出相应的输出电压 U_o，记入表 2-10 中。

表 2-10　幅频特性曲线表

	f_1	f_o	f_n
f/kHz			
U_o/V			
$A_u = U_o/U_i$			

为了使信号源频率 f 取值合适，可先粗测一下，找出中频范围，然后再仔细读数。

说明：本实训内容较多，其中 6 和 7 可作为选做内容。

【实训总结】

1）列表整理测量结果，并把实测的静态工作点、电压放大倍数、输入电阻、输出电阻数值与理论计算值比较（取一组数据进行比较），分析产生误差的原因。

2）总结 R_C、R_L 及静态工作点对放大器电压放大倍数、输入电阻、输出电阻的影响。

3）讨论静态工作点变化对放大器输出波形的影响。

4）分析讨论在调试过程中出现的问题。

【实训思考】

1）阅读本书中有关单管放大电路的内容并估算实训电路的性能指标。

假设 3DG6 的 $\beta = 100$，$R_{B1} = 20\text{k}\Omega$，$R_{B2} = 60\text{k}\Omega$，$R_C = 2.4\text{k}\Omega$，$R_L = 2.4\text{k}\Omega$，估算放大器的静态工作点、电压放大倍数 A_u、输入电阻 R_i 和输出电阻 R_o。

2）阅读附录 A 中有关放大器干扰和自激振荡消除的内容。

3）能否用直流电压表直接测量晶体管的 U_{BE}？为什么实训中要采用先测 U_B、U_E，再间接算出 U_{BE} 的方法？

4）怎样测量 R_{B2} 的阻值？

5）当调节偏置电阻 R_{B2} 使放大器输出波形出现饱和或截止失真时，晶体管的管电压降 U_{CE} 怎样变化？

6）改变静态工作点对放大器的输入电阻 R_i 是否有影响？改变外接电阻 R_L 对输出电阻 R_o 是否有影响？

7）在测试 A_u、R_i 和 R_o 时，如何选择输入信号的大小和频率？为什么信号频率一般选 1kHz，而不选 100kHz 或更高？

8）测试中，如果将函数信号发生器、交流毫伏表、示波器中任一仪器的两个测试端子接线换位（即各仪器的接地端不再连在一起），将会出现什么问题？

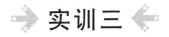

实训三

场效应晶体管放大器的测量

内容说明

1) 了解结型场效应晶体管的性能和特点。
2) 进一步熟悉放大器动态参数的测试方法。

知识链接

1. 结型场效应晶体管的特性和参数

场效应晶体管的特性主要有输出特性和转移特性。图 2-11 所示为 N 沟道结型场效应晶体管 3DJ6F 的输出特性和转移特性曲线。其直流参数主要有饱和漏极电流 I_{DSS}、夹断电压 U_P 等；交流参数主要有低频跨导 g_m：

$$g_m = \frac{\Delta I_D}{\Delta U_{GS}} \bigg|_{U_{DS} = 常数}$$

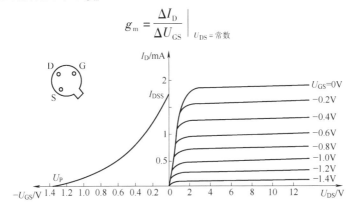

图 2-11 3DJ6F 的输出特性和转移特性曲线

表 2-11 列出了 3DJ6F 的典型参数值及测试条件。

表 2-11 3DJ6F 的典型参数值及测试条件

参数名称	饱和漏极电流 I_{DSS}/mA	夹断电压 U_P/V	跨导 g_m/(μA/V)
测试条件	$U_{DS} = 10V$ $U_{GS} = 0V$	$U_{DS} = 10V$ $I_{DS} = 50\mu A$	$U_{DS} = 10V$ $I_{DS} = 3mA$ $f = 1kHz$
参数值	1 ~ 3.5	< | -9 |	>100

2. 场效应晶体管放大器性能分析

图 2-12 为结型场效应晶体管共源极放大电路，其静态工作点为

$$\begin{cases} U_{GS} = U_G - U_S = \dfrac{R_{g1}}{R_{g1} + R_{g2}}U_{DD} - I_D R_S \\ I_D = I_{DSS}\left(1 - \dfrac{U_{GS}}{U_P}\right)^2 \end{cases}$$

中频电压放大倍数：$A_u = -g_m R'_L = -g_m R_D /\!/ R_L$

输入电阻：$R_i = R_G + R_{g1} /\!/ R_{g2}$

输出电阻：$R_o \approx R_D$

跨导 g_m 可由特性曲线用作图法求得，或用公式 $g_m = -\dfrac{2I_{DSS}}{U_P}\left(1 - \dfrac{U_{GS}}{U_P}\right)$ 计算。但要注意，计算时 U_{GS} 要用静态工作点处的数值。

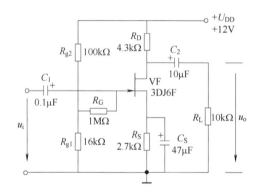

图 2-12　结型场效应晶体管共源极放大电路

3. 输入电阻的测量方法

场效应晶体管放大电路的静态工作点、电压放大倍数和输出电阻的测量方法，与实训二中晶体管放大器的测量方法相同。其输入电阻的测量，从原理上讲，也可采用实训二中所述方法，但由于场效应晶体管的 R_i 比较大，如直接测输入电压 U_S 和 U_i，则限于测量仪器的输入电阻有限，必然会带来较大的误差。因此，为了减小误差，常利用被测放大器的隔离作用，通过测量输出电压 U_o 来计算输入电阻，测量电路如图 2-13 所示。

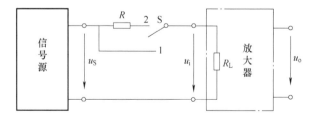

图 2-13　输入电阻测量电路

在放大器的输入端串入电阻 R，把开关 S 掷向位置 1（即 $R=0$），测量放大器的输出电压 $U_{o1} = A_u U_S$；保持 U_S 不变，再把 S 掷向 2（即接入 R），测量放大器的输出电压 U_{o2}。由于两次测量中 A_u 和 U_S 保持不变，故有

$$U_{o2} = A_u U_i = \frac{R_i}{R + R_i} U_S A_u$$

由此可以求出

$$R_i = \frac{U_{o2}}{U_{o1} - U_{o2}} R$$

式中，R 和 R_i 不要相差太大，本实训可取 $R = 100 \sim 200\mathrm{k\Omega}$。

➡ 实训部分

【实训设备与器件】

①＋12V 直流电源；②函数信号发生器；③双踪示波器；④交流毫伏表；⑤直流电压表；⑥结型场效应晶体管 3DJ6F×1，电阻器、电容器若干。

【实训内容】

1. 静态工作点的测量和调整

1）按图 2-12 连接电路，令 $u_i = 0$，接通＋12V 电源，用直流电压表测量 U_G、U_S 和 U_D。检查静态工作点是否在特性曲线放大区的中间部分。如合适，则把结果记入表 2-12 中。

2）若不合适，则适当调整 R_{g2} 和 R_S，调好后，再测量 U_G、U_S 和 U_D，记入表 2-12 中。

表 2-12　U_G、U_S 和 U_D 测量表

测　量　值						计　算　值		
U_G/V	U_S/V	U_D/V	U_{DS}/V	U_{GS}/V	I_D/mA	U_{DS}/V	U_{GS}/V	I_D/mA

2. 电压放大倍数 A_u、输入电阻 R_i 和输出电阻 R_o 的测量

（1）A_u 和 R_o 的测量　在放大器的输入端加入 $f = 1\mathrm{kHz}$ 的正弦信号 U_i（$U_i \approx 50 \sim 100\mathrm{mV}$），并用示波器监视输出电压 u_o 的波形。在输出电压 u_o 没有失真的条件下，用交流毫伏表分别测量 $R_L = \infty$ 和 $R_L = 10\mathrm{k\Omega}$ 时的输出电压 U_o（注意：保持 U_i 幅值不变），记入表 2-13 中。

表 2-13　测量值与计算值的比较

	测　量　值				计　算　值		u_i 和 u_o 波形
	U_i/V	U_o/V	A_u	$R_o/\mathrm{k\Omega}$	A_u	$R_o/\mathrm{k\Omega}$	 u_i O ———— t u_o O ———— t
$R_L = \infty$							
$R_L = 10\mathrm{k\Omega}$							

用示波器同时观察 u_i 和 u_o 的波形，描绘并分析它们的相位关系。

（2）R_i 的测量　按图 2-13 改接实训电路，选择合适大小的输入电压 U_s（50～100mV），将开关 S 掷向位置 1，测出 $R = 0$ 时的输出电压 U_{o1}，然后将开关掷向位置 2，（接入 R），保

持 U_S 不变，再测出 U_{o2}，根据公式 $R_i = \dfrac{U_{o2}}{U_{o1} - U_{o2}} R$ 求出 R_i，记入表 2-14 中。

表 2-14　测量值与计算值的比较

测　量　值			计　算　值
U_{o1}/V	U_{o2}/V	$R_i/k\Omega$	$R_i/k\Omega$

【实训总结】

1）整理实训数据，将测得的 A_u、R_i、R_o 与理论计算值进行比较。

2）把场效应晶体管放大器与晶体管放大器进行比较，总结场效应晶体管放大器的特点。

3）分析测试中的问题，总结实训收获。

【实训思考】

1）复习有关场效应晶体管部分内容，并分别用图解法与计算法估算场效应晶体管的静态工作点（根据实训电路参数），求出工作点处的跨导 g_m。

2）场效应晶体管放大器输入回路的电容 C_1 为什么可以取得小一些（可以取 $C_1 = 0.1\mu F$）？

3）在测量场效应晶体管静态工作电压 U_{GS} 时，能否用直流电压表直接并在 G、S 两端测量？为什么？

4）为什么测量场效应晶体管输入电阻时要用测量输出电压的方法？

负反馈放大器的测量

→ 内容说明

加深理解放大电路中引入负反馈的方法和负反馈对放大器各项性能指标的影响。

→ 知识链接

本实训以电压串联负反馈为例，分析负反馈对放大器各项性能指标的影响。

图 2-14 所示为带有电压串联负反馈的两级阻容耦合放大器电路，在电路中通过 R_f 把输出电压 u_o 引回到输入端，加在晶体管 VT_1 的发射极上，在发射极电阻 R_{F1} 上形成反馈电压 u_f。根据反馈的判断法可知，它属于电压串联负反馈，主要性能指标如下。

（1）闭环电压放大倍数

$$A_{uf} = \frac{A_u}{1 + A_u F_u}$$

式中，A_u 为基本放大器（无反馈）的电压放大倍数，即开环电压放大倍数，$A_u = U_o / U_i$；$1 + A_u F_u$ 为反馈深度，它的大小决定了负反馈对放大器性能改善的程度。

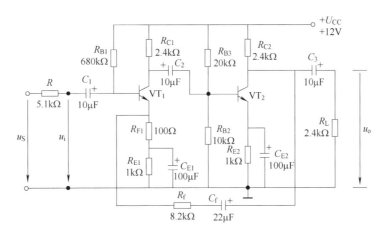

图 2-14　带有电压串联负反馈的两级阻容耦合放大器电路

（2）反馈系数

$$F_u = \frac{R_{F1}}{R_f + R_{F1}}$$

（3）输入电阻

$$R_{if} = (1 + A_u F_u) R_i$$

式中，R_i 为基本放大器的输入电阻。

（4）输出电阻

$$R_{of} = \frac{R_o}{1 + A_{uo} F_u}$$

式中，R_o 为基本放大器的输出电阻；A_{uo} 为基本放大器在 $R_L = \infty$ 时的电压放大倍数。

本实训还需要测量基本放大器的动态参数，如何实现无反馈的基本放大器呢？不能简单地断开反馈支路，而是要去掉反馈作用，但又要把反馈网络的影响（负载效应）考虑到基本放大器中去，为此：

1）在画基本放大器的输入回路时，因为是电压负反馈，所以可将负反馈放大器的输出端交流短路，即令 $u_o = 0$，此时 R_f 相当于并联在 R_{F1} 上。

2）在画基本放大器的输出回路时，由于输入端是串联负反馈，因此需将反馈放大器的输入端（VT_1 的发射极）开路，此时（$R_f + R_{F1}$）相当于并接在输出端，可近似认为 R_f 并接在输出端。

根据上述规律，就可得到所要求的基本放大器电路，如图 2-15 所示。

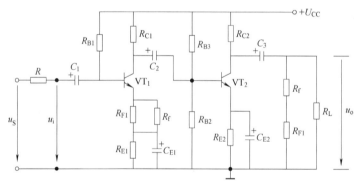

图 2-15 基本放大器

实训部分

【实训设备与器件】

①+12V 直流电源；②函数信号发生器；③双踪示波器；④频率计；⑤交流毫伏表；⑥直流电压表；⑦晶体管 3DG6×2（$\beta = 50 \sim 100$）或 9011×2、电阻器、电容器若干。

【实训内容】

1. 测量静态工作点

按图 2-14 连接实训电路，取 $U_{CC} = +12V$、$u_i = 0$，用直流电压表分别测量第一级、第二级的静态工作点，记入表2-15中。

表 2-15　各级电压测量值

	U_B/V	U_E/V	U_C/V	I_C/mA
第一级				
第二级				

2. 测试基本放大器的各项性能指标

将实训电路按图2-15进行改接，即把R_f断开后分别并在R_{F1}和R_L上，其他连线不动。

（1）测量中频电压放大倍数A_u、输入电阻R_i和输出电阻R_o

1）将$f = 1kHz$、$U_S \approx 5mV$的正弦信号输入放大器，用示波器监视输出波形u_o，在u_o不失真的情况下，用交流毫伏表测量U_S、U_i和U_L，记入表2-16中。

表 2-16　基本放大器和负反馈放大器的各项性能指标

基本放大器	U_S/mV	U_i/mV	U_L/V	U_o/V	A_u	$R_i/k\Omega$	$R_o/k\Omega$
负反馈放大器	U_S/mV	U_i/mV	U_L/V	U_o/V	A_{uf}	$R_{if}/k\Omega$	$R_{of}/k\Omega$

2）保持U_S不变，断开负载电阻R_L（注意，R_f不要断开），测量空载时的输出电压U_o，记入表2-16中。

（2）测量通频带　接上R_L，保持（1）中的U_S不变，然后增加和减小输入信号的频率，找出上、下限频率f_H和f_L，记入表2-17中。

表 2-17　基本放大器和负反馈放大器的通频带测量

基本放大器	f_L/kHz	f_H/kHz	$\Delta f/kHz$
负反馈放大器	f_{Lf}/kHz	f_{Hf}/kHz	$\Delta f_f/kHz$

3. 测试负反馈放大器的各项性能指标

将实训电路恢复为图2-14所示的负反馈放大电路。适当加大U_S（约10mV），在输出波形不失真的条件下，测量负反馈放大器的A_{uf}、R_{if}和R_{of}，记入表2-16中；测量f_{Hf}和f_{Lf}，记入表2-17中。

*4. 观察负反馈对非线性失真的改善

1）实训电路改接成基本放大器形式，在输入端加入$f = 1kHz$的正弦信号，输出端接示波器，逐渐增大输入信号的幅值，使输出波形开始出现失真，记下此时的波形和输出电压的幅值。

2）再将实训电路改接成负反馈放大器形式，增大输入信号幅值，使输出电压幅值的大小与1）相同，比较有负反馈时输出波形的变化。

【实训总结】

1）将基本放大器和负反馈放大器动态参数的实测值和理论估算值列表进行比较。

2）根据实训结果总结电压串联负反馈对放大器性能的影响。

【实训思考】

1）复习本书中有关负反馈放大器的内容。

2）按实训电路（图 2-14）估算放大器的静态工作点（取 $\beta_1 = \beta_2 = 100$）。

3）如何把负反馈放大器改接成基本放大器？为什么要把 R_f 并接在输入和输出端？

4）估算基本放大器的 A_u、R_i 和 R_o；估算负反馈放大器的 A_{uf}、R_{if} 和 R_{of}，并验算它们之间的关系。

5）若按深度负反馈估算，则闭环电压放大倍数 A_{uf} 为多少？和测量值是否一致？为什么？

6）如果输入信号存在失真，能否用负反馈来改善？

7）如何判断放大器是否存在自激振荡？如何进行消振？

射极跟随器的特性及测量

➡ **内容说明**

1）掌握射极跟随器的特性及测试方法。

2）进一步学习放大器各项参数的测试方法。

➡ **知识链接**

射极跟随器指的是信号从基极输入，从发射极输出的放大器。其特点为输入阻抗高、输出阻抗低，因而从信号源索取的电流小且带负载能力强。所以，常用于多级放大电路的输入级和输出级，也可用它连接两电路，减少电路间直接相连所带来的影响，起缓冲作用。射极跟随器的输出取自发射极，故又称其为射极输出器。

射极跟随器电路如图2-16所示，它是一个电压串联负反馈放大电路，具有输入电阻高，输出电阻低，电压放大倍数接近于1，输出电压能够在较大范围内跟随输入电压做线性变化以及输入、输出信号同相等特点。

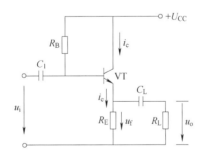

图 2-16　射极跟随器电路

（1）输入电阻 R_i

$$R_i = r_{be} + (1 + \beta) R_E$$

如考虑偏置电阻 R_B 和负载 R_L 的影响，则

$$R_i = R_B // [r_{be} + (1 + \beta)(R_E // R_L)]$$

由上式可知，射极跟随器的输入电阻 R_i 比共射极单管放大器的输入电阻 $R_i = R_B // r_{be}$ 要高得多，但由于偏置电阻 R_B 的分流作用，输入电阻难以进一步提高。

输入电阻的测试方法与单管放大器相同，实训电路如图 2-17 所示，则有

$$R_i = \frac{U_i}{I_i} = \frac{U_i}{U_S - U_i} R$$

故只要测得 A、B 两点的对地电位即可计算出 R_i。

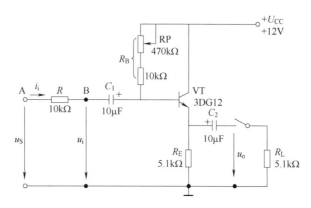

图 2-17　射极跟随器实训电路

（2）输出电阻 R_o

$$R_o = \frac{r_{be}}{\beta} /\!/ R_E \approx \frac{r_{be}}{\beta}$$

若考虑信号源内阻 R_S，则

$$R_o = \frac{r_{be} + (R_S /\!/ R_B)}{\beta} /\!/ R_E \approx \frac{r_{be} + (R_S /\!/ R_B)}{\beta}$$

由上式可知，射极跟随器的输出电阻 R_o 比共射极单管放大器的输出电阻 $R_o \approx R_C$ 小得多。晶体管的 β 越大，输出电阻越小。

输出电阻 R_o 的测试方法与单管放大器相同，即先测出空载输出电压 U_o，再测接入负载 R_L 后的输出电压 U_L，根据 $U_L = \frac{R_L}{R_o + R_L} U_o$ 即可求出 R_o：

$$R_o = \left(\frac{U_o}{U_L} - 1 \right) R_L$$

（3）电压放大倍数

$$A_u = \frac{(1 + \beta)(R_E /\!/ R_L)}{r_{be} + (1 + \beta)(R_E /\!/ R_L)} \leqslant 1$$

上式说明，射极跟随器的电压放大倍数小于或等于 1，且为正值，这是深度电压负反馈的结果。但它的射极电流仍是基极电流的 $(1 + \beta)$ 倍，所以它具有一定的电流和功率放大作用。

（4）电压跟随范围　电压跟随范围是指射极跟随器输出电压 u_o 跟随输入电压 u_i 做线性变化的区域。当 u_i 超过一定范围时，u_o 便不能跟随 u_i 做线性变化，即 u_o 波形产生了失真。为了使输出电压 u_o 正、负半周对称，并充分利用电压跟随范围，静态工作点应选在交流负载线中点，测量时可直接用示波器读取 u_o 的峰-峰值，即电压跟随范围；或用交流毫伏表读取 u_o 的有效值，则电压跟随范围为

$$U_{oPP} = 2\sqrt{2} U_o$$

➡ 实训部分

【实训设备与器件】

①+12V 直流电源；②函数信号发生器；③双踪示波器；④交流毫伏表；⑤直流电压表；⑥频率计；⑦3DG12×1（$\beta = 50 \sim 100$）或 9013，电阻器、电容器若干。

【实训内容】

按图 2-17 连接电路。

1. 静态工作点的调整

接通 +12V 直流电源，在 B 点加入 $f = 1\text{kHz}$ 的正弦信号 u_i，输出端用示波器监视输出波形，反复调整 RP 及信号源的输出幅值，在示波器的显示屏上得到一个最大不失真的输出波形，然后置 $u_i = 0$，用直流电压表测量晶体管各极的对地电位，将测得数据记入表 2-18 中。

表 2-18　静态工作点电压测量表

U_E/V	U_B/V	U_C/V	I_E/mA

在下面整个测试过程中，应保持 RP 阻值不变（即保持静工作点 I_E 不变）。

2. 测量电压放大倍数 A_u

接入负载 $R_L = 1\text{k}\Omega$，在 B 点加 $f = 1\text{kHz}$ 的正弦信号 u_i，调节输入信号幅值，用示波器观察输出波形 u_o，在输出最大不失真的情况下，用交流毫伏表测 U_i、U_L 值，记入表 2-19 中。

表 2-19　电压放大倍数测量表

U_i/V	U_L/V	A_u

3. 测量输出电阻 R_o

接上负载 $R_L = 1\text{k}\Omega$，在 B 点加 $f = 1\text{kHz}$ 的正弦信号 u_i，用示波器监视输出波形，测空载输出电压 U_o 及负载时的输出电压 U_L，记入表 2-20 中。

表 2-20　输出电阻测量表

U_o/V	U_L/V	$R_o/\text{k}\Omega$

4. 测量输入电阻 R_i

在 A 点加 $f = 1\text{kHz}$ 的正弦信号 u_s，用示波器监视输出波形，用交流毫伏表分别测出 A、B 点对地的电位 U_s、U_i，记入表 2-21 中。

表 2-21　输入电阻测量表

U_s/V	U_i/V	$R_i/\text{k}\Omega$

5. 测试跟随特性

接入负载 $R_L = 1k\Omega$，在 B 点加入 $f = 1kHz$ 的正弦信号 u_i，逐渐增大信号 u_i 幅值，用示波器监视输出波形，直至输出波形达最大不失真，测量对应的 U_L 值，记入表 2-22 中。

表 2-22　跟随特性表

U_i/V	
U_L/V	

6. 测试频率响应特性

保持输入信号 u_i 幅值不变，改变信号源频率，用示波器监视输出波形，用交流毫伏表测量不同频率下的输出电压 U_L 值，记入表 2-23 中。

表 2-23　输出电压表

f/kHz	
U_L/V	

【复习要求】

1）复习射极跟随器的工作原理。

2）根据图 2-17 的元器件参数值估算静态工作点，并画出交、直流负载线。

【实训思考】

1）整理实训数据，并画出曲线 $U_L = f(U_i)$ 及 $U_L = f(f)$ 曲线。

2）分析射极跟随器的性能和特点。

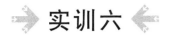
差分放大器性能指标的测量

内容说明

1）加深对差分放大器性能及特点的理解。

2）学习差分放大器主要性能指标的测试方法。

知识链接

差分放大器又称差动放大器，图 2-18 所示为差分放大器实训电路。它由两个元器件参数相同的基本共射极放大电路组成。当开关 S 拨向左边时，构成典型的差分放大器。调零电位器 RP 用来调节 VT_1 和 VT_2 的静态工作点，使得输入信号 $u_i = 0$ 时，双端输出电压 $U_o = 0$。R_E 为两晶体管共用的发射极电阻，它对差模信号无负反馈作用，因而不影响差模电压放大倍数，但对共模信号有较强的负反馈作用，故可以有效地抑制零漂，稳定静态工作点。

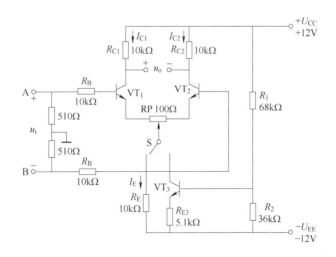

图 2-18　差分放大器实训电路

当开关 S 拨向右边时，构成具有恒流源的差分放大器。它用晶体管恒流源代替发射极电阻 R_E，可以进一步提高差分放大器抑制共模信号的能力。

（1）静态工作点的估算

典型电路：
$$\begin{cases} I_{\text{E}} \approx \dfrac{|U_{\text{EE}}| - U_{\text{BE}}}{R_{\text{E}}} \quad (\text{认为 } U_{\text{B1}} = U_{\text{B2}} \approx 0) \\[3mm] I_{\text{C1}} = I_{\text{C2}} = \dfrac{1}{2} I_{\text{E}} \end{cases}$$

恒流源电路：
$$\begin{cases} I_{\text{C3}} \approx I_{\text{E3}} \approx \dfrac{\dfrac{R_2}{R_1 + R_2}(U_{\text{CC}} + |U_{\text{EE}}|) - U_{\text{BE}}}{R_{\text{E3}}} \\[3mm] I_{\text{C1}} = I_{\text{C2}} = \dfrac{1}{2} I_{\text{C3}} \end{cases}$$

（2）差模电压放大倍数和共模电压放大倍数　当差分放大器的发射极电阻 R_{E} 足够大或采用恒流源电路时，差模电压放大倍数 A_{d} 由输出方式决定，而与输入方式无关。

双端输出：$R_{\text{E}} = \infty$，RP（阻值为 R_{P}）在中心位置时，有

$$A_{\text{d}} = \frac{\Delta U_{\text{o}}}{\Delta U_{\text{i}}} = -\frac{\beta R_{\text{C}}}{R_{\text{B}} + r_{\text{be}} + \dfrac{1}{2}(1 + \beta)R_{\text{P}}}$$

单端输出：

$$\begin{cases} A_{\text{d1}} = \dfrac{\Delta U_{\text{C1}}}{\Delta U_{\text{i}}} = \dfrac{1}{2} A_{\text{d}} \\[3mm] A_{\text{d2}} = \dfrac{\Delta U_{\text{C2}}}{\Delta U_{\text{i}}} = -\dfrac{1}{2} A_{\text{d}} \end{cases}$$

当输入共模信号时，若为单端输出，则有

$$A_{\text{c1}} = A_{\text{c2}} = \frac{\Delta U_{\text{C1}}}{\Delta U_{\text{i}}} = \frac{-\beta R_{\text{C}}}{R_{\text{B}} + r_{\text{be}} + (1 + \beta)\left(\dfrac{1}{2}R_{\text{P}} + 2R_{\text{E}}\right)} \approx -\frac{R_{\text{C}}}{2R_{\text{E}}}$$

若为双端输出，在理想情况下有

$$A_{\text{c}} = \frac{\Delta U_{\text{o}}}{\Delta U_{\text{i}}} = 0$$

实际上，由于元器件不可能完全对称，因此 A_{c} 也不会绝对等于零。

（3）共模抑制比 CMRR　为了表征差分放大器对有用信号（差模信号）的放大作用和对共模信号的抑制能力，通常用一个综合指标来衡量，即共模抑制比，有

$$\text{CMRR} = \left|\frac{A_{\text{d}}}{A_{\text{c}}}\right| \quad \text{或} \quad \text{CMRR} = 20\lg\left|\frac{A_{\text{d}}}{A_{\text{c}}}\right| \quad (\text{dB})$$

差分放大器的输入信号可采用直流信号也可采用交流信号。本实训由函数信号发生器提供频率 $f = 1\text{kHz}$ 的正弦信号作为输入信号。

➡ 实训部分

【实训设备与器件】

①±12V 直流电源；②函数信号发生器；③双踪示波器；④交流毫伏表；⑤直流电压

表；⑥晶体管 3DG6 × 3（要求 VT$_1$、VT$_2$ 特性参数一致，或 9011 × 3），电阻器、电容器若干。

【实训内容】

1. 典型差分放大器性能测试

按图 2-18 连接实训电路，开关 S 拨向左边构成典型差分放大器。

（1）测量静态工作点　步骤如下：

1）调节放大器零点。信号源不接入，将放大器输入端 A、B 与地短接，接通 ±12V 直流电源，用直流电压表测量输出电压 U_o，调节调零电位器 RP，使 $U_o = 0$（调节时要仔细，力求准确）。

2）零点调好以后进行静态工作点测量，用直流电压表测量 VT$_1$、VT$_2$ 各极电位及发射极电阻 R_E 两端电压 U_{RE}，记入表 2-24 中。

表 2-24　测量值与计算值

测量值	U_{C1}/V	U_{B1}/V	U_{E1}/V	U_{C2}/V	U_{B2}/V	U_{F2}/V	U_{RE}/V
计算值	I_C/mA			I_B/mA		U_{CE}/V	

（2）测量差模电压放大倍数　断开直流电源，将函数信号发生器的输出端接放大器输入端 A，地端接放大器输入端 B，构成单端输入方式，使输入信号为频率 $f = 1kHz$ 的正弦信号，并将输出旋钮旋至零，用示波器监视输出端（集电极 C$_1$ 或 C$_2$ 与地端）。

接通 ±12V 直流电源，逐渐增大输入电压 U_i（约 100mV），在输出波形无失真的情况下，用交流毫伏表测 U_i、U_{C1}、U_{C2}，记入表 2-25 中，并观察 u_i、u_{C1}、u_{C2} 之间的相位关系及 U_{RE} 随 U_i 改变而变化的情况。

（3）测量共模电压放大倍数　将放大器 A、B 端短接，信号源接 A 端与地之间，构成共模输入方式，调节输入信号 $f = 1kHz$、$U_i = 1V$，在输出电压无失真的情况下，测量 U_{C1}、U_{C2}，并记入表 2-25 中，观察 u_i、u_{C1}、u_{C2} 之间的相位关系及 U_{RE} 随 U_i 改变而变化的情况。

表 2-25　典型差分放大电路和具有恒流源差分放大电路的参数表

	典型差分放大电路		具有恒流源的差分放大电路	
	单端输入	共模输入	单端输入	共模输入
U_i	100mV	1V	100mV	1V
U_{C1}/V				
U_{C2}/V				
$A_{d1} = \dfrac{U_{C1}}{U_i}$		/		/
$A_d = \dfrac{U_o}{U_i}$		/		/

（续）

	典型差分放大电路		具有恒流源的差分放大电路	
	单端输入	共模输入	单端输入	共模输入
$A_{c1} = \dfrac{U_{C1}}{U_i}$	/		/	
$A_c = \dfrac{U_o}{U_i}$	/		/	
$CMRR = \left\| \dfrac{A_{d1}}{A_{c1}} \right\|$				

2. 具有恒流源的差分放大电路的性能测试

将图 2-18 电路中开关 S 拨向右边，构成具有恒流源的差分放大电路。重复典型差分放大器性能测试的步骤（2）和（3），并将数据记入表 2-25。

【实训总结】

1）整理实训数据，列表比较实训结果和理论估算值，分析误差原因：

① 静态工作点和差模电压放大倍数。

② 典型差分放大电路单端输出时的 CMRR 实测值与理论值比较。

③ 典型差分放大电路单端输出时，CMRR 的实测值与具有恒流源的差分放大器 CMRR 实测值比较。

2）比较 u_i、u_{C1} 和 u_{C2} 之间的相位关系。

3）根据实训结果，总结电阻 R_E 和恒流源的作用。

【实训思考】

1）根据实训电路参数，估算典型差分放大器和具有恒流源的差分放大器的静态工作点及差模电压放大倍数（取 $\beta_1 = \beta_2 = 100$）。

2）测量静态工作点时，放大器输入端 A、B 与地应如何连接？

3）实训中如何获得双端和单端输入差模信号？如何获得共模信号？画出 A、B 端与信号源之间的连接图。

4）如何进行静态调零点？用什么仪表测 U_o？

5）如何用交流毫伏表测双端输出电压 U_o？

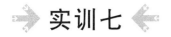

集成运算放大器的指标测试

内容说明

1）掌握运算放大器主要指标的测试方法。

2）通过对运算放大器 μA741 指标的测试，了解集成运算放大器组件主要参数的定义和表示方法。

知识链接

集成运算放大器（简称集成运放）是一种线性集成电路，和其他半导体器件一样，它也是用一些性能指标来衡量其质量的。为了正确使用集成运放，就必须了解它的主要参数指标。集成运放组件的各项指标通常是由专用仪器进行测试的，本节介绍的是一种简易测试方法。

本实训采用的集成运放型号为 μA741（或 F007），引脚排列如图 2-19 所示，它是 8 引脚双列直插式组件，②脚和③脚为反相和同相输入端，⑥脚为输出端，⑦脚和④脚为正、负电源端，①脚和⑤脚为失调调零端，①脚和⑤脚之间可接入一只几十千欧的电位器并将滑动触头接到负电源端，⑧脚为空脚。

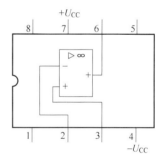

图 2-19 μA741 引脚图

1. μA741 主要指标的测试

（1）输入失调电压 U_{oS} 对于理想集成运放组件，当输入信号为零时，其输出也为零。但是，即使是最优质的集成运放组件，由于运放内部差分输入级参数的不完全对称，输出电压往往不为零。这种零输入时输出不为零的现象称为集成运放的失调。

输入失调电压 U_{oS} 是指输入信号为零时，输出端出现的电压折算到同相输入端的数值。

失调电压测试电路如图 2-20 所示。闭合开关 S_1 及 S_2，将电阻 R_B 短接，测量此时的输出电压 U_{o1} 即为输出失调电压，则输入失调电压为

$$U_{oS} = \frac{R_1}{R_1 + R_F} U_{o1}$$

实际测出的 U_{oS} 可能为正，也可能为负，一般为 1~5mV，对于高质量的运放，其 U_{oS} 在 1mV 以下。测试中应注意：

1）将运放调零端开路。

2）要求电阻 R_1 和 R_2、R_3 和 R_F 的参数严格对称。

（2）输入失调电流 I_{oS} 输入失调电流 I_{oS} 是指当输入信号为零时，运放两个输入端的基极偏置电流之差，即

$$I_{oS} = |I_{B1} - I_{B2}|$$

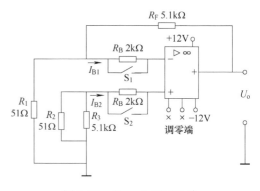

图 2-20 U_{oS}、I_{oS} 测试电路

输入失调电流的大小反映了运放内部差分输入级两个晶体管 β 的失配度，由于 I_{B1}、I_{B2} 本身的数值已很小（微安级），所以它们的差值通常不是直接测量的，测试电路如图 2-20 所示，测试分两步进行。

1）闭合开关 S_1 及 S_2，在低输入电阻下，测出输出电压 U_{o1}，如前所述，这是由输入失调电压 U_{oS} 所引起的输出电压。

2）断开 S_1 及 S_2，接入两个输入电阻 R_B，由于 R_B 阻值较大，流经它们的输入电流的差异将变成输入电压的差异，因此也会影响输出电压的大小。此时，测出两个电阻 R_B 接入时的输出电压 U_{o2}，若从中扣除输入失调电压 U_{oS} 的影响，则输入失调电流 I_{oS} 为

$$I_{oS} = |I_{B1} - I_{B2}| = |U_{o2} - U_{o1}| \frac{R_1}{R_1 + R_F} \frac{1}{R_B}$$

一般，I_{oS} 为几十~几百纳安（10^{-9}A），高质量运放的 I_{oS} 低于 1nA。测试中应注意：

① 将运放调零端开路。

② 两输入端电阻 R_B 必须精确配对。

（3）开环差模电压放大倍数 A_{ud} 集成运放在没有外部反馈时的直流差模放大倍数称为开环差模电压放大倍数，用 A_{ud} 表示。它定义为开环输出电压 U_o 与两个差分输入端之间所加信号电压 U_{id} 之比

$$A_{ud} = \frac{U_o}{U_{id}}$$

按定义，A_{ud} 应是信号频率为零时的直流放大倍数，但为了测试方便，通常采用低频（几十赫兹以下）正弦交流信号进行测量。由于集成运放的开环电压放大倍数很大，难以直接进行测量，故一般采用闭环测量的方法。A_{ud} 的测试方法有很多，现采用交、直流同时闭环的测试方法，如图 2-21 所示。

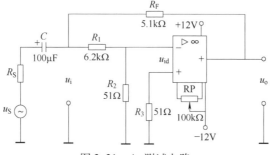

图 2-21 A_{ud} 测试电路

被测运放一方面通过 R_F、R_1 和 R_2 完成直流闭环，以抑制输出电压漂移，另一方面通过 R_F 和 R_s 实现交流闭环，外加信号 u_s 经 R_1、R_2 分压，使 u_{id} 足够小，以保证运放工作在线性区，同相输入端电阻 R_3 应与反相输入端电阻 R_2 相匹配，以减小输入偏置电流的影响，电容器 C 为隔直电容器。被测运放的开环电压放大倍数为

$$A_{ud} = \frac{U_o}{U_{id}} = \left(1 + \frac{R_1}{R_2} \right) \frac{U_o}{U_i}$$

通常低增益运放的 A_{ud} 为 $60 \sim 70\mathrm{dB}$，中增益运放约为 $80\mathrm{dB}$，高增益运放在 $100\mathrm{dB}$ 以上，可达 $120 \sim 140\mathrm{dB}$。测试中应注意：

1）测试前电路应首先消振及调零。

2）被测运放要工作在线性区。

3）输入信号频率应较低，一般为 $50 \sim 100\mathrm{Hz}$，输出信号幅值应较小，且无明显失真。

（4）共模抑制比 CMRR（Common Mode Rejection Ratio）

集成运放的差模电压放大倍数 A_d 与共模电压放大倍数 A_c 之比称为共模抑制比，有

$$\mathrm{CMRR} = \left| \frac{A_d}{A_c} \right| \quad 或 \quad \mathrm{CMRR} = 20\lg \left| \frac{A_d}{A_C} \right| \quad (\mathrm{dB})$$

共模抑制比在应用中是一个很重要的参数，理想运放对输入的共模信号其输出为零，但在实际的集成运放中，其输出不可能没有共模信号的成分，输出端共模信号越小，说明电路对称性越好，也就是说运放对共模干扰信号的抑制能力越强，即 CMRR 越大。CMRR 测试电路如图 2-22 所示。

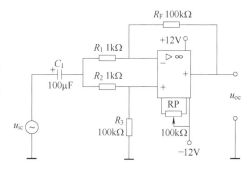

图 2-22　CMRR 测试电路

集成运放工作在闭环状态下的差模电压放大倍数为

$$A_d = \frac{R_F}{R_1}$$

当接入共模输入信号 U_{ic} 时，测得 U_{oc}，则共模电压放大倍数为

$$A_c = \frac{U_{oc}}{U_{ic}}$$

得共模抑制比为

$$\mathrm{CMRR} = \left| \frac{A_d}{A_c} \right| = \frac{R_F}{R_1} \frac{U_{ic}}{U_{oc}}$$

测试中应注意：

1）消振与调零。

2）R_1 与 R_2、R_3 与 R_F 之间阻值严格对称。

3）输入信号 U_{ic} 幅值必须小于集成运放的最大共模输入电压范围 U_{icm}。

（5）共模输入电压范围 U_{icm}　集成运放所能承受的最大共模电压称为共模输入电压范围，超出这个范围，运放的 CMRR 会大大降低，输出波形产生失真，有些运放还会出现"自锁"现象以及永久性的损坏。U_{icm} 测试电路如图 2-23 所示。被测运放接成电压跟随器形

式，输出端接示波器，观察最大不失真输出波形，从而确定 U_{icm} 值。

（6）输出电压最大动态范围 U_{oPP} 集成运放的动态范围与电源电压、外接负载及信号源频率有关。测试电路如图 2-24 所示。改变 u_S 幅值，观察 u_o 削顶失真的开始时刻，从而确定 u_o 的不失真范围，这就是运放在某一定电源电压下可能输出的电压峰峰值 U_{oPP}。

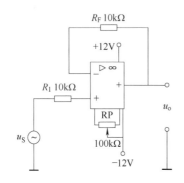 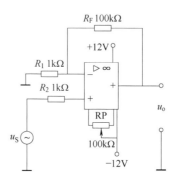

图 2-23 U_{icm} 测试电路   图 2-24 U_{oPP} 测试电路

2. 集成运放在使用时应考虑的一些问题

1）输入信号选用交、直流量均可，但在选取信号的频率和幅值时，应考虑运放的频率响应特性和输出幅值的限制。

2）调零。为提高运算精度，在运算前，应首先对直流输出电位进行调零，即保证输入为零时，输出也为零。当运放有外接调零端子时，可按组件要求接入调零电位器 RP。调零时，将输入端接地，调零端接入电位器 RP，用直流电压表测量输出电压 U_o，细心调节 RP，使 U_o 为零（即失调电压为零）。若运放没有调零端子，则可按图 2-25 所示电路进行调零。

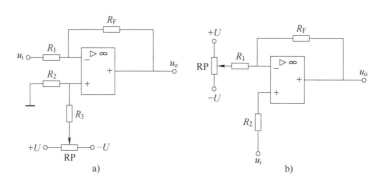

图 2-25 调零电路

一个运放若不能调零，大致有如下原因：

① 组件正常，接线有错误。

② 组件正常，但负反馈不够强（R_F/R_1 太大），为此可将 R_F 短路，观察是否能调零。

③ 组件正常，但由于它所允许的共模输入电压太低，可能出现自锁现象，因而不能调零。为此，可将电源断开后，再重新接通，若能恢复正常，则属于这种情况。

④ 组件正常，但电路有自激现象，应进行消振。

⑤ 组件内部损坏，应更换好的集成电路。

3）消振。集成运放的自激表现为即使输入信号为零，也会有输出，使各种运算功能无法实现，严重时还会损坏元器件。在实训中，可用示波器监视输出波形。为消除运放的自激，常采用如下措施：

① 若运放有相位补偿端子，可利用外接 RC 补偿电路，产品手册中有补偿电路及元器件参数提供。

② 电路布线、元器件布局时应尽量减小分布电容。

③ 在正、负电源进线与地之间接上相并联的几十微法的电解电容器和 $0.01 \sim 0.1\mu F$ 的陶瓷电容器，以减小电源引线的影响。

注：自激消除方法请参考附录 A。

➡ 实训部分

【实训设备与器件】

① $\pm 12V$ 直流电源；②函数信号发生器；③双踪示波器；④交流毫伏表；⑤直流电压表；⑥集成运算放大器 μA741 × 1，电阻器、电容器若干。

【实训内容】

实训前，看清运放引脚排列及电源电压极性及数值，切忌正、负电源接反。

1. 测量输入失调电压 U_{oS}

按图 2-20 连接实训电路，闭合开关 S_1、S_2，用直流电压表测量输出端电压 U_{o1}，并计算 U_{oS}，记入表 2-26 中。

表 2-26　电路测试表

U_{oS}/mV		I_{oS}/nA		A_{ud}/dB		CMRR/dB	
实测值	典型值	实测值	典型值	实测值	典型值	实测值	典型值
	$2 \sim 10$		$50 \sim 100$		$100 \sim 106$		$80 \sim 86$

2. 测量输入失调电流 I_{oS}

实训电路如图 2-20 所示，断开开关 S_1、S_2，用直流电压表测量 U_{oS}，并计算 I_{oS}，记入表 2-26 中。

3. 测量开环差模电压放大倍数 A_{ud}

按图 2-21 连接实训电路，运放输入端加频率 $f = 100Hz$ 、电压为 $30 \sim 50mV$ 正弦信号，用示波器监视输出波形。用交流毫伏表测量 U_o 和 U_i，并计算 A_{ud}，记入表 2-26 中。

4. 测量共模抑制比 CMRR

按图 2-22 连接实训电路，运放输入端加 $f = 100Hz$、$U_{ic} = 1 \sim 2V$ 的正弦信号，监视输出波形。测量 U_{oc} 和 U_{ic}，计算 A_c 及 CMRR，记入表 2-26 中。

5. 测量共模输入电压范围 U_{icm} 及输出电压最大动态范围 U_{oPP}

请读者自拟实训步骤及方法。

【实训总结】

1）将所测得的数据与典型值进行比较。

2）对实训结果及实训中碰到的问题进行分析、讨论。

【实训思考】

1）查阅 μA741 典型指标数据及引脚功能。

2）测量输入失调参数时，为什么运放反相及同相输入端的电阻要精选，以保证严格对称？

3）测量输入失调参数时，为什么要将运放调零端开路？而在进行其他测试时，则要求对输出电压进行调零？

4）测试信号频率选取的原则是什么？

集成运算放大器的基本应用 I —— 模拟运算电路

➡ 内容说明

1）研究由集成运算放大器组成的比例、加法、减法和积分等基本运算电路的功能。

2）了解集成运算放大器在实际应用时应考虑的一些问题。

➡ 知识链接

集成运算放大器是一种具有高电压放大倍数的直接耦合多级放大电路。当外部接入不同的线性或非线性元器件组成输入和负反馈电路时，可以灵活地实现各种特定的函数关系。在线性应用方面，可组成比例、加法、减法、积分、微分、对数等模拟运算电路。

求和运算电路反映输入端多个输入量相加的结果，有反相输入求和电路和同相输入求和电路两种。

减法运算电路可采用两种方法实现：利用反相信号求和实现减法运算；利用差分输入求和电路实现减法运算。

积分电路：由于输出电压与输入电压的积分成比例，故叫作积分电路。

微分电路：由于输出电压与输入电压的微分成比例，故叫作微分电路。

在大多数情况下，将运放视为理想运放，即将运放的各项技术指标理想化，满足下列条件的运算放大器称为理想运放：

1）开环电压增益 $A_{ud} = \infty$ 。

2）输入阻抗 $r_i = \infty$ 。

3）输出阻抗 $r_o = 0$ 。

4）带宽 $f_{BW} = \infty$ 。

5）失调与漂移均为零等。

理想运放在线性应用时的两个重要特性如下。

1）输出电压 U_o 与输入电压之间满足关系式 $U_o = A_{ud}(U_+ - U_-)$ 。由于 $A_{ud} = \infty$ ，而 U_o 为有限值，故 $U_+ - U_- \approx 0$ ，即 $U_+ \approx U_-$ ，称为"虚短"。

2）由于 $r_i = \infty$ ，故流进运放两个输入端的电流可视为零，即 $I_{IB} = 0$ ，称为"虚断"。这说明运放对其前级吸取电流极小。

上述两个特性是分析理想运放应用电路的基本原则，可简化运放电路的计算。

1. 反相比例运算电路

反相比例运算电路如图 2-26 所示。对于理想运放，该电路的输出电压与输入电压之间的关系为

$$U_o = -\frac{R_F}{R_1}U_i$$

为了减小输入级偏置电流引起的运算误差，在同相输入端应接入平衡电阻 R_2，$R_2 = R_1 /\!/ R_F$。

2. 反相加法运算电路

反相加法运算电路如图 2-27 所示，输出电压与输入电压之间的关系为

$$U_o = -\left(\frac{R_F}{R_1}U_{i1} + \frac{R_F}{R_2}U_{i2}\right) \quad R_3 = R_1 /\!/ R_2 /\!/ R_F$$

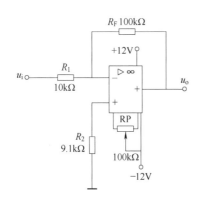

图 2-26 反相比例运算电路

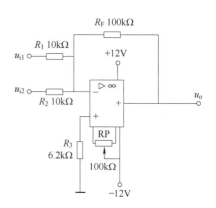

图 2-27 反相加法运算电路

3. 同相比例运算电路

图 2-28a 所示为同相比例运算电路，它的输出电压与输入电压之间的关系为

$$U_o = \left(1 + \frac{R_F}{R_1}\right)U_i \quad R_2 = R_1 /\!/ R_F$$

当 $R_1 \to \infty$ 时，$U_o = U_i$，即得到如图 2-28b 所示的电压跟随器电路。图中，$R_2 = R_F$，用以减小漂移和起保护作用。一般 R_F 取 10kΩ，R_F 太小起不到保护作用，太大则影响跟随性。

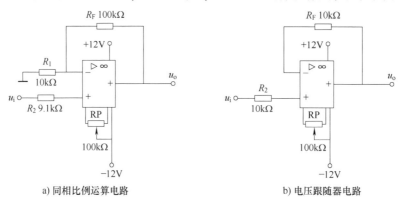

a) 同相比例运算电路　　　　　　　　　　b) 电压跟随器电路

图 2-28 同相比例运算电路及电压跟随器电路

4. 减法运算电路

图2-29 所示为减法运算电路，当 $R_1 = R_2$、$R_3 = R_F$ 时，有如下关系式：

$$U_o = \frac{R_F}{R_1}(U_{i2} - U_{i1})$$

5. 积分运算电路

积分运算电路如图2-30 所示，在理想条件下，输出电压 u_o 为

$$u_o(t) = -\frac{1}{R_1 C}\int_0^t u_i \mathrm{d}t + u_C(0)$$

式中，$u_C(0)$ 为 $t = 0$ 时刻电容器 C 两端的电压值，即初始值。

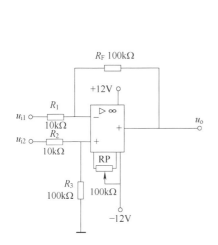

图2-29 减法运算电路

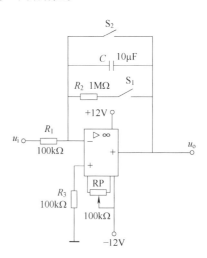

图2-30 积分运算电路

如果 $u_i(t)$ 是幅值为 E 的阶跃电压，并设 $u_C(0) = 0$，则

$$u_o(t) = -\frac{1}{R_1 C}\int_0^t E\mathrm{d}t = -\frac{E}{R_1 C}t$$

即输出电压 $u_o(t)$ 随时间的增加而线性下降。显然，$R_1 C$ 的数值越大，达到给定的 U_o 值所需的时间就越长。积分输出电压所能达到的最大值受集成运放最大输出范围的限制。

在进行积分运算之前，首先应对运放调零。为了便于调节，将图2-30 中 S_1 闭合，即通过电阻 R_2 的负反馈作用实现调零。但在完成调零后，应将 S_1 打开，以免因 R_2 的接入造成积分误差。S_2 的设置，一方面为积分电容器放电提供通路，同时可实现积分电容器初始电压 $u_C(0) = 0$；另一方面，可控制积分起始点，即在加入信号 u_i 后，只要 S_2 一断开，电容器就会被恒流充电，电路也就开始进行积分运算。

➡ 实训部分

【实训设备与器件】

①±12V 直流电源；②函数信号发生器；③交流毫伏表；④直流电压表；⑤集成运算放大器 μA741 ×1，电阻器、电容器若干。

【实训内容】

实训前要看清运放组件各引脚的位置；切忌正、负电源极性接反和输出端短路，否则将会损坏集成块。

1. 反相比例运算电路

1）按图 2-26 连接实训电路，接通 ±12V 直流电源，将输入端对地短路，并进行调零和消振。

2）输入 $f = 100\text{Hz}$、$U_i = 0.5\text{V}$ 的正弦交流信号，测量相应的 U_o，并用示波器观察 u_o 和 u_i 的相位关系，记入表 2-27 中。

表 2-27   反相比例运算电路测试表

U_i/V	U_o/V	u_i 波形	u_o 波形	A_u	
				实测值	计算值
		u_i ⬆ O ➡ t	u_o ⬆ O ➡ t		

2. 反相加法运算电路

1）按图 2-27 连接实训电路，并进行调零和消振。

2）输入信号采用直流信号，图 2-31 所示电路为简易可调直流信号源，由实训者自行完成。实训时，要注意选择合适的直流信号幅值，以确保集成运放工作在线性区。用直流电压表测量输入电压 U_{i1}、U_{i2} 及输出电压 U_o，记入表 2-28 中。

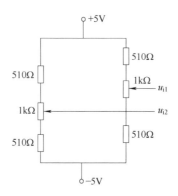

图 2-31   简易可调直流信号源

表 2-28   反相加法运算电路测试表

U_{i1}/V				
U_{i2}/V				
U_o/V				

3. 同相比例运算电路

1）按图 2-28a 连接实训电路。实训步骤同实训内容 1，将结果记入表 2-29 中。

2）将图 2-28a 中的 R_1 断开，得图 2-28b 所示电路，重复实训内容 1。

表 2-29 同相比例运算电路测试表

U_i/V	U_o/V	u_i 波形	u_o 波形	A_u	
				实测值	计算值
		$u_i \uparrow$ $O \qquad t$	$u_o \uparrow$ $O \qquad t$		

4. 减法运算电路

1）按图 2-29 连接实训电路，并进行调零和消振。

2）采用直流输入信号，实训步骤同实训内容 2，记入表 2-30 中。

表 2-30 减法运算电路测试表

U_{i1}/V				
U_{i2}/V				
U_o/V				

5. 积分运算电路

按图 2-30 连接实训电路。

1）断开 S_2，闭合 S_1，对运放输出进行调零。

2）调零完成后，再断开 S_1，闭合 S_2，使 $u_C(0) = 0$。

3）预先调好直流输入电压 $U_i = 0.5V$，接入实训电路，再断开 S_2，然后用直流电压表测量输出电压 U_o，每隔 5s 读一次 U_o，记入表 2-31 中，直到 U_o 不继续明显增大为止。

表 2-31 积分运算电路测试表

t/s	0	5	10	15	20	25	30	…
U_o/V								

【实训总结】

1）整理实训数据，画出波形图（注意波形间的相位关系）。

2）将理论计算结果和实测数据相比较，分析产生误差的原因。

3）分析、讨论实训中出现的现象和问题。

【实训思考】

1）复习集成运放线性应用部分内容，并根据实训电路参数计算各电路输出电压的理论值。

2）在反相加法运算电路中，如 U_{i1} 和 U_{i2} 均采用直流信号，并选定 $U_{i2} = -1V$，当考虑到运算放大器的最大输出幅值（$\pm 12V$）时，$|U_{i1}|$ 的大小不应超过多少？

3）在积分运算电路中，设 $R_1 = 100k\Omega$，$C = 4.7\mu F$，求时间常数。

假设 $U_i = 0.5V$，问要使输出电压 U_o 达到 5V，需多长时间（设 $u_C(0) = 0$）？

4）为了不损坏集成块，实训中应注意哪些问题？

集成运算放大器的基本应用 Ⅱ —— 有源滤波器

➡ 内容说明

1）熟悉用运放、电阻器和电容器组成有源低通滤波、高通滤波和带通、带阻滤波器。

2）学会测量有源滤波器的幅频特性。

➡ 知识链接

20 世纪 70 年代初，日本学者就提出了有源滤波器（Active Power Filter，APF）的概念，即利用可控的功率半导体器件向电网注入与原有谐波电流幅值相等、相位相反的电流，使电源的总谐波电流为零，以达到实时补偿谐波电流的目的。

与无源滤波器相比，APF 具有高度可控性和快速响应性，能补偿各次谐波，可抑制闪变、补偿无功，有一机多能的特点；滤波特性不受系统阻抗的影响，可消除与系统阻抗发生谐振的危险；具有自适应功能，可自动跟踪、补偿变化的谐波。

无源滤波器，又称 LC 滤波器，是利用电感器、电容器和电阻器的组合设计构成的滤波电路，可滤除某一次或多次谐波，最普通的无源滤波器结构是将电感器与电容器串联，可对主要次谐波（3、5、7）构成低阻抗旁路。单调谐滤波器、双调谐滤波器、高通滤波器都属于无源滤波器。

由 RC 元件与运算放大器组成的滤波器称为 RC 有源滤波器，其功能是让一定频率范围内的信号通过，抑制或急剧衰减此频率范围以外的信号。它可用在信息处理、数据传输、抑制干扰等方面，但受运算放大器频带限制，这类滤波器主要用于低频范围。根据对频率范围的选择不同，可分为低通滤波器（Low Power Filter，LPF）、高通滤波器（High Power Filter，HPF）、带通滤波器（Band Power Filter，BPF）与带阻滤波器（Band Elimination Filter，BEP）四种。

低通滤波器：它允许信号中的低频或直流分量通过，抑制高频分量、干扰及噪声。

高通滤波器：它允许信号中的高频分量通过，抑制低频和直流分量。

带通滤波器：它允许一定频段的信号通过，抑制低于和高于该频段的信号、干扰及噪声。

带阻滤波器：它抑制一定频段内的信号，允许该频段以外的信号通过。

它们的幅频特性曲线如图 2-32 所示。

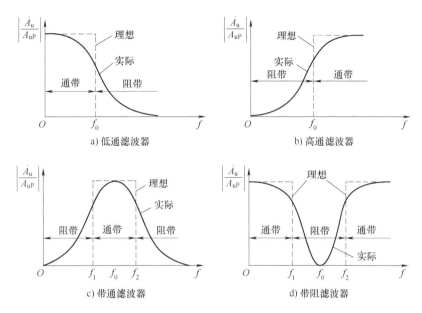

图 2-32　四种滤波电路的幅频特性曲线

具有理想幅频特性的滤波器是很难实现的，只能用实际的幅频特性去逼近理想的幅频特性。一般来说，滤波器的幅频特性越好，其相频特性越差；反之亦然。滤波器的阶数越高，幅频特性衰减的速率越快，但 RC 网络的节数越多，元器件参数计算越繁琐，电路调试越困难。任何高阶滤波器均可以用较低的二阶 RC 有源滤波器级联实现。

1. 低通滤波器（LPF）

低通滤波器主要用来通过低频信号，衰减或抑制高频信号。

图 2-33a 所示为典型的二阶有源低通滤波器电路。它由两级 RC 滤波环节与同相比例运算电路组成，其中第一级电容器 C 接至输出端，引入适量的正反馈，以改善幅频特性。图 2-33b 所示为二阶有源低通滤波器的幅频特性曲线。

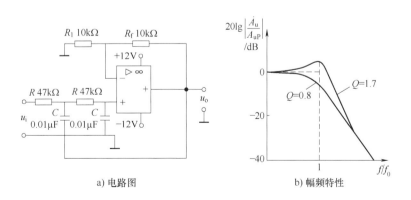

图 2-33　二阶有源低通滤波器

电路性能参数：

通带增益 $A_{uP} = 1 + \dfrac{R_f}{R_1}$。

截止频率 $f_0 = \dfrac{1}{2\pi RC}$，它是二阶有源低通滤波器通带与阻带的界限频率。

品质因数 $Q = \dfrac{1}{3 - A_{uP}}$，它的大小影响低通滤波器在截止频率处幅频特性的形状。

2. 高通滤波器（HPF）

与低通滤波器相反，高通滤波器主要用来通过高频信号，衰减或抑制低频信号。

只要将图 2-33 所示的二阶有源低通滤波器电路中起滤波作用的电阻器、电容器互换，即可变成二阶有源高通滤波器，电路如图 2-34a 所示。高通滤波器的性能与低通滤波器相反，其频率响应和低通滤波器是"镜像"关系，仿照 LPF 的分析方法，不难求得 HPF 的幅频特性。电路性能参数 A_{uP}、f_0、Q 的含义同二阶有源低通滤波器。

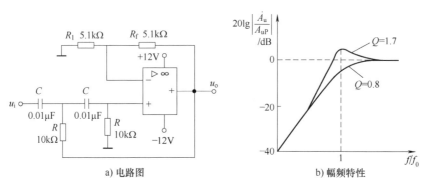

图 2-34　二阶有源高通滤波器

图 2-34b 所示为二阶有源高通滤波器的幅频特性曲线。可见，它与二阶有源低通滤波器的幅频特性曲线有"镜像"关系。

3. 带通滤波器（BPF）

这种滤波器的作用是只允许在某一个通频带范围内的信号通过，而比通频带下限频率低和比通频带上限频率高的信号均加以衰减或抑制。

典型的带通滤波器可以通过将二阶有源低通滤波器其中一级改成高通而成，电路如图 2-35a 所示，幅频特性如图 2-35b 所示。

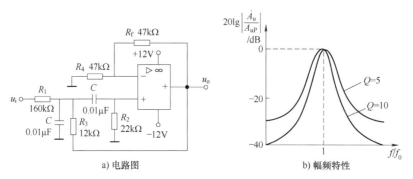

图 2-35　二阶有源带通滤波器

电路性能参数：

通带增益　$A_{uP} = \dfrac{R_4 + R_f}{R_4 R_1 CB}$。

中心频率　$f_0 = \dfrac{1}{2\pi}\sqrt{\dfrac{1}{R_2 C^2}\left(\dfrac{1}{R_1} + \dfrac{1}{R_3}\right)}$。

通带宽度　$B = \dfrac{1}{C}\left(\dfrac{1}{R_1} + \dfrac{2}{R_2} - \dfrac{R_f}{R_3 R_4}\right)$。

选择性　$Q = \dfrac{\omega_0}{B}$　$(\omega_0 = 2\pi f_0)$。

此电路的优点是改变 R_f 和 R_4 的比例就可改变带宽而不影响中心频率。

4. 带阻滤波器（BEF）

如图 2-36a 所示，这种电路的性能和带通滤波器相反，即在规定的频带内，信号不能通过（或受到很大衰减或抑制），而在其余频率范围内，信号则能顺利通过。

在双 T 网络后加一级同相比例运算电路，就构成了基本的二阶有源带阻滤波器，其幅频特性如图 2-36b 所示。

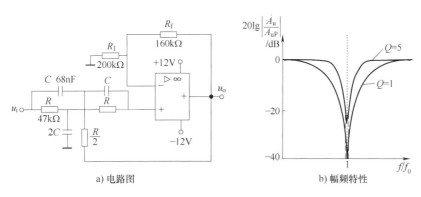

图 2-36　二阶有源带阻滤波器

电路性能参数：

通带增益　$A_{uP} = 1 + \dfrac{R_f}{R_1}$

中心频率　$f_0 = \dfrac{1}{2\pi RC}$

带阻宽度　$B = 2(2 - A_{uP})f_0$

选择性　$Q = \dfrac{1}{2(2 - A_{uP})}$

➡ 实训部分

【实训设备与器件】

①±12V 直流电源；②函数信号发生器；③双踪示波器；④交流毫伏表；⑤频率计；⑥μA741 ×1，电阻器、电容器若干。

【实训内容】

1. 二阶有源低通滤波器

实训电路如图 2-33a 所示。

1）粗测：接通 ±12V 直流电源。u_i 接函数信号发生器，令其输出为 $U_i = 1V$ 的正弦波信号，在滤波器截止频率附近改变输入信号频率，用示波器或交流毫伏表观察输出电压幅值的变化是否具备低通特性，如不具备，应排除电路故障。

2）在输出波形不失真的条件下，选取适当幅值的正弦输入信号，在维持输入信号幅值不变的情况下，逐点改变输入信号频率。测量输出电压，记入表 2-32 中，描绘幅频特性曲线。

表 2-32　低通频率特性曲线表

f/Hz	
U_o/V	

2. 二阶有源高通滤波器

实训电路如图 2-34a 所示。

1）粗测：输入 $U_i = 1V$ 的正弦波信号，在滤波器截止频率附近改变输入信号频率，观察电路是否具备高通特性。

2）测绘高通滤波器的幅频特性曲线，记入表 2-33 中。

表 2-33　高通滤波器的幅频特性曲线表

f/Hz	
U_o/V	

3. 带通滤波器

实训电路如图 2-35a 所示，测量其幅频特性，记入表 2-34 中。

1）实测电路的中心频率 f_0。

2）以实测中心频率为中心，测绘电路的幅频特性曲线。

表 2-34　带通滤波器的幅频特性曲线表

f/Hz	
U_o/V	

4. 带阻滤波器

实训电路如图 2-36 所示，测量其幅频特性，记入表 2-35 中。

1）实测电路的中心频率 f_0。

2）以实测中心频率为中心，测绘电路的幅频特性曲线。

表 2-35　带阻滤波器的幅频特性曲线表

f/Hz	
U_o/V	

【实训总结】

1）整理实训数据，画出各电路实测的幅频特性曲线。

2）根据实训曲线，计算截止频率、中心频率、带宽及品质因数。

3）总结有源滤波电路的特性。

【实训思考】

1）复习书中有关滤波器的内容。

2）分析图 2-33 ~ 图 2-36 所示电路，写出它们的增益特性表达式。

3）计算图 2-33 和图 2-34 的截止频率，图 2-35 和图 2-36 的中心频率。

4）画出上述四种电路的幅频特性曲线。

实训十

集成运算放大器的基本应用Ⅲ——电压比较器

内容说明

1）掌握电压比较器的电路构成及特点。
2）学会测试比较器的方法。

知识链接

电压比较器是常用的模拟信号处理电路，它将一个模拟量电压信号和一个参考电压相比较，在二者幅值相等的附近，输出电压将产生跃变，相应输出高电平或低电平。电压比较器可以组成非正弦波形变换电路并应用于模拟与数字信号转换等领域。

电压比较器是集成运放工作在开环或正反馈状态的情况，由于开环增益很大，比较器的输出只有高电平和低电平两个稳定状态，但输出和输入不成线性关系。此时集成运放处于非线性状态，具有开关特性。

图 2-37 所示为一种最简单的电压比较器，U_R 为参考电压，加在运放的同相输入端，输入电压 u_i 加在反相输入端。

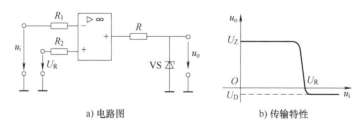

a) 电路图　　　　b) 传输特性

图 2-37　电压比较器

当 $u_i < U_R$ 时，运放输出高电平，稳压管 V_S 反向稳压工作。输出端电位被其钳位在稳压管的稳定电压 U_Z，即 $u_o = U_Z$；当 $u_i > U_R$ 时，运放输出低电平，V_S 正向导通，输出电压等于稳压管的正向电压降 U_D，即 $u_o = -U_D$。因此，以 U_R 为界，当输入电压 u_i 变化时，输出端反映出两种状态：高电位和低电位。

表示输出电压与输入电压之间关系的特性曲线，称为传输特性，图 2-37b 所示为图 2-37a 所示电压比较器的传输特性。

本次实训主要介绍几种常用的电压比较器：过零比较器、滞回比较器和窗口比较器。

1. 过零比较器

图 2-38a 所示为加限幅电路的过零比较器电路，VS 为限幅稳压管。信号从运放的反相输入端输入，参考电压为零，从同相端输入。当 $u_i > 0$ 时，输出 $u_o = -(U_Z + U_D)$，当 $u_i < 0$ 时，$u_o = +(U_Z + U_D)$。其传输特性如图 2-38b 所示。

过零比较器结构简单，灵敏度高，但抗干扰能力差。

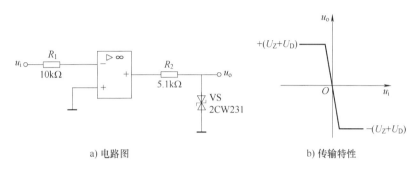

a) 电路图　　　　　　　　　　　　　　b) 传输特性

图 2-38　过零比较器

2. 滞回比较器

图 2-39 所示为具有滞回特性的过零比较器电路及传输特性。过零比较器在实际工作时，如果 u_i 恰好在过零值附近，则由于零点漂移的存在，u_o 将不断由一个极限值转换到另一个极限值，这在控制系统中，对执行机构将是很不利的。为此，就需要输出特性具有滞回现象。如图 2-39a 所示，从输出端引一个电阻分压正反馈支路到同相输入端，若 u_o 改变状态，Σ 点也随之改变电位，使过零点离开原来的位置。当 u_o 为正（记作 U_+）时，$U_\Sigma = \dfrac{R_2}{R_f + R_2} U_+$，则当 $u_i > U_\Sigma$ 后，u_o 即由正变负（记作 U_-），此时，U_Σ 变为 $-U_\Sigma$。故只有当 u_i 下降到 $-U_\Sigma$ 以下时，才能使 u_o 再度回升到 U_+，于是出现图 2-39b 中所示的滞回特性。$-U_\Sigma$ 与 U_Σ 的差别称为回差，改变 R_2 的数值可以改变回差的大小。

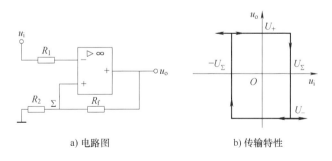

a) 电路图　　　　　　　　　　　　　　b) 传输特性

图 2-39　滞回比较器

3. 窗口（双限）比较器

简单的比较器仅能鉴别输入电压 u_i 比参考电压 U_R 高或低的情况，窗口比较电路由两个简单的电压比较器组成，如图 2-40a 所示，它能指示出 u_i 值是否处于 U_R^+ 和 U_R^- 之间。如

$U_R^- < u_i < U_R^+$，则窗口比较器的输出电压 u_o 等于运放的正饱和输出电压（ $+U_{omax}$），如果 $u_i < U_R^-$ 或 $u_i > U_R^+$，则输出电压 u_o 等于运放的负饱和输出电压（ $-U_{omax}$）。图 2-40b 所示为其传输特性。

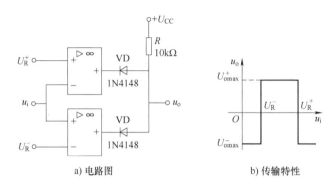

a) 电路图　　　　　　b) 传输特性

图 2-40　由两个简单的电压比较器组成的窗口比较器

➡ 实训部分

【实训设备与器件】

①±12V 直流电源；②函数信号发生器；③双踪示波器；④直流电压表；⑤交流毫伏表；⑥运算放大器 μA741×2；⑦稳压管 2CW231×1；⑧二极管 1N4148×2、电阻器等。

【实训内容】

1. 过零比较器

实训电路如图 2-38a 所示。

1）接通 ±12V 直流电源。

2）测量 u_i 悬空时的 U_o 值。

3）u_i 输入 f=500Hz、幅值为 2V 的正弦信号，观察输入-输出波形并记录。

4）改变 u_i 幅值，测量传输特性曲线。

2. 反相滞回比较器

实训电路如图 2-41 所示。

1）按图接线，u_i 接 +5V 可调直流电源，测出 u_o 由 $U_{omax} \rightarrow -U_{omax}$ 时的 u_i 临界值。

2）同上，测出 u_o 由 $-U_{omax} \rightarrow U_{omax}$ 时的 u_i 临界值。

3）u_i 接 f=500Hz、幅值为 2V 的正弦信号，观察并记录输入-输出波形。

4）将分压支路 100kΩ 电阻改为 200kΩ，重复上述实训，测定传输特性。

3. 同相滞回比较器

实训电路如图 2-42 所示。

1）参照反相滞回比较器实训内容，自拟实训步骤及方法。

2）将结果与反相滞回比较器实训结果进行比较。

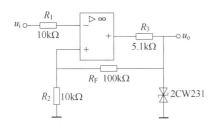

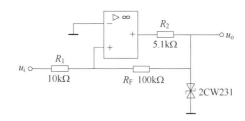

图 2-41　反相滞回比较器实训电路　　　图 2-42　同相滞回比较器实训电路

4. 窗口比较器

参照图 2-40 自拟实训步骤和方法测定其传输特性。

【实训总结】

1）整理实训数据，绘制各类比较器的传输特性曲线。

2）总结几种比较器的特点，阐明它们的应用。

【实训思考】

1）复习书中有关比较器的内容。

2）画出各类比较器的传输特性曲线。

3）若要将图 2-40 所示窗口比较器的传输特性曲线高、低电平对调，应如何改动比较器电路。

实训十一

集成运算放大器的基本应用Ⅳ——波形发生器

内容说明

1）学习用集成运放构成正弦波、方波和三角波发生器。
2）学习波形发生器的调整和主要性能指标的测试方法。

知识链接

振荡电路是一种不需要外接输入信号就能将直流能源转换成一定频率、一定幅值和一定波形的交流能量输出的电路。按振荡波形可分为正弦振荡电路和非正弦振荡电路。

正弦振荡电路是模拟电子技术中的一种基本电路，能产生正弦波输出。正弦波振荡电路是在放大电路的基础上加上正反馈而形成的，是各类波形发生器和信号源的核心电路。正弦波形振荡电路也称为正弦波发生电路或正弦波振荡器，在测量、通信、无线电技术、热加工和自动控制等领域有着广泛的应用。

由集成运放构成的正弦波、方波和三角波发生器有多种形式，本实训选用几种常用的简单电路加以分析。

1. RC 桥式正弦波振荡器（文氏电桥振荡器）

图 2-43 所示为 RC 桥式正弦波振荡器，其中 RC 串并联电路构成正反馈支路，同时兼作选频网络，R_1、R_2、RP（接入电路阻值为 R_P）及二极管等元器件构成负反馈和稳幅环节。调节电位器 RP，可以改变负反馈深度，以满足振荡的振幅条件和改善波形。利用两个反向并联二极管 VD_1、VD_2 正向电阻的非线性实现稳幅。VD_1、VD_2 采用硅二极管（温度稳定性好），且要求特性匹配，才能保证输出波形正、负半周对称。R_3 的接入是为了削弱二极管非线性的影响，以改善波形失真。

电路的振荡频率为

$$f_0 = \frac{1}{2\pi RC}$$

起振的幅值条件为

$$\frac{R_f}{R_1} \geq 2$$

式中，$R_f = R_P + R_2 + (R_3 /\!/ r_D)$，$r_D$ 为二极管正向导通电阻。

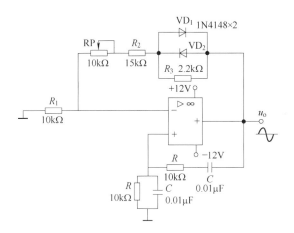

图 2-43　RC 桥式正弦波振荡器

　　调整反馈电阻 R_f（调 RP），使电路起振，且波形失真最小。若不能起振，则说明负反馈太强，应适当加大 R_f；若波形失真严重，则应适当减小 R_f。

　　改变选频网络的参数 C 或 R，即可调节振荡频率。一般采用改变电容器 C 作为频率量程切换，而调节 R 作为量程内的频率细调。

2. 方波发生器

　　由集成运放构成的方波发生器和三角波发生器，一般均包括比较器和 RC 积分器两大部分。图 2-44 所示为由滞回比较器及简单 RC 积分电路组成的方波-三角波发生器。它的特点是电路简单，但三角波的线性度较差，主要用于产生方波或对三角波要求不高的场合。

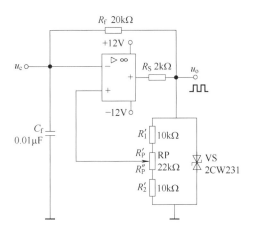

图 2-44　方波发生器

电路振荡频率：
$$f_0 = \frac{1}{2R_f C_f \ln\left(1 + \dfrac{2R_2}{R_1}\right)}$$

式中，$R_1 = R_1' + R_P'$；$R_2 = R_2' + R_P''$。

方波输出幅值：
$$U_{om} = \pm U_Z$$

三角波输出幅值：

$$U_{cm} = \frac{R_2}{R_1 + R_2} U_Z$$

调节电位器RP（即改变R_2/R_1），可以改变振荡频率，但三角波的幅值也随之变化。如要互不影响，则可通过改变R_f（或C_f）来实现振荡频率的调节。

3. 三角波和方波发生器

把滞回比较器和积分器首尾相接形成正反馈闭环系统，如图2-45所示，则比较器A_1输出的方波经积分器A_2积分可得到三角波，三角波又触发比较器自动翻转形成方波，这样即可构成三角波和方波发生器。图2-46所示为三角波和方波发生器输出波形图。由于采用运放组成的积分电路，故可实现恒流充电，使三角波线性大大改善。

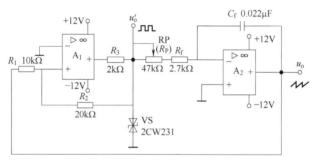

图2-45　三角波和方波发生器

电路振荡频率：

$$f_0 = \frac{R_2}{4R_1(R_f + R_P)C_f}$$

方波幅值：

$$U'_{om} = \pm U_Z$$

三角波幅值：

$$U_{om} = \frac{R_1}{R_2} U_Z$$

调节RP可以改变振荡频率，改变比值$\frac{R_1}{R_2}$可调节三角波的幅值。

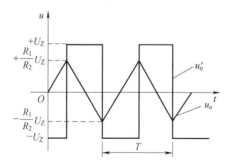

图2-46　三角波和方波发生器输出波形图

实训部分

【实训设备与器件】

①±12V直流电源；②双踪示波器；③交流毫伏表；④频率计；⑤集成运算放大器

μA741×2；⑥二极管 1N4148×2；⑦稳压管 2CW231×1，电阻器、电容器若干。

【实训内容】

1. *RC* 桥式正弦波振荡器

按图 2-43 连接实训电路。

1）接通 ±12V 直流电源，调节电位器 RP，使输出波形从无到有，从正弦波到出现失真。描绘 u_o 的波形，记下临界起振、正弦波输出及失真情况下的 RP（R_P）值，分析负反馈强弱对起振条件及输出波形的影响。

2）调节电位器 RP，使输出电压 u_o 幅值最大且不失真，用交流毫伏表分别测量输出电压 U_o、反馈电压 U_+ 和 U_-，分析、研究振荡的幅值条件。

3）用示波器或频率计测量振荡频率 f_0，然后在选频网络的两个电阻 R 上并联同一阻值电阻，观察、记录振荡频率的变化情况，并与理论值进行比较。

4）断开二极管 VD_1、VD_2，重复 2）的内容，将测试结果与 2）进行比较，分析 VD_1、VD_2 的稳幅作用。

*5）*RC* 串并联网络幅频特性观察：将 *RC* 串并联网络与运放断开，由函数信号发生器注入 3V 左右的正弦信号，并用双踪示波器同时观察 *RC* 串并联网络输入、输出波形。保持输入幅值（3V）不变，从低到高改变频率，当信号源达到某一频率时，*RC* 串并联网络输出将达最大值（约 1V），且输入、输出同相位。此时的信号源频率为

$$f = f_0 = \frac{1}{2\pi RC}$$

2. 方波发生器

按图 2-44 连接实训电路。

1）将电位器 RP 调至中心位置，用双踪示波器观察并描绘方波 u_o 及三角波 u_c 的波形（注意对应关系），测量其幅值及频率并记录。

2）改变 RP 触头位置，观察 u_o、u_c 幅值及频率的变化情况。把触头调至最上端和最下端，测出频率范围并记录。

3）将 RP 恢复至中心位置，将一只稳压管短接，观察 u_o 波形，分析 VS 的限幅作用。

3. 三角波和方波发生器

按图 2-45 连接实训电路。

1）将电位器 RP 调至合适位置，用双踪示波器观察并描绘三角波输出 u_o 及方波输出 u_o'，测量其幅值、频率及 R_P 值，并记录。

2）改变 RP 触头位置，观察对 u_o、u_o' 幅值及频率的影响。

3）改变 R_1（或 R_2），观察对 u_o、u_o' 幅值及频率的影响。

【实训总结】

1. *RC* 桥式正弦波振荡器

1）列表整理实训数据，画出波形，把实测频率与理论值进行比较。

2）根据实训分析 *RC* 桥式正弦波振荡器的振荡条件。

3）讨论二极管 VD_1、VD_2 的稳幅作用。

2. 方波发生器

1）列表整理实训数据，在同一坐标纸上按比例画出三角波和方波的波形（标出时间和电压幅值）。

2）分析 RP 变化对 u_o 的幅值及频率的影响。

3）讨论 VS 的限幅作用。

3. 三角波和方波发生器

1）整理实训数据，把实测频率与理论值进行比较。

2）在同一坐标纸上按比例画出三角波及方波的波形，并标明时间和电压幅值。

3）分析电路参数变化（R_1、R_2 和 R_P）对输出波形频率及幅值的影响。

【实训思考】

1）复习有关 RC 正弦波振荡器、三角波及方波发生器的工作原理，并估算图 2-43 ~ 图 2-45 所示电路的振荡频率。

2）设计实训表格。

3）为什么在 RC 正弦波振荡电路中要引入负反馈支路？为什么要增加二极管 VD_1 和 VD_2？它们是怎样稳幅的？

4）电路参数变化对图 2-44 和图 2-45 产生的方波和三角波频率及电压幅值有什么影响？（或者：怎样改变图 2-44 和图 2-45 电路中方波及三角波的频率及幅值？）

5）在波形发生器各电路中，是否需要"相位补偿"和"调零"？为什么？

6）如何测量非正弦电压的幅值？

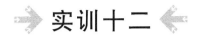

实训十二

RC 正弦波振荡器的调试与测量

内容说明

1）进一步学习 RC 正弦波振荡器的组成及其振荡条件。

2）学会调试、测量振荡器。

知识链接

即使不在外部加信号，信号也连续发生的现象称为振荡，振荡有反馈式和负阻式两种，反馈式比较常见。要用反馈式电路产生振荡，还需要产生放大信号的电路，把信号返回输入端的正反馈电路，以及决定信号频率的选频电路。能够输出正弦波的振荡器称为正弦波振荡器。正弦波振荡器主要有 LC 振荡器和 RC 振荡器两种。正弦波振荡器主要由四部分组成：放大电路、选频网络、反馈网络和稳幅电路。

1）放大电路：起能量控制的作用。

2）选频网络：用以选取所需要的振荡频率，以使振荡器能够在单一频率下振荡，从而获得需要的波形。

3）反馈网络：将输出信号反馈一部分至输入端。

4）稳幅电路：由放大电路中的非线性元件或增加非线性负反馈网络实现。

常用的正弦波振荡器有电容反馈振荡器和电感反馈振荡器两种。后者输出功率小，频率较低；而前者可以输出较大功率，频率也较高。

从结构上看，正弦波振荡器是没有输入信号的、带选频网络的正反馈放大器。若用 R、C 元件组成选频网络，就称为 RC 振荡器，一般用来产生 $1\,\mathrm{Hz} \sim 1\,\mathrm{MHz}$ 的低频信号。

1. RC 移相振荡器

电路如图 2-47 所示，选择 $R \gg R_\mathrm{i}$。

振荡频率：$f_0 = \dfrac{1}{2\pi\sqrt{6}\,RC}$。

起振条件：放大器 A 的电压放大倍数 $|\dot{A}| > 29$。

电路特点：简便但选频作用差，振幅不稳，频率调节不便，一般用于频率固定且稳定性要求不高的场合。

频率范围为几赫至数十千赫。

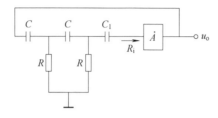

图 2-47　RC 移相振荡器电路

2. RC 串并联网络（文氏桥）振荡器

电路如图 2-48 所示。

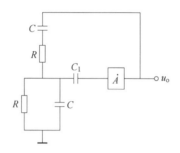

图 2-48　RC 串并联网络振荡器电路

振荡频率：$f_0 = \dfrac{1}{2\pi RC}$

起振条件：$|\dot{A}| > 3$

电路特点：可方便地连续改变振荡频率，便于加负反馈稳幅，容易得到良好的振荡波形。

3. 双 T 选频网络振荡器

电路如图 2-49 所示。

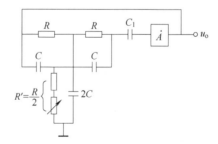

图 2-49　双 T 选频网络振荡器电路

振荡频率：$f_0 = \dfrac{1}{5RC}$

起振条件：$R' < \dfrac{R}{2}$　$|\dot{A}\dot{F}| > 1$（$\dot{F}$ 为反馈系数）

电路特点：选频特性好但调频困难，适于产生单一频率的振荡。

注：本实训采用两级共射极分立元件放大器组成 RC 正弦波振荡器。

→ 实训部分

【实训设备与器件】

①+12V 直流电源；②函数信号发生器；③双踪示波器；④频率计；⑤直流电压表；⑥3DG12×2 或 9013×2，电阻、电容、电位器等。

【实训内容】

1. *RC* 串并联网络振荡器

1）按图 2-50 连接电路。

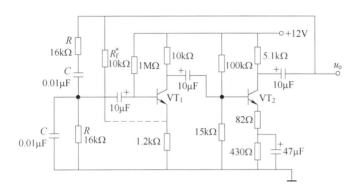

图 2-50　*RC* 串并联网络振荡器实训电路

2）断开 RC 串并联网络，测量放大器静态工作点及电压放大倍数。

3）接通 RC 串并联网络，并使电路起振，用示波器观测输出电压 u_o 波形，调节 R_f 获得满意的正弦信号，记录波形及其参数。

4）测量振荡频率，并与计算值进行比较。

5）改变 R 或 C 值，观察振荡频率的变化情况。

6）RC 串并联网络幅频特性的观察。将 RC 串并联网络与放大器断开，将函数信号发生器的正弦信号注入 RC 串并联网络，保持输入信号的幅值不变（约 3V），频率由低到高变化，RC 串并联网络输出幅值将随之变化，当信号源达某一频率时，RC 串并联网络的输出将达最大值（约 1V 左右）。且输入、输出同相位，此时信号源频率为

$$f = f_0 = \frac{1}{2\pi RC}$$

2. 双 T 选频网络振荡器

1）按图 2-51 连接电路。

2）断开双 T 网络，调试 VT_1 静态工作点，使 U_{C1} 为 6～7V。

3）接入双 T 网络，用示波器观察输出波形。若不起振，调节 RP_1，使电路起振。

4）测量电路振荡频率，并与计算值进行比较。

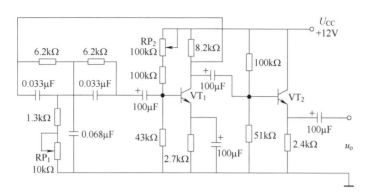

图 2-51   双 T 选频网络振荡器实训电路

*3. RC 移相振荡器的组装与调试

1）按图 2-52 连接电路。

2）断开 RC 移相电路，调整放大器的静态工作点，测量放大器的电压放大倍数。

3）接通 RC 移相电路，调节 R_{B2} 使电路起振，并使输出波形幅值最大，用示波器观测输出电压 u_o 波形，同时用频率计和示波器测量振荡频率，并与理论值进行比较。

*表示自选，时间不够可不做。

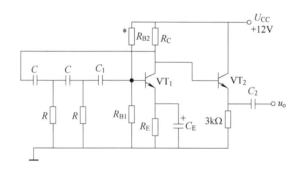

图 2-52   RC 移相振荡器实训电路

【实训总结】

1）由给定电路参数计算振荡频率，并与实测值比较，分析误差产生的原因。

2）总结三类 RC 振荡器的特点。

【实训思考】

1）复习书中有关三种类型 RC 振荡器的结构与工作原理。

2）计算三种实训电路的振荡频率。

3）如何用示波器测量振荡电路的振荡频率？

实训十三

LC 正弦波振荡器的调试与测量

内容说明

1）掌握变压器反馈式 LC 正弦波振荡器的调试和测量方法。
2）研究电路参数对 LC 正弦波振荡器起振条件及输出波形的影响。

知识链接

LC 正弦波振荡器是用 L、C 元件组成选频网络的振荡器，一般用来产生 1MHz 以上的高频正弦信号。其电路与 RC 正弦波振荡器在本质上是相同的。RC 振荡电路输出频率较低，LC 振荡电路能产生较高的频率。根据 LC 调谐回路的不同连接方式，LC 正弦波振荡器电路又可分为变压器反馈式（或称互感耦合式）振荡电路、电感反馈式振荡电路、电容反馈式振荡电路和石英晶体振荡电路。

图 2-53 所示为变压器反馈式 LC 正弦波振荡器电路。其中，晶体管 VT_1 组成共射极放大电路，变压器 T_r 的一次绕组 L_1（振荡线圈）与电容器 C 组成调谐回路，它既作为放大器的负载，又起选频作用，二次绕组 L_2 为反馈线圈，L_3 为输出线圈。

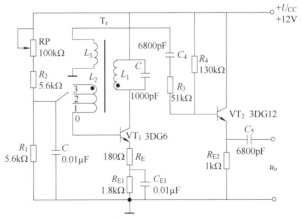

图 2-53　变压器反馈式 LC 正弦波振荡器电路

该电路是靠变压器一、二次绕组同名端的正确连接（见图 2-53）来满足自激振荡的相位条件的，即满足正反馈条件。在实际调试中，可以通过把振荡线圈 L_1 或反馈线圈 L_2 的首、末端对调来改变反馈的极性。而振幅条件的满足，一是靠合理选择电路参数，使放大器建立合适的静态工作点，其次是改变线圈 L_2 的匝数或它与 L_1 之间的耦合程度，以得到足够强的反馈量。稳幅作用是利用晶体管的非线性实现的。由于 LC 并联谐振回路具有良好的选频作用，故输出电压波形一般失真不大。

振荡器的振荡频率由谐振回路的电感和电容决定，有

$$f_0 = \frac{1}{2\pi\sqrt{LC}}$$

式中，L 为并联谐振回路的等效电感（考虑其他绕组的影响）。

振荡器的输出端增加一级射极跟随器，用以提高电路的带负载能力。

实训部分

【实训设备与器件】

①+12V 直流电源；②双踪示波器；③交流毫伏表；④直流电压表；⑤频率计；⑥振荡线圈；⑦晶体管 3DG6×1（9011×1）、3DG12×1（9013×1），电阻器、电容器若干。

【实训内容】

按图 2-53 连接实训电路，电位器 RP 置最大位置，振荡电路的输出端接示波器。

1. 静态工作点的调整

1）接通 U_{CC} = +12 直流电源，调节电位器 RP，使输出端得到不失真的正弦波形，若不起振，可改变 L_2 的首末端位置，使之起振。测量两晶体管的静态工作点及正弦波的有效值 U_o，记入表 2-36 中。

2）把 RP 阻值调小，观察输出波形的变化，测量有关数据，记入表 2-36 中。

3）调大 RP 阻值，使振荡波形刚刚消失，测量有关数据，记入表 2-36 中。

表 2-36 测量结果表

		U_B/V	U_E/V	U_C/V	I_C/mA	U_o/V	u_o 波形
RP 居中	VT$_1$						
	VT$_2$						
RP 小	VT$_1$						
	VT$_2$						
RP 大	VT$_1$						
	VT$_2$						

根据以上三组数据分析静态工作点对电路起振、输出波形幅值和失真的影响。

2. 观察反馈量大小对输出波形的影响

将反馈线圈 L_2 置于位置 0（无反馈）、1（反馈量不足）、2（反馈量合适）、3（反馈量过强）时，测量相应的输出电压波形，记入表 2-37 中。

表 2-37 输出波形图

L_2位置	0	1	2	3
u_o波形				

3. 验证相位条件

改变线圈 L_2 的首末端位置，观察停振现象。

恢复 L_2 的正反馈接法，改变 L_1 的首末端位置，观察停振现象。

4. 测量振荡频率

调节 RP 使电路正常起振，同时用示波器和频率计测量以下两种情况下的振荡频率 f_0，记入表 2-38 中：

谐振回路电容 $C = 1000\text{pF}$ 和 $C = 100\text{pF}$。

表 2-38 振荡频率表

C/pF	1000	100
f_0/kHz		

5. 观察谐振回路 Q 值对电路工作的影响

在谐振回路两端并入 $R = 5.1\text{k}\Omega$ 的电阻，观察 R 并入前后振荡波形的变化情况。

【实训总结】

1）整理实训数据，并分析讨论：

① LC 正弦波振荡器的相位条件和幅值条件。

② 电路参数对 LC 正弦波振荡器起振条件及输出波形的影响。

2）讨论实训中发现的问题及解决办法。

【实训思考】

1）复习书中有关 LC 正弦波振荡器的内容。

2）LC 正弦波振荡器是怎样进行稳幅的？在不影响起振的条件下，晶体管的集电极电流是大一些好，还是小一些好？

3）为什么可以用测量停振和起振两种情况下晶体管 U_{BE} 的变化来判断振荡器是否起振？

集成函数信号发生器芯片的应用与调试

➡️ 内容说明

1）了解单片集成函数信号发生器芯片的电路及调试方法。

2）进一步掌握波形参数的测试方法。

➡️ 知识链接

函数信号发生器是一种信号发生装置，能产生某些特定的周期性时间函数波形（正弦波、方波、三角波、锯齿波和脉冲波等）信号，频率范围可从几微赫到几十兆赫。除供通信、仪表和自动控制系统测试用外，还广泛用于其他非电测量领域。利用单片集成函数发生器芯片能产生多种波形，达到较高的频率，且易于调试。

XR-2206 芯片是单片集成函数信号发生器芯片。用它可产生正弦波、三角波和方波。XR-2206 的内部电路和引脚如图 2-54 所示。它主要由压控振荡器 VCO、电流开关、缓冲放大器 A 和三角波、正弦波形成电路四部分组成。三种输出信号的频率由压控振荡器的振荡频率决定，而压控振荡器的振荡频率 f 则由接于 5、6 引脚之间的电容器 C 与接在 7 引脚的电阻器 R 决定，即 $f = 1/(RC)$，f 范围为 $0.1\mathrm{Hz} \sim 1\mathrm{MHz}$（正弦波），一般用 C 确定频段，再调节 R 值来选择该频段内的频率值。

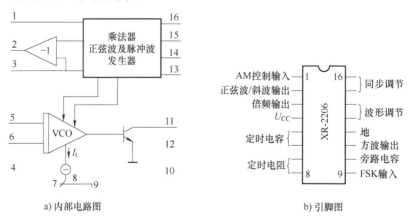

图 2-54　XR-2206 内部电路和引脚图

XR-2206 芯片各引脚的功能如下。

1——幅值调整信号输入，通常接地或负电源。

2——正弦波和三角波输出端。常态时输出正弦波，若将 13 引脚悬空，则输出三角波。

3——输出波形的幅值调节。

4——正电源 U_+ （ +12V）。

5、6——接振荡电容器 C。

7~9——7、8 两引脚均可接振荡电阻器 R，通过控制 9 引脚电平高低的电流开关来决定哪个起作用。本实训只用 7 引脚，8、9 两引脚不用（应悬空）。

10——内部参考电压。

11——方波输出，必须外接上拉电阻。

12——接地或负电源 U_- （ -12V）。

13、14——调节正弦波的波形失真。需输出三角波时，13 引脚应悬空。

15、16——直流电平调节。

➡ 实训部分

【实训设备与器件】

① ±12V 直流电源；②双踪示波器；③频率计；④直流电压表；⑤XR-2206 芯片；⑥电位器、电阻器、电容器等。

【实训内容】

实训电路如图 2-55 所示。

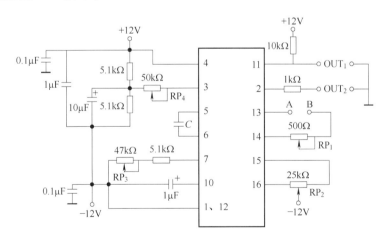

图 2-55 实训电路

1）按图 2-55 接线，C 取 0.1μF，短接 A、B 两点，$RP_1 \sim RP_4$ 均调至中间值附近。

2）接通电源后，用示波器观察 OUT$_2$ 处的波形。

3）依次调节 $RP_1 \sim RP_4$（每次只调节一只），观察并记录输出波形随该电位器调节方向而变化的规律，然后将该电位器调至输出波形最佳处（RP_3 和 RP_4 可调至中间值附近）。

4）断开 A、B 间的连线，观察 OUT$_2$ 的波形，参照步骤 3）观察 RP$_1$ ~ RP$_4$ 的作用。

5）用示波器观察 OUT$_1$ 处的波形，应为方波。分别调节 RP$_3$ 和 RP$_4$，其频率和幅值应随之改变。

6）C 另取一值（如 0.047μF 或 0.47μF 等），重复步骤 1）~5）。

【实训总结】

1）根据实训过程中观察和记录的现象，总结 XR-2206 芯片的调试方法。

2）如果要求输出波形的频率范围为 10Hz ~ 100kHz 且分段连续可调，则图 2-55 中的 C 应分别选取哪些值？

【实训反思】

1）根据观察的现象，改变 XR-2206 的调试方式。

2）如何根据要求的波形选择 C 值？理论基础是什么？

实训十五

压控振荡器的调试与测量

内容说明

了解压控振荡器的组成及调试方法。

知识链接

调节可变电阻器或可变电容器可以改变波形发生电路的振荡频率，这一般是手动来调节的。而在自动控制场合往往要求能自动调节振荡频率。常见的情况是给出一个控制电压（如计算机通过接口电路输出的控制电压），要求波形发生电路的振荡频率与控制电压成正比。这种电路称为压控振荡器（Voltage-Controlled Oscillator，VCO）或 $U\text{-}F$ 转换电路。

压控振荡器常被用在如下电路：

1）信号产生器。

2）电子音乐中用来制造变调。

3）锁相回路。

4）通信设备中的频率合成器。

利用集成运放可以构成精度高、线性好的压控振荡器。下面介绍这种电路的构成和工作原理，并求出振荡频率与输入电压的函数关系。

怎样用集成运放构成压控振荡器呢？我们知道，积分电路输出电压变化的速率与输入电压的大小成正比，如果积分电容器充电使输出电压达到一定程度后，设法使它迅速放电，然后输入电压再给它充电，如此周而复始，就会产生振荡，其振荡频率与输入电压成正比，即压控振荡器。图 2-56 所示即为实现上述意图的压控振荡器电路（输入电压 $U_i > 0$）。

在图 2-56 所示电路中，A_1 是积分电路，A_2 是同相输入滞回比较器，起开关作用。当 A_2 的输出电压 $u_{o1} = U_Z$ 时，二极管 VD 截止，输入电压（$U_i > 0$）经电阻器 R_1 向电容器 C 充电，输出电压 u_o 逐渐下降，当 u_o 下降到零再继续下降使滞回比较器 A_2 同相输入端电位略低于零时，u_{o1} 由 U_Z 跳变为 $-U_Z$，二极管 VD 由截止变导通，电容器 C 放电，由于放电回路的等效电阻比 R_1 小得多，故放电很快，u_o 迅速上升，使 A_2 的同相输入端电位很快上升到大于零，u_{o1} 很快从 $-U_Z$ 跳回到 U_Z，二极管又截止，输入电压经 R_1 再向电容器充电……如此周而复始，便产生了振荡。图 2-57 所示为压控振荡器 u_o 和 u_{o1} 的波形图。

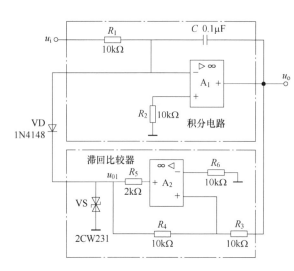

图 2-56 压控振荡器电路

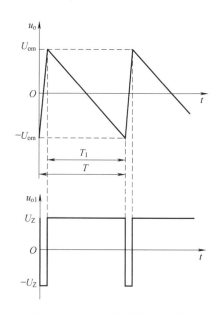

图 2-57 压控振荡器输出波形图

振荡频率与输入电压的关系为

$$f = \frac{1}{T} \approx \frac{1}{T_1} = \frac{R_4}{2R_1R_3C}\frac{U_i}{U_Z}$$

可见，振荡频率与输入电压成正比。

上述电路实际上就是一个方波、锯齿波发生电路，只不过这里是通过改变输入电压 U_i 的大小来改变输出波形频率，从而将电压参量转换成频率参量。

压控振荡器的用途较广。为了使用方便，一些厂家将压控振荡器做成模块，有的压控振荡器模块输出信号的频率与输入电压幅值的非线性误差小于 0.02%，但振荡频率较低，一般在 100kHz 以下。

➡ 实训部分

【实训设备与器件】

①±12V 直流电源；②双踪示波器；③交流毫伏表；④直流电压表；⑤频率计；⑥运算放大器 μA741×2；⑦稳压二极管 2CW231×1；⑧二极管 1N4148×1，电阻器、电容器若干。

【实训内容】

1）按图 2-56 接线，用示波器监视输出波形。

2）按表 2-39 的内容测量电路的输入电压与振荡频率的转换关系。

3）用双踪示波器观察并描绘 u_o、u_{o1} 的波形。

表 2-39　波形测试表

	U_i/V	1	2	3	4	5	6
用示波器测得	T/ms						
用频率计测得	f/Hz						

【实训总结】

作出电压-频率关系曲线，并讨论其结果。

【实训思考】

1）指出图 2-56 中电容器 C 的充电和放电回路。

2）定性分析用可调电压 U_i 改变 u_o 频率的工作原理。

3）电阻器 R_3 和 R_4 的阻值如何确定？若要求输出信号幅值为 $12U_{oPP}$，输入电压值为 3V，输出频率为 3000Hz，计算出 R_3、R_4 的值。

低频功率放大器 I —— OTL 功率放大器的测量

➡ 内容说明

1) 进一步理解 OTL 功率放大器的工作原理。

2) 学会 OTL 电路的调试及主要性能指标的测试方法。

➡ 知识链接

工程上把主要用于向负载提供较大功率输出的放大电路称为功率放大电路，在集成运放的最后一级往往采用功率放大电路。

多级电路的最后一级总要提供一定的功率，用以驱动负载工作。例如，收音机中扬声器的音圈、显示仪表的指针、计算机显示器、电视机的扫描偏转线圈和电动机的控制绕组等。所以多级放大电路中除了应有电压放大级外，还要有一个能输出一定功率信号的输出级。工程上把这种主要用于向负载提供较大功率输出的放大电路称为功率放大器。

1. 功率放大器的分类

按照电路的结构特点，功率放大器可分为变压器耦合功率放大器、电容耦合功率放大器（也称无输出变压器功率放大器，OTL 功率放大器）、直接耦合功率放大器（无输出电容功率放大器，OCL 功率放大器）及桥接式功率放大器。

按照晶体管静态工作点的不同分类，可将功率放大器分为甲类、乙类和甲乙类。

2. OTL 功率放大器

OTL（Output Transformer Less）功率放大器称为互补功率放大电路。在这种电路中，负载上仅获得交流信号（静态时没有输出），用一个大电容器串联在负载与输出端之间。

图 2-58 所示为 OTL 低频功率放大器电路。其中，由晶体管 VT_1 组成推动级（也称前置放大级），VT_2、VT_3 是一对参数对称的 NPN 和 PNP 型晶体管，它们组成了互补推挽 OTL 功放电路。由于每一个晶体管都接成射极输出器的形式，所以具有输出电阻低、负载能力强等优点，适合作为功率输出级。VT_1 工作于甲类状态，它的集电极电流 I_{C1} 由电位器 RP_1 进行调节。I_{C1} 的一部分流经电位器 RP_2 及二极管 VD，给 VT_2、VT_3 提供偏压。调节 RP_2，可以使

VT_2、VT_3得到合适的静态电流而工作于甲、乙类状态，以克服交越失真。静态时，要求输出端中点 A 的电位 $U_A = \frac{1}{2}U_{CC}$，可以通过调节 RP_1 来实现。又由于 RP_1 的一端接在 A 点，故在电路中引入交、直流电压并联负反馈，一方面能够稳定放大器的静态工作点，另一方面也改善了非线性失真。

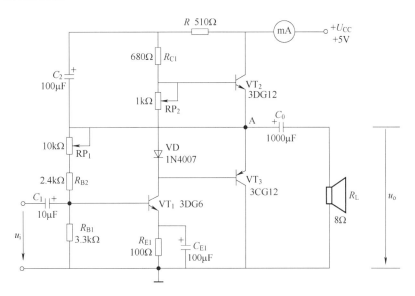

图 2-58　OTL 功率放大器电路

当输入正弦交流信号 u_i 时，经 VT_1 放大、倒相后同时作用于 VT_2、VT_3 的基极，u_i 的负半周使 VT_2 导通（VT_3 截止），有电流通过负载 R_L，同时向电容器 C_0 充电，在 u_i 的正半周，VT_3 导通（VT_2 截止），则已充好电的电容器 C_0 通过负载 R_L 放电，这样在 R_L 上就得到完整的正弦波。

C_2 和 R 构成自举电路，用于提高输出电压正半周的幅值，得到大的动态范围。

3. OTL 电路的主要性能指标

（1）最大不失真输出功率 P_{om}　理想情况下，$P_{om} = \frac{1}{8}\frac{U_{CC}^2}{R_L}$，在实训中，可通过测量 R_L 两端的电压有效值来求得实际的 $P_{om} = \frac{U_o^2}{R_L}$。

（2）效率 η

$$\eta = \frac{P_{om}}{P_E} \times 100\%$$

式中，P_E 为直流电源供给的平均功率。

理想情况下，$\eta_{max} = 78.5\%$。在实训中，可测量电源供给的平均电流 I_{dC}，从而求得 $P_E = U_{CC}I_{dC}$，负载上的交流功率已用上述方法求出，因而也就可以计算实际效率了。

（3）频率响应　详见实训二有关部分内容。

（4）输入灵敏度　输入灵敏度是指输出最大不失真功率时，输入信号 U_i 的值。

实训部分

【实训设备与器件】

①+5V 直流电源；②函数信号发生器；③双踪示波器；④交流毫伏表；⑤直流电压表；⑥直流毫安表；⑦频率计；⑧晶体管 3DG6（9011）、3DG12（9013）、3CG12（9012），二极管 1N4007，8Ω 扬声器，电阻器、电容器若干。

【实训内容】

在整个测试过程中，电路不应有自激现象。

1. 静态工作点的测试

按图 2-58 连接实训电路，将输入信号旋钮旋至零（$u_i = 0$），电源进线中串入直流毫安表，电位器 RP$_2$ 置最小值，RP$_1$ 置中间位置。接通 +5V 直流电源，观察毫安表指示，同时用手触摸输出级晶体管，若电流过大，或晶体管温升显著，应立即断开电源并检查原因（如 RP$_2$ 开路、电路自激或输出级晶体管性能不好等）。如无异常现象，则可开始调试。

（1）调节输出端中点电位 U_A　调节电位器 RP$_1$，用直流电压表测量 A 点电位，使 $U_A = \frac{1}{2}U_{CC}$。

（2）调整输出级静态电流并测试各级静态工作点　调节 RP$_2$，使 VT$_2$、VT$_3$ 的 $I_{C2} = I_{C3} = 5 \sim 10\text{mA}$。从减小交越失真的角度而言，应适当加大输出级静态电流，但该电流过大，会使效率降低，所以一般以 $5 \sim 10\text{mA}$ 为宜。由于毫安表串在电源进线中，故测得的是整个放大器的电流，但一般 VT$_1$ 的集电极电流 I_{C1} 较小，从而可以把测得的总电流近似当作末级的静态电流。如要准确得到末级静态电流，则可从总电流中减去 I_{C1}。

调整输出级静态电流的另一个方法是动态调试法。先使 RP$_2$ 阻值为零，在输入端接入 $f = 1\text{kHz}$ 的正弦信号 u_i。逐渐加大输入信号的幅值，此时，输出波形应出现较严重的交越失真（注意：没有饱和失真和截止失真），然后缓慢增大 RP$_2$ 阻值，当交越失真刚好消失时，停止调节 RP$_2$，恢复 $u_i = 0$，此时直流毫安表读数即为输出级静态电流。一般数值应为 $5 \sim 10\text{mA}$，如过大，则要检查电路。

输出级电流调好以后，测量各级静态工作点，记入表 2-40。

表 2-40　各级静态工作点

	VT$_1$	VT$_2$	VT$_3$
U_B/V			
U_C/V			
U_E/V			

注意：

① 在调整 RP$_2$ 时，一是要注意旋转方向，不要调得过大，更不能开路，以免损坏输出级晶体管。

② 输出级晶体管静态电流调好，若无特殊情况，不得随意旋动 RP$_2$ 的位置。

2. 最大输出功率 P_{om} 和效率 η 的测试

（1）测量 P_{om}　输入端接 $f = 1\text{kHz}$ 的正弦信号 u_i，输出端用示波器观察输出电压 u_o 波形。逐渐增大 u_i，使输出电压达到最大不失真输出，用交流毫伏表测出负载 R_L 上的电压 U_{om}，则 $P_{om} = \dfrac{U_{om}^2}{R_L}$。

（2）测量 η　当输出电压为最大不失真输出时，读出直流毫安表中的电流值，此电流即为直流电源供给的平均电流 I_{dC}（有一定误差），由此可近似求得 $P_E = U_{CC}I_{dC}$，再根据上面测得的 P_{om}，即可求出 $\eta = \dfrac{P_{om}}{P_E}$。

3. 输入灵敏度的测试

根据输入灵敏度的定义，只要测出输出功率 $P_o = P_{om}$ 时的输入电压值 U_i 即可。

4. 频率响应的测试

测试方法同实训二，数据记入表 2-41 中。测试时，为了保证电路的安全，应在较低电压下进行，通常取输入信号为输入灵敏度的 50%。在整个测试过程中，应保持 U_i 为恒定值，且保证输出波形不得失真。

表 2-41　频率响应测试表

					$f_L \rightarrow f_0 \rightarrow f_H$					
f/Hz					1000					
U_o/V										
A_u										

5. 研究自举电路的作用

1）测量有自举电路，且 $P_o = P_{omax}$ 时的电压增益 $A_u = \dfrac{U_{om}}{U_i}$。

2）将 C_2 开路、R 短路（无自举），再测量 $P_o = P_{omax}$ 的 A_u。

用示波器观察 1）、2）两种情况下的输出电压波形，并将以上两项测量结果进行比较，分析研究自举电路的作用。

6. 噪声电压的测试

测量时，将输入端短路（$u_i = 0$），观察输出噪声波形，并用交流毫伏表测量输出电压，即为噪声电压 U_N，本电路若 $U_N < 15\text{mV}$，即满足要求。

7. 试听

输入信号改为录音机输出，输出端接试听音箱及示波器。开机试听，并观察语言和音乐信号的输出波形。

【实训总结】

1）整理实训数据，计算静态工作点、最大不失真输出功率 P_{om}、效率 η 等，并与理论值进行比较。画频率响应曲线。

2）分析自举电路的作用。

3）讨论实训中发生的问题及解决办法。

【实训思考】

1）复习有关 OTL 电路的工作原理部分内容。

2）为什么引入自举电路能够扩大输出电压的动态范围?

3）交越失真产生的原因是什么? 如何克服交越失真?

4）如果电位器 RP_2 开路或短路，对电路工作有何影响?

5）为了不损坏输出级晶体管，调试中应注意什么问题?

6）如电路有自激现象，应如何消除?

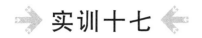

低频功率放大器 Ⅱ —— 集成功率放大器参数的测量

内容说明

1) 了解集成功率放大器的应用。

2) 学习集成功率放大器基本技术指标的测试。

知识链接

集成功率放大器由集成功放块和一些外部阻容元件构成。它具有电路简单、性能优越、工作可靠、调试方便等优点，已经成为音频领域中应用十分广泛的功率放大器。

电路中最主要的组件为集成功放块，它的内部电路与一般分立元器件功率放大器不同，通常包括前置级、推动级和功率级等几部分。有些还具有一些特殊功能（消除噪声、短路保护等）的电路。集成功率放大器的电压增益较高（不加负反馈时，电压增益达 70 ~ 80dB；加典型负反馈时，电压增益在 40dB 以上）。

集成功放块的种类有很多。本实训采用的集成功放块型号为 LA4112，它的内部电路如图 2-59 所示，由三级电压放大，一级功率放大以及偏置、恒流、反馈、退耦电路组成。

（1）电压放大级　第一级选用由 VT_1 和 VT_2 组成的差分放大器，这种直接耦合的放大器零漂较小；第二级的 VT_3 完成直接耦合电路中的电平移动，VT_4 是 VT_3 的恒流源负载，以获得较大的增益；第三级由 VT_6 等组成，此级增益最高，为防止出现自激振荡，需在该晶体管的 B、C 极之间外接消振电容器。

（2）功率放大级　由 $VT_8 \sim VT_{13}$ 等组成复合互补推挽电路。为提高输出级增益和正向输出幅值，需外接"自举"电容器。

（3）偏置电路　为建立各级合适的静态工作点而设立。

除上述主要部分外，为了使电路工作正常，还需要和外部元器件一起构成反馈电路来稳定和控制增益。同时，还设有退耦电路来消除各级间的不良影响。

LA4112 集成功放块是一种塑料封装 14 引脚的双列直插器件。它的引脚排列如图 2-60 所示。表 2-42 和表 2-43 是它的极限参数和电参数。

与 LA4112 集成功放块技术指标相同的国内外产品还有 FD403、FY4112、D4112 等，它们之间可以互相替代使用。

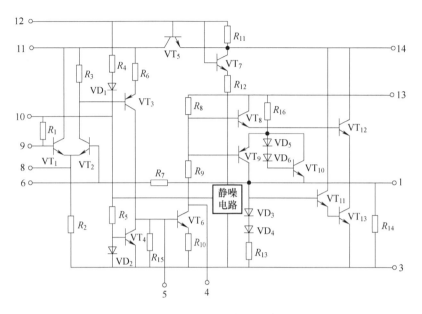

图 2-59　LA4112 内部电路

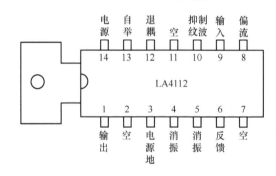

图 2-60　LA4112 引脚排列图

表 2-42　LA4112 集成功放块极限参数

参　　数	符号与单位	额　定　值
最大电源电压	U_{CCmax}（V）	13V（有信号时）
允许功耗	P_O（W）	1.2W
		2.25W（50mm×50mm 铜箔散热片）
工作温度	T_{Opr}（℃）	-20~70℃

表 2-43　LA4112 集成功放块电参数

参数	符号与单位	测试条件	典型值
工作电压	U_{CC}（V）	/	9V
静态电流	I_{CCQ}（mA）	$U_{CC}=9V$	15mA
开环电压增益	A_{uO}（dB）	/	70dB
输出功率	P_O（W）	$R_L=4\Omega$　$f=1kHz$	1.7W
输入阻抗	R_i（kΩ）	/	20kΩ

由集成功放块 LA4112 构成的集成功放电路如图 2-61 所示，该电路中各电容器和电阻器的作用简要说明如下：

C_1、C_9——输入、输出耦合电容器，起隔直作用。

C_2 和 R_f——反馈元件，决定电路的闭环增益。

C_3、C_4、C_8——滤波、退耦电容器。

C_5、C_6、C_{10}——消振电容器，消除寄生振荡。

C_7——自举电容器，若无此电容器，将出现输出波形半边被削波的现象。

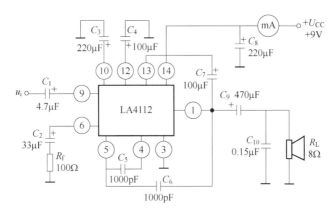

图 2-61　由 LA4112 构成的集成功放电路

➥ 实训部分

【实训设备与器件】

①+9V 直流电源；②函数信号发生器；③双踪示波器；④交流毫伏表；⑤直流电压表；⑥电流毫安表；⑦频率计；⑧集成功放块 LA4112；⑨8Ω 扬声器，电阻器、电容器若干。

【实训内容】

按图 2-61 连接实训电路，输入端接函数信号发生器，输出端接扬声器。

1. 静态测试

将输入信号旋钮旋至零，接通 +9V 直流电源，测量静态总电流及集成块各引脚的对地电压，记入自拟表格中。

2. 动态测试

1）接入自举电容器 C_7。输入端接 1kHz 正弦信号，输出端用示波器观察输出电压波形，逐渐加大输入信号幅值，使输出电压为最大不失真输出，用交流毫伏表测量此时的输出电压 U_{om}，则最大输出功率为 $P_{om} = \dfrac{U_{om}^2}{R_L}$。

2）断开自举电容器 C_7。

① 观察输出电压波形的变化情况。

② 输入灵敏度的测试。要求 $U_i < 100\mathrm{mV}$，测试方法同实训十六。

③ 频率响应的测试。测试方法同实训十六。

④ 噪声电压的测试。要求 $U_N < 2.5\mathrm{mV}$，测试方法同实训十六。

3. 试听

感受试听效果。

【实训总结】

1）整理实训数据，并进行分析。

2）画频率响应曲线。

3）讨论实训中发生的问题及解决办法。

【实训思考】

1）复习有关集成功率放大器部分的内容。

2）若将电容器 C_7 除去，将会出现什么现象？

3）当无输入信号时，输出端示波器上频率较高的波形是否正常？如何消除？

4）如何由 $+12\mathrm{V}$ 直流电源获得 $+9\mathrm{V}$ 直流电源？

5）进行本实训时，应注意以下几点：

① 电源电压不允许超过极限值，不允许极性接反，否则集成块将被损坏。

② 电路工作时绝对避免负载短路，否则将烧毁集成块。

③ 接通电源后，时刻注意集成块的温度，有时未加输入信号集成块就严重发热，同时直流毫安表指示出较大电流及示波器显示出幅值较大、频率较高的波形，说明电路有自激现象，应立即关机，然后进行故障分析、处理。待自激振荡消除后，才能重新进行实训。

④ 输入信号不要过大。

实训十八

直流稳压电源 I——
串联型晶体管稳压电源

内容说明

1）研究单相桥式整流、电容滤波电路的特性。

2）掌握串联型晶体管稳压电源主要技术指标的测试方法。

知识链接

电子设备一般都需要直流电源供电。这些直流电除了少数直接利用干电池和直流发电机提供外，大多数是采用把交流电（市电）转变为直流电的直流稳压电源。

直流稳压电源由电源变压器、整流电路、滤波电路和稳压电路四部分组成，其原理框图如图 2-62 所示。电网供给的交流电压 u_1（220V，50Hz）经电源变压器降压后，得到符合电路需要的交流电压 u_2，然后由整流电路将其变换成方向不变、大小随时间变化的脉动电压 u_3，再用滤波电路滤去其交流分量，就可得到比较平直的直流电压 u_i。但这样的直流输出电压还会随交流电网电压的波动或负载的变动而变化。在对直流供电要求较高的场合，还需要使用稳压电路，以保证输出直流电压更加稳定。

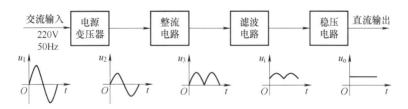

图 2-62　直流稳压电源框图

图 2-63 所示为由分立元器件组成的串联型稳压电源电路，其整流部分为单相桥式整流、电容滤波电路。稳压部分为串联型稳压电路，它由调整管（晶体管 VT_1）；比较放大器（VT_2、R_7），取样电路（R_1、R_2、RP），基准电压电路（VS、R_3）和过电流保护电路（VT_3 及电阻 R_4、R_5、R_6）等组成。整个稳压电源电路是一个具有电压串联负反馈的闭环系统，其稳压过程为：当电网电压波动或负载变动引起输出直流电压发生变化时，取样电路取出输出电压的一部分送入比较放大器，并与基准电压进行比较，产生的误差信号经 VT_2 放大后送

至调整管 VT₁ 的基极，使调整管改变其管压降，以补偿输出电压的变化，从而达到稳定输出电压的目的。

在稳压电源电路中，调整管与负载串联，因此流过它的电流与负载电流一样大。当输出电流过大或发生短路时，调整管会因电流过大或电压过高而损坏，所以需要对调整管加以保护。在图 2-63 所示电路中，晶体管 VT₃、R_4、R_5、R_6 组成了过电流保护电路。此电路设计在 $I_{oP} = 1.2 I_o$（I_{oP} 为保护电路电流，I_o 为输出电流）时开始起保护作用，此时输出电流减小，输出电压降低。故障排除后，电路应能自动恢复正常工作。在调试时，若保护作用提前，应减少 R_6 值；若保护作用滞后，则应增大 R_6 值。

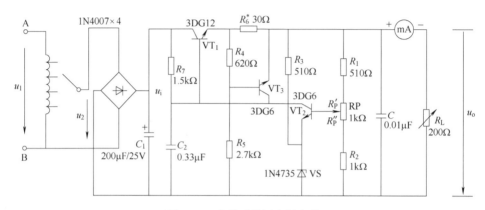

图 2-63　串联型稳压电源电路

稳压电源的主要性能指标如下。

（1）输出电压 U_o 和输出电压调节范围

$$U_o = \frac{R_1 + R_P + R_2}{R_2 + R_P''} (U_Z + U_{BE2})$$

调节 RP 可以改变输出电压 U_o。

（2）最大负载电流 I_{om}

（3）输出电阻 R_o　输出电阻 R_o 定义：当输入电压 U_i（指稳压电路输入电压）保持不变时，由于负载变化而引起的输出电压变化量与输出电流变化量之比，即

$$R_o = \frac{\Delta U_o}{\Delta I_o} \bigg|_{U_i = 常数}$$

（4）稳压系数 S（电压调整率）　稳压系数定义：当负载保持不变时，输出电压相对变化量与输入电压相对变化量之比，即

$$S = \frac{\Delta U_o / U_o}{\Delta U_i / U_i} \bigg|_{R_L = 常数}$$

由于工程上常把电网电压波动 ±10% 作为极限条件，故也有将此时输出电压的相对变化 $\Delta U_o / U_o$ 作为衡量指标，称为电压调整率。

（5）输出纹波电压　输出纹波电压是指在额定负载条件下，输出电压中所含交流分量的有效值（或峰值）。

➡ 实训部分

【实训设备与器件】

①可调工频电源；②双踪示波器；③交流毫伏表；④直流电压表；⑤直流毫安表；⑥滑线变阻器200Ω/1A；⑦晶体管3DG6×2(9011×2)、3DG12×1(9013×1)，二极管1N4007×4，稳压管1N4735×1，电阻器、电容器若干。

【实训内容】

1. 整流滤波电路的测试

按图2-64连接实训电路。取可调工频电源电压为16V，作为整流电路的输入电压u_2。

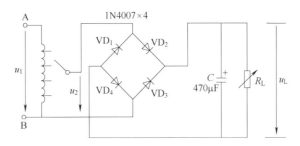

图2-64　整流滤波电路

1）取$R_L=240\Omega$，不加滤波电容器，测量直流输出电压U_L及纹波电压$\tilde{U}_L$，并用示波器观察u_2和u_L的波形，记入表2-44中。

2）取$R_L=240\Omega$、$C=470\mu F$，重复1）的要求，将结果记入表2-44中。

3）取$R_L=120\Omega$、$C=470\mu F$，重复1）的要求，将结果记入表2-44中。

表 2-44　整流滤波电路测试表

电路形式		U_L/V	$\tilde{U}_L/V$	u_L波形
$R_L=240\Omega$				
$R_L=240\Omega$ $C=470\mu F$				
$R_L=120\Omega$ $C=470\mu F$				

注意:

① 每次改接电路时,必须切断工频电源。

② 在观察输出电压 u_L 波形的过程中,"Y 轴灵敏度" 旋钮位置调好以后,不要再变动,否则将无法比较各波形的脉动情况。

2. 串联型稳压电源性能的测试

切断工频电源,在图 2-64 基础上按图 2-63 连接实训电路。

(1) 初测 稳压电路输出端负载开路,断开保护电路,接通 16V 工频电源,测量整流电路输入电压 U_2,滤波电路输出电压 U_i(稳压器输入电压)及输出电压 U_o。调节电位器 RP,观察 U_o 的大小和变化情况,如果 U_o 能跟随 RP 线性变化,说明稳压电路各反馈环路工作基本正常;否则,说明稳压电路有故障 [因为稳压电路是一个深度负反馈的闭环系统,只要环路中任意一个环节出现故障(某管截止或饱和),稳压电路就会失去自动调节作用]。此时,可分别检查基准电压 U_Z、输入电压 U_i、输出电压 U_o 以及比较放大器和调整管各电极的电压(主要是 U_{BE} 和 U_{CE}),分析它们的工作状态是否都处在线性区,从而找出电路不能正常工作的原因。排除故障后,即可进行下一步测试。

(2) 测量输出电压的可调范围 接入负载 R_L(滑线变阻器),并调节 R_L,使输出电流 $I_o \approx 100\text{mA}$。再调节电位器 RP,测量输出电压可调范围 $U_{omin} \sim U_{omax}$,且使 RP 触头在中间位置附近时 $U_o = 12\text{V}$。若不满足要求,可适当调整 R_1、R_2 值。

(3) 测量各级静态工作点 调节输出电压 $U_o = 12\text{V}$,输出电流 $I_o = 100\text{mA}$,测量各级静态工作点,记入表 2-45 中。

表 2-45 串联型稳压电源静态工作点测试表

	VT_1	VT_2	VT_3
U_B/V			
U_C/V			
U_E/V			

(4) 测量稳压系数 S 取 $I_o = 100\text{mA}$,按表 2-46 改变整流电路输入电压 U_2(模拟电网电压波动),分别测出相应的稳压电路输入电压 U_i 及输出直流电压 U_o,记入表 2-46 中。

(5) 测量输出电阻 R_o 取 $U_2 = 16\text{V}$,改变滑线变阻器的位置,使 I_o 为空载、50mA 和 100mA,测量相应的 U_o 值,记入表 2-47 中。

(6) 测量输出纹波电压 取 $U_2 = 16\text{V}$、$U_o = 12\text{V}$、$I_o = 100\text{mA}$,测量输出纹波电压 U_o 并记录。

表 2-46 $I_o = 100\text{mA}$ 测试表

测 试 值			计 算 值
U_2/V	U_i/V	U_o/V	S
14			$S_{12} =$
16		12	$S_{23} =$
18			

表 2-47　$U_2 = 16\text{V}$ 测试表

测　试　值		计算值
I_o/mA	U_o/V	R_o/Ω
空载		$R_{\text{o}12} =$
50	12	
100		$R_{\text{o}23} =$

（7）调整过电流保护电路

1）断开工频电源，接上保护电路，再接通工频电源，调节 RP 及 R_L 使 $U_\text{o} = 12\text{V}$、$I_\text{o} = 100\text{mA}$，此时保护电路应不起作用。测出 VT$_3$ 各极电位值。

2）逐渐减小 R_L，使 I_o 增加到 120mA，观察 U_o 是否下降，并测出保护起作用时 VT$_3$ 各极的电位值。若保护作用过早或滞后，可改变 R_6 值进行调整。

3）用导线瞬时短接一下输出端，测量 U_o 值，然后去掉导线，检查电路是否能自动恢复正常工作。

【实训总结】

1）对表 2-44 所测结果进行全面分析，总结桥式整流、电容滤波电路的特点。

2）根据表 2-46 和表 2-47 所测数据计算稳压电路的稳压系数 S 和输出电阻 R_o，并进行分析。

3）分析并讨论实训过程中出现的故障及排除方法。

【实训思考】

1）复习书中有关分立元器件稳压电源部分的内容，并根据实训电路参数估算 U_o 的可调范围及 $U_\text{o} = 12\text{V}$ 时，VT$_1$、VT$_2$ 的静态工作点（假设调整管的饱和电压降 $U_{\text{CE1S}} \approx 1\text{V}$）。

2）说明图 2-63 中 U_2、U_i、U_o 及 $\tilde{U}_\text{o}$ 的物理意义，并从实训仪器中选择合适的测量仪表。

3）在桥式整流电路实训中，能否用双踪示波器同时观察 u_2 和 u_L 的波形？为什么？

4）在桥式整流电路中，若某个二极管发生开路、短路和反接三种情况，将会出现什么问题？

5）为了使稳压电源的输出电压 $U_\text{o} = 12\text{V}$，则其输入电压的最小值 U_{imin} 应等于多少？交流输入电压 $U_{2\text{min}}$ 又如何确定？

6）当稳压电源输出不正常或输出电压 U_o 不随取样电位器 RP 而变化时，应如何进行检查并找出故障所在？

7）分析保护电路的工作原理。

8）如何提高稳压电源的性能指标（减小 S 和 R_o）？

直流稳压电源 Ⅱ ——集成稳压器

➡ 内容说明

1）研究集成稳压器的特点和性能指标的测试方法。

2）了解扩展集成稳压器性能的方法。

➡ 知识链接

随着半导体工艺的发展，稳压电路也制成了集成器件。

集成稳压器是指将功率调整管、取样电阻及基准稳压、误差放大、起动和保护电路等全部集成在一个芯片上形成的一种微集成电路。由于集成稳压器具有体积小、外接电路简单、使用方便、工作可靠和通用性强等优点，故在各种电子设备中应用十分普遍，基本上取代了由分立元器件构成的稳压电路。集成稳压器的种类很多，应根据设备对直流电源的要求进行选择。对于大多数电子仪器、设备和电子电路来说，通常选用串联线性集成稳压器。而在这种类型的器件中，又以三端集成稳压器应用最为广泛。

三端集成稳压器按性能和用途可以分为四类。

1）三端固定输出正稳压器。所谓三端，是指电压输入端、电压输出端和公共接地端，输出正是指输出正电压，一般命名为 W78XX。

2）三端固定输出负稳压器。一般为 W79XX 系列。

3）三端可调输出正稳压器。所谓三端，是指电压输入端、电压输出端和电压调整端，在电压调整端外接电位器后可以调整输出电压。

4）三端可调输出负稳压器。此稳压器输出为负电压。

集成稳压器的参数包括其正常工作时的电压、电流范围，质量好坏和保证其正常工作所需的条件。主要参数分为两类：一类参数用来说明集成稳压器的特性指标，如允许输入电压、允许输出电压、输出电流和调整范围；另一类参数用来衡量集成稳压器的质量指标，如电压调整率、电流调整率等。

W7800、W7900 系列三端集成稳压器的输出电压是固定的，在使用中不能进行调整。W7800 系列三端集成稳压器输出正极性电压，一般有 5V、6V、9V、12V、15V、18V、24V 七个档，输出电流最大可达 1.5A（加散热片）。同类型 78M 系列稳压器的输出电流为 0.5A，78L 系列稳压器的输出电流为 0.1A。若要求输出负极性电压，则可选用 W7900 系列稳压器。

图 2-65 所示为 W7800 系列三端集成稳压器外形和接线图。它有三个引出端：输入端 1（不稳定电压输入端），输出端 3（稳定电压输出端）和公共端 2。

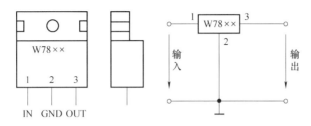

图 2-65 W7800 系列三端集成稳压器外形及接线图

除三端固定输出稳压器外，还有三端可调输出稳压器，其可通过外接元器件对输出电压进行调整，以适应不同的需要。

本实训所用集成稳压器为三端固定输出正稳压器 W7812。它的主要参数有，输出直流电压 $U_o = +12V$，输出电流 0.1A（78L 系列），0.5A（78M 系列），电压调整率 10mV/V，输出电阻 $R_o = 0.15\Omega$，输入电压 U_i 的范围为 15~17V。一般 U_i 要比 U_o 大 3~5V，才能保证集成稳压器工作在线性区。

图 2-66 所示为用三端固定输出正稳压器 W7812 构成的串联型稳压电源电路。其中，整流部分采用的是由 4 个二极管组成的桥式整流器成品（又称桥堆），型号为 2W06（或 KBP306），桥堆内部接线和外部引脚接线如图 2-67 所示。滤波电容器 C_1、C_2 的电容值一般为几百至几千微法。当稳压电路距离整流滤波电路较远时，在输入端必须接入电容器 C_3（数值为 0.33μF），以抵消电路的电感效应，防止产生自激振荡。输出端电容器 C_4（0.1μF）用以滤除输出端的高频信号，改善电路的暂态响应。

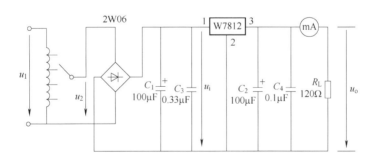

图 2-66 由 W7812 构成的串联型稳压电源电路

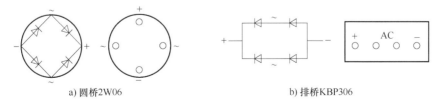

图 2-67 桥堆内部接线和外部引脚接线

图 2-68 所示为正、负双电压输出电路，例如，需要 $U_{o1} = 15V$、$U_{o2} = -15V$，则可选用 W7815 和 W7915 三端稳压器，这时的 U_i 应为单电压输出时的两倍。

当集成稳压器本身的输出电压或输出电流不能满足要求时，可通过外接电路来进行性能扩展。

图 2-69 所示为一种简单的输出电压扩展电路。如 W7812 稳压器的 3、2 端间输出电压为 12V，只要适当选择 R 的值，使稳压管 VS 工作在稳压区，则输出电压 $U_o = 12V + U_Z$，可以高于稳压器本身的输出电压。

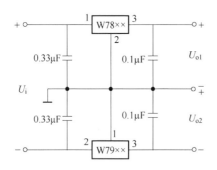

图 2-68　正、负双电压输出电路

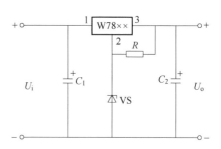

图 2-69　输出电压扩展电路

图 2-70 是通过外接晶体管 VT 及电阻 R_1 进行电流扩展的电路。电阻 R_1 的阻值由外接晶体管的发射结导通电压 U_{BE}、三端集成稳压器的输入电流 I_i（近似等于三端集成稳压器的输出电流 I_{o1}）和 VT 的基极电流 I_B 来决定，即

$$R_1 = \frac{U_{BE}}{I_R} = \frac{U_{BE}}{I_i - I_B} = \frac{U_{BE}}{I_{o1} - \dfrac{I_C}{\beta}}$$

式中，I_C 为晶体管 VT 的集电极电流，$I_C = I_o - I_{o1}$；β 为 VT 的电流放大倍数；锗晶体管 U_{BE} 可按 0.3V 估算，硅晶体管 U_{BE} 按 0.7V 估算。

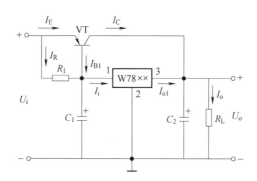

图 2-70　输出电流扩展电路

附：图 2-71 所示为 W7900 系列三端集成稳压器（输出负电压）外形及接线图。

图 2-72 所示为三端可调输出正稳压器 W317 外形及接线图。

输出电压计算公式：$U_o \approx 1.25 \left(1 + \dfrac{R_2}{R_1} \right)$

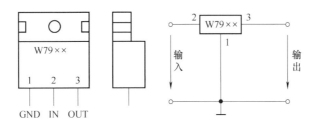

图 2-71 W7900 系列三端集成稳压器外形及接线图

最大输入电压：$U_{im} = 40V$

输出电压范围：$U_o = 1.2 \sim 37V$

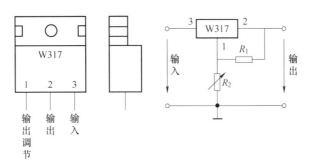

图 2-72 W317 外形及接线图

实训部分

【实训设备与器件】

①可调工频电源；②双踪示波器；③交流毫伏表；④直流电压表；⑤直流毫安表；⑥三端集成稳压器 W7812、W7815、W7915；⑦桥堆 2W06（或 KBP306），电阻器、电容器若干。

【实训内容】

1. 整流滤波电路的测试

按图 2-73 连接实训电路，取可调工频电源 14V 电压作为整流电路的输入电压 u_2。接通工频电源，测量输出端直流电压 U_L 及纹波电压 $\tilde{U}_L$，用示波器观察 u_2、u_L 的波形，把数据及波形记入自拟表格中。

2. 集成稳压器性能的测试

断开工频电源，按图 2-73 改接实训电路，取负载电阻 $R_L = 120\Omega$。

（1）初测 接通工频 14V 电源，测量 U_2 值；测量滤波电路输出电压 U_i（稳压器输入电压）、集成稳压器输出电压 U_o，它们的数值应与理论值大致相符，否则说明电路出现了故障。应查找故障并加以排除。

电路经初测进入正常工作状态后，才能进行各项指标的测试。

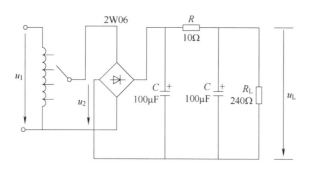

图 2-73　整流滤波电路

（2）各项性能指标的测试

1）输出电压 U_o 和最大输出电流 I_{omax} 的测量。在输出端接负载电阻 $R_L = 120\Omega$，由于 W7812 的输出电压 $U_o = 12V$，所以流过 R_L 的电流 $I_{omax} = \dfrac{12}{120}A = 100mA$。这时，$U_o$ 应基本保持不变，若变化较大则说明集成块性能不良。

2）稳压系数 S 的测量。

3）输出电阻 R_o 的测量。

4）输出纹波电压的测量。

2）~4）的测试方法同实训十八，将测量结果记入自拟表格中。

*（3）集成稳压器的性能扩展

根据实训器材选取图 2-68、图 2-69 或 2-73 中各元器件，并自拟测试方法与表格，记录实训结果。

【实训总结】

1）整理实训数据，计算 S 和 R_o，并与手册上的典型值进行比较。

2）分析并讨论实训中发生的现象和问题。

【实训思考】

1）复习书中有关集成稳压器部分的内容。

2）列出实训内容中所要求的各种表格。

3）在测量稳压系数 S 和内阻 R_o 时，应如何选择测试仪表？

➡ 实训二十 ⬅

晶闸管可控整流电路

➡ 内容说明

1）学习单结晶体管和晶闸管的简易测试方法。

2）熟悉单结晶体管触发电路（阻容移相桥触发电路）的工作原理及调试方法。

3）熟悉用单结晶体管触发电路控制晶闸管调压电路的方法。

➡ 知识链接

可控整流电路的作用是把交流电变换为电压值可以调节的直流电。图 2-74 所示为单相半控桥式整流电路。主电路由负载 R_L（灯泡 EL）和晶闸管 VT_1 组成，触发电路是由单结晶体管 VT_2 及一些阻容元件构成的阻容移相桥触发电路。改变晶闸管 VT_1 的导通角，便可调节主电路的可控输出整流电压（或电流）的数值，这点可由灯泡的亮度变化看出。晶闸管导通角的大小取决于触发脉冲的频率 f，即

$$f = \frac{1}{RC}\ln\left(\frac{1}{1-\eta}\right)$$

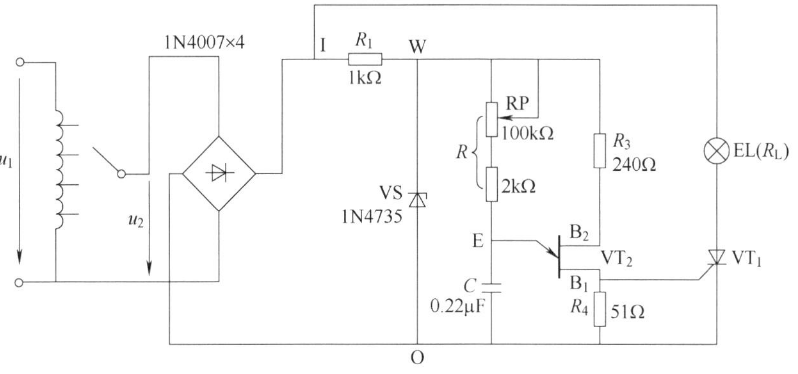

图 2-74　单相半控桥式整流电路

可知，当单结晶体管的分压比 η（一般为 $0.5 \sim 0.8$）及电容器 C 电容值固定时，频率 f 大小则由 R 决定。因此，通过调节电位器 RP，改变触发脉冲频率，主电路的输出电压也随之改变，从而达到可控调压的目的。

用万用表的电阻档（或用数字式万用表二极管档）可以对单结晶体管和晶闸管进行简易测试。

图 2-75 所示为单结晶体管 BT33 的管脚排列、结构及电路符号。性能优良的单结晶体管 PN 结正向电阻 R_{EB1}、R_{EB2} 均较小，且 R_{EB1} 稍大于 R_{EB2}，PN 结的反向电阻 R_{B1E}、R_{B2E} 均应很大，根据所测阻值即可判断出各管脚及晶体管的质量优劣。

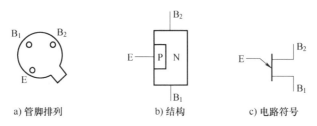

a) 管脚排列 b) 结构 c) 电路符号

图 2-75 单结晶体管 BT33 管脚排列、结构及电路符号

图 2-76 所示为晶闸管 3CT3A 的管脚排列、结构及电路符号。晶闸管阳极（A）—阴极（K）及阳极（A）—门极（G）之间的正、反向电阻 R_{AK}、R_{KA}、R_{AG}、R_{GA} 均应很大，而 G—K 之间为一个 PN 结，PN 结正向电阻应较小，反向电阻应很大。

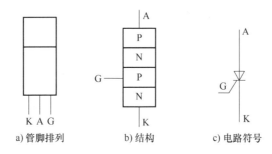

a) 管脚排列 b) 结构 c) 电路符号

图 2-76 晶闸管 3CT3A 管脚排列、结构及电路符号

➡ 实训部分

【实训设备及器件】

①±5V、±12V 直流电源；②可调工频电源；③万用表；④双踪示波器；⑤交流毫伏表；⑥直流电压表；⑦晶闸管 3CT3A、单结晶体管 BT33、二极管 1N4007 × 4、稳压管 1N4735、灯泡 12V/0.1A。

【实训内容】

1. 单结晶体管的简易测试

用万用表 $R \times 10\Omega$ 档分别测量 E-B_1 和 E-B_2 间的正、反向电阻，记入表 2-48 中。

表 2-48 单结晶体管测试表

R_{EB1}/Ω	R_{EB2}/Ω	$R_{B1E}/k\Omega$	$R_{B2E}/k\Omega$	结　　论

2. 晶闸管的简易测试

用万用表 $R \times 1\text{k}\Omega$ 档分别测量 A-K、A-G 间的正、反向电阻；用 $R \times 10\Omega$ 档测量 G-K 间的正、反向电阻，记入表 2-49 中。

表 2-49　晶闸管测试表

$R_{\text{AK}}/\text{k}\Omega$	$R_{\text{KA}}/\text{k}\Omega$	$R_{\text{AG}}/\text{k}\Omega$	$R_{\text{GA}}/\text{k}\Omega$	$R_{\text{GK}}/\text{k}\Omega$	$R_{\text{KG}}/\text{k}\Omega$	结　　论

3. 晶闸管导通、关断条件测试

断开 ±12V、±5V 直流电源，按图 2-77 连接实训电路。

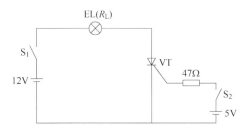

图 2-77　晶闸管导通、关断条件测试

1）晶闸管阳极加 12V 正向电压，门极先开路然后加 5V 正向电压，观察晶闸管是否导通（导通时灯泡亮，关断时灯泡熄灭），晶闸管导通后；去掉 +5V 门极电压或反接门极电压（接 -5V），观察晶闸管是否继续导通。

2）晶闸管导通后，去掉 +12V 阳极电压或反接阳极电压（接 -12V），观察晶闸管是否关断，记录结果。

4. 晶闸管可控整流电路的测试

按图 2-74 连接实训电路。取可调工频电源 14V 电压作为整流电路输入电压 u_2，电位器 RP 置中间位置。

（1）单结晶体管触发电路的测试

1）断开主电路（把灯泡取下），接通工频电源，测量 U_2 值。用示波器依次观察并记录交流电压 u_2、整流输出电压 u_i（I-O）、削波电压 u_{W}（W-O）、锯齿波电压 u_{E}（E-O）、触发输出电压 u_{B1}（B$_1$-O）。记录波形时，注意各波形间的对应关系，并标出电压幅值及时间，记入表 2-50 中。

2）改变移相电位器 RP 阻值，观察 u_{E} 及 u_{B1} 波形的变化及 u_{B1} 的移相范围，记入表 2-50 中。

表 2-50　电压幅值和移相范围表

u_2	u_i	u_{W}	u_{E}	u_{B1}	移相范围

（2）可控整流电路的测试　断开工频电源，接入负载灯泡 EL，再接通工频电源，调节电位器 RP，使灯泡由暗到中等亮，再到最亮，用示波器观察晶闸管两端电压 u_{T1}、负载两端

电压 u_L，并测量负载直流电压 U_L 及工频电源电压 U_2，记入表 2-51 中。

表 2-51 电压测量表

	暗	中等亮	最亮
u_L 波形			
u_T 波形			
导通角 θ			
U_L/V			
U_2/V			

【实训总结】

1）总结晶闸管导通、关断的基本条件。

2）画出实训中记录的波形（注意各波形间的对应关系），并进行讨论。

3）将实训数据 U_L 与理论计算数据 $U_L = 0.9U_2 \dfrac{1+\cos\alpha}{2}$ 进行比较，并分析产生误差的原因。

4）分析实训中出现的异常现象。

【实训思考】

1）复习晶闸管可控整流部分的内容。

2）可否用万用表 $R \times 10\text{k}\Omega$ 档测试晶闸管？为什么？

3）为什么可控整流电路必须保证触发电路与主电路同步？本实训是如何实现同步的？

4）可以采取哪些措施改变触发信号的幅值和移相范围？

5）能否用双踪示波器同时观察 u_2、u_L 或 u_L、u_{T1} 的波形？为什么？

➡ 综合实训二十一 ◀

温度监测及控制电路的设计与实施

➡ 内容说明

1）学习由双臂电桥和差分输入集成运放组成的桥式放大电路。
2）掌握滞回比较器的性能与调试方法。
3）学会系统测量与调试。

➡ 知识链接

热敏元件：热敏元件是利用某些物体自身随温度变化而变化的敏感材料制成的。NTC（Negative Temperature Coefficient）是"负温度系数元件"的英文缩写，顾名思义，这种元件的电阻值随着温度的升高而降低。

NTC 材料是利用锰、铜、硅、钴、铁、镍、锌等两种或两种以上的金属氧化物进行充分混合、成型、烧结等工艺而成的半导体陶瓷，可制成具有负温度系数（NTC）的热敏电阻。其电阻率和材料常数随材料成分比例、烧结气氛、烧结温度和结构状态的不同而变化。现在还出现了以碳化硅、硒化锡和氮化钽等为代表的非氧化物系 NTC 热敏电阻材料。

实训电路如图 2-78 所示，它是由负温度系数特性的热敏电阻（NTC 热敏电阻）R_t 为一臂组成的测温电桥，其输出经测量放大器放大后由滞回比较器输出"加热"与"停止"信

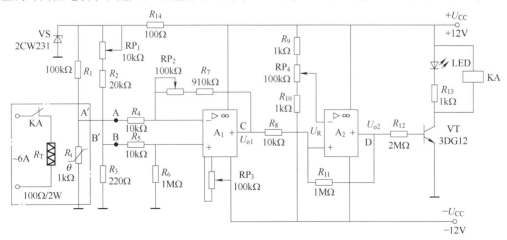

图 2-78 温度监测及控制实训电路

号，经晶体管放大后控制加热器"加热"与"停止"。改变滞回比较器的比较电压 U_R，即可改变控温的范围，而控温的精度则由滞回比较器的滞回宽度确定。

1. 测温电桥

由 R_1、R_2、R_3、RP_1（阻值为 R_{P1}，余同）及 R_t 组成测温电桥，其中 R_t 作为温度传感器，其呈现出的阻值与温度呈线性变化关系且具有负温度系数特点，而温度系数又与流过它的工作电流有关。为了稳定 R_t 的工作电流，达到稳定其温度系数的目的，设置了稳压管 VS。RP_1 可调节测温电桥的平衡。

2. 差分放大电路

由 A_1 及外围电路组成的差分放大电路，将测温电桥输出电压 ΔU 按比例放大，其输出电压为

$$U_{o1} = -\left(\frac{R_7 + R_{P2}}{R_4}\right)U_A + \left(\frac{R_4 + R_7 + R_{P2}}{R_4}\right)\left(\frac{R_6}{R_5 + R_6}\right)U_B$$

当 $R_4 = R_5$、$(R_7 + R_{P2}) = R_6$ 时，有

$$U_{o1} = \frac{R_7 + R_{P2}}{R_4}(U_B - U_A)$$

RP_3 用于差分放大器调零。

可见，差分放大电路的输出电压 U_{o1} 仅取决于两个输入电压之差和外部电阻的比值。

3. 滞回比较器

A_2 及外围电路组成了滞回比较器。

滞回比较器的单元电路如图 2-79 所示，设比较器输出高电平为 U_{oH}，输出低电平为 U_{oL}，参考电压 U_R 加在反相输入端。

当输出为高电平 U_{oH} 时，运放同相输入端电位为

$$u_{+H} = \frac{R_F}{R_2 + R_F}u_i + \frac{R_2}{R_2 + R_F}U_{oH}$$

当 u_i 减小到使 $u_{+H} = U_R$ 时，即

$$u_i = u_{TL} = \frac{R_2 + R_F}{R_F}U_R - \frac{R_2}{R_F}U_{oH}$$

此后，u_i 稍有减小，输出就从高电平跳变为低电平。

当输出为低电平 U_{oL} 时，运放同相输入端电位为

$$u_{+L} = \frac{R_F}{R_2 + R_F}u_i + \frac{R_2}{R_2 + R_F}U_{oL}$$

当 u_i 增大到使 $u_{+L} = U_R$ 时，即

$$u_i = U_{TH} = \frac{R_2 + R_F}{R_F}U_R - \frac{R_2}{R_F}U_{oL}$$

此后，u_i 稍有增加，输出又从低电平跳变为高电平。

因此，U_{TL} 和 U_{TH} 为输出电平跳变时对应的输入电平，常称 U_{TL} 为下门限电平，U_{TH} 为上门限电平，而两者的差值

$$\Delta U_T = U_{TH} - U_{TL} = \frac{R_2}{R_F}(U_{oH} - U_{oL})$$

称为门限宽度，它的大小可通过调节 R_2/R_F 的值来调节。

图 2-80 所示为滞回比较器的电压传输特性。

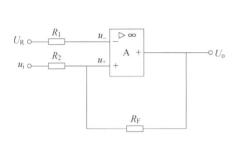

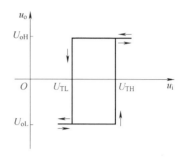

图 2-79　滞回比较器的单元电路　　　　图 2-80　滞回比较器的电压传输特性

由上述分析可见，差分放器输出电压 u_{o1} 经分压后输入由 A_2 组成的滞回比较器，与反相输入端的参考电压 U_R 相比较。当同相输入端的电压大于反相输入端的电压时，A_2 输出正饱和电压，晶体管 VT 饱和导通。通过发光二极管 LED 的发光情况，可见负载的工作状态为加热。反之，当同相输入信号小于反相输入端电压时，A_2 输出负饱和电压，晶体管 VT 截止，LED 熄灭，负载的工作状态为停止。调节 RP$_4$ 可改变参考电平，同时也调节了上、下门限电平，从而达到设定温度的目的。

➡ 实训实施

【实训设备及器材】

①±12V 直流电源；②函数信号发生器；③双踪示波器；④NTC 热敏电阻；⑤运算放大器 μA741×2，晶体管 3DG12，稳压管 2CW231，发光二极管 LED。

【实训内容】

按图 2-78 连接实训电路，各级之间暂不连通，形成各级单元电路，以便各单元分别进行调试。

1. 差分放大器的测试

差分放大电路如图 2-81 所示，它可实现差分比例运算。

1）运放调零。将 A、B 两端对地短路，调节 RP$_3$，使 $U_{o1}=0$。

2）去掉 A、B 两端对地短路线，从 A、B 两端分别加入不同的两个直流电平。

当电路中 $R_7+R_{P2}=R_6$、$R_4=R_5$ 时，其输出电压为

$$U_{o1}=\frac{R_7+R_{P2}}{R_4}(U_B-U_A)$$

测试时，要注意加入的输入电压不能太大，以免放大器输出进入饱和区。

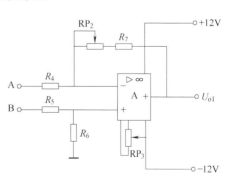

图 2-81　差分放大电路

3）将 B 端对地短路，把频率为 100Hz、有效值为 10mV 的正弦波加入 A 端。用示波器观察输出波形，在输出波形不失真的情况下，用交流毫伏表测出 U_i 和 U_o 的电压，并算出此差分放大电路的电压放大倍数 A。

2. 桥式测温放大电路的测试

将差分放大电路的 A、B 端与测温电桥的 A′、B′端相连，构成一个桥式测温放大电路。

1）在室温下使电桥平衡。在实训室室温条件下调节 RP_1，使差分放大器输出 $U_{o1} = 0$（注意：前面实训中调好的 RP_3 不能再动）。

2）温度系数 K（V/℃）。由于测温需要升温槽，为使实训简易，可虚设室温 T 及输出电压 U_{o1}，温度系数 K 也定为一个常数，具体参数由读者自行填入表 2-52 中。

表 2-52　参数对应表

温度 T/℃	室温/℃				
输出电压 U_{o1}/V	0				

从表 2-52 中可得到 $K = \Delta U / \Delta T$。

3）桥式测温放大电路的温度-电压关系曲线。根据前面测温放大电路的温度系数 K 可画出测温放大电路的温度-电压关系曲线。实训时，要标注相关的温度和电压值，如图 2-82 所示。从图中可求得在其他温度时放大电路实际应输出的电压值，也可得到在当前室温时 U_{o1} 实际的对应值 U_S。

4）重调 RP_1，使测温放大电路在当前室温下输出 U_S，即调 RP_1 以使 $U_{o1} = U_S$。

3. 滞回比较器的测试

滞回比较器电路如图 2-83 所示。

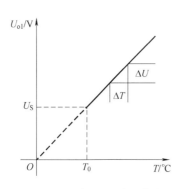

图 2-82　温度-电压关系曲线

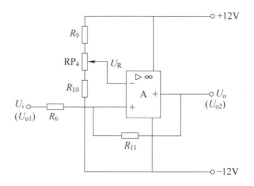

图 2-83　滞回比较器电路

（1）直流法测试比较器的上、下门限电平　首先，确定参考电平 U_R 值，调 RP_4 使 $U_R = 2V$。然后将可变的直流电压 U_i 加入比较器的输入端。比较器的输出电压 U_o 送入示波器 Y 轴输入端（将示波器的"输入耦合方式开关"置于"DC"档，X 轴"扫描触发方式开关"置于"自动"档）。改变直流输入电压 U_i 的大小，从示波器屏幕上观察到当 U_o 跳变时所对应的 U_i 值，即为上、下门限电平。

（2）交流法测试电压传输特性曲线　将频率为 100Hz、幅值为 3V 的正弦信号加入比较器输入端，同时送入示波器的 X 轴输入端，作为 X 轴扫描信号。比较器的输出信号送入示波

器的 Y 轴输入端。微调正弦信号的大小，可从示波器显示屏上得到完整的电压传输特性曲线。

4. 温度检测控制电路整机工作状况的测试

1）按图 2-78 连接各级电路。（注意：可调元件 $RP_1 \sim RP_3$ 不能随意变动，如有变动，必须重新进行前面的内容）

2）根据所需检测报警或控制的温度 T，从测温放大电路温度-电压关系曲线中确定对应的 u_{o1} 值。

3）调节 RP_4，使参考电压 $U'_R = U_R = U_{o1}$。

4）用加热器升温，观察温升情况，直至报警电路动作报警（实训电路中以 LED 发光时作为报警），记下动作时对应的温度值 t_1 和 U_{o11} 的值。

5）用自然降温法使热敏电阻降温，记下电路解除时所对应的温度值 t_2 和 U_{o12} 的值。

6）改变控制温度 T，重做 2）~ 5）内容，把测试结果记入表 2-53 中。

根据 t_1 和 t_2 值，可得到检测灵敏度 $t_0 = t_2 - t_1$。

注：实训中的加热装置可用一个 $100\Omega/2W$ 的电阻器 R_T 模拟，将此电阻器靠近 R_1 即可。

【实训总结】

1）整理实数据，画出有关曲线、数据表格以及实训电路。

2）用方格纸画出测温放大电路的温度系数曲线及比较器电压传输特性曲线。

3）总结实训中的故障排除情况及体会。

表 2-53　数据整理表

设定温度 $T/℃$								
设定电压	从曲线上查得 U_{o1}/V							
	U_R/V							
动作温度	$T_1/℃$							
	$T_2/℃$							
动作电压	U_{o11}/V							
	U_{o12}/V							

【实训思考】

1）阅读书中有关集成运算放大器应用部分的章节，了解集成运算放大器构成的差分放大器等电路的性能和特点。

2）根据实训任务拟出实训步骤及测试内容，画出数据记录表格。

3）依照实训电路板上集成运放插座的位置，从左到右安排前后各级电路。

画出元器件排列及布线图。元器件排列既要紧凑，又不能相碰，以便缩短连线，防止引入干扰。同时又要便于实训中测试方便。

4）思考并回答下列问题：

如果未对放大器进行调零，将会引起什么结果？

如何设定温度检测控制点？

综合实训二十二

万用表的设计与调试

内容说明

1) 设计由运算放大器组成的万用表。
2) 组装与调试。

知识链接

【设计要求】

1) 直流电压表满量程 +6V。
2) 直流电流表满量程 10mA。
3) 交流电压表满量程 6V，50Hz ~ 1kHz。
4) 交流电流表满量程 10mA。
5) 欧姆表满量程分别为 1kΩ、10kΩ、100kΩ。

【万用表工作原理及参考电路】

在测量中，电表的接入应不影响被测电路的原工作状态，这就要求电压表应具有无穷大的输入电阻，电流表的内阻应为零。但在实际中，万用电表表头的可动线圈总有一定的阻值，例如，$100\mu A$ 的表头，其内阻约为 $1k\Omega$，用它进行测量时将影响被测量，引起误差。此外，交流电表中整流二极管的电压降和非线性特性也会产生误差。如果在万用表中使用运算放大器，将会大大降低这些误差，提高测量精度。在欧姆表中采用运算放大器，不仅能得到线性刻度，还能实现自动调零。

1. 直流电压表

图 2-84 所示为同相端输入的高精度直流电压表电路。

为了减小表头参数对测量精度的影响，将表头置于运算放大器的反馈回路中，这时流经表头的电流与表头的参数无关，只要改变电阻 R_1，即可进行量程

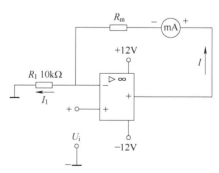

图 2-84 直流电压表电路

的切换。

表头电流 I 与被测电压 U_i 的关系为

$$I = \frac{U_i}{R_1}$$

应当指出，图 2-84 适用于测量电路与运算放大器共地的有关电路。此外，当被测电压较高时，在运放的输入端应设置衰减器。

2. 直流电流表

图 2-85 所示为浮地直流电流表电路。在电流测量中，浮地电流的测量是普遍存在的，例如，若被测电流无接地点，就属于这种情况。为此，应把运算放大器的电源也对地浮动，按此种方式构成的电流表就可像常规电流表那样，串联在任何电流通路中测量电流。

表头电流 I 与被测电流 I_1 间的关系为

$$-I_1 R_1 = (I_1 - I) R_2$$

故

$$I = \left(1 + \frac{R_1}{R_2}\right) I_1$$

可见，改变电阻比（R_1/R_2）可调节流过电流表的电流，以提高灵敏度。如果被测电流较大，应给电流表表头并联分流电阻。

3. 交流电压表

由运算放大器、二极管整流桥和直流毫安表组成的交流电压表电路如图 2-86 所示。被测交流电压 u_i 加到运算放大器的同相端，故有很高的输入阻抗，又因为负反馈能减小反馈回路中的非线性影响，故把二极管整流桥和表头置于运算放大器的反馈回路中，以减小二极管本身非线性的影响。

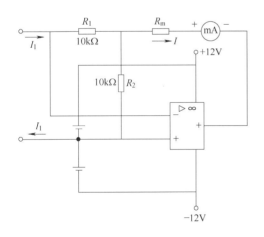

图 2-85　直流电流表电路

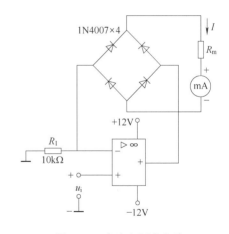

图 2-86　交流电压表电路

表头电流 I 与被测电压 u_i 的关系为

$$I = \frac{U_i}{R_1}$$

电流 I 全部流过整流桥，其值仅与 U_i/R_1 有关，与整流桥和表头参数（如二极管的死区等非线性参数）无关。表头中电流与被测电压 u_i 的全波整流平均值成正比，若 u_i 为正弦波，则表头可按有效值来刻度。被测电压的上限频率取决于运算放大器的频带和上升速率。

4. 交流电流表

图 2-87 所示为浮地交流电流表电路，表头读数由被测交流电流 i 的全波整流平均值 I_{1AV} 决定，即

$$I = \left(1 + \frac{R_1}{R_2}\right)I_{1AV}$$

如果被测电流 i 为正弦电流，即 $i_1 = \sqrt{2}I_1\sin\omega t$，则上式可写为

$$I = 0.9\left(1 + \frac{R_1}{R_2}\right)I_1$$

则表头可按有效值来刻度。

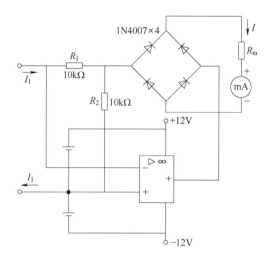

图 2-87　交流电流表电路

5. 欧姆表

图 2-88 所示为多量程的欧姆表电路。

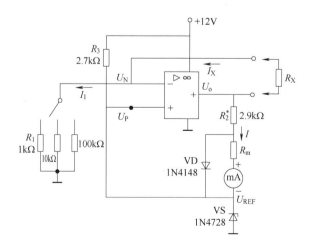

图 2-88　欧姆表电路

在图 2-88 中，运算放大器改由单电源供电，被测电阻 R_X 跨接在运算放大器的反馈回路中，同相端加基准电压 U_{REF}，则

$$\begin{cases} U_P = U_N = U_{REF} \\ I_1 = I_X \\ \dfrac{U_{REF}}{R_1} = \dfrac{U_o - U_{REF}}{R_X} \end{cases}$$

即

$$R_X = \frac{R_1}{U_{REF}}(U_o - U_{REF})$$

流经表头的电流为

$$I = \frac{U_o - U_{REF}}{R_2 + R_m}$$

由以上两式消去 $(U_o - U_{REF})$

可得

$$I = \frac{U_{REF} R_X}{R_1 (R_m + R_2)}$$

可见，电流 I 与被测电阻成正比，而且表头具有线性刻度，改变 R_1 值，则可改变欧姆表的量程。这种欧姆表能自动调零，当 $R_X = 0$ 时，电路变成电压跟随器，$U_o = U_{REF}$，故表头电流为零，从而实现了自动调零。

二极管 VD 起保护电表的作用，如果没有 VD，当 R_X 超量程（特别是 $R_X \to \infty$）时，运算放大器的输出电压将接近电源电压，使表头过载。有了 VD，就可使输出钳位，防止表头过载。调整 R_2，即可实现满量程调节。

【电路设计说明】

万用表的电路是多种多样的，建议用参考电路设计一只较完整的万用表。

万用表作电压、电流或欧姆表测量或进行量程切换时，应用开关切换，但实训时可用引接线切换。

➤ 实训实施

【实训元器件选择】

①表头：灵敏度为 1mA，内阻为 100Ω；②运算放大器：μA741；③电阻器：均采用 $\frac{1}{4}$W 的金属膜电阻器；④二极管：1N4007 × 4、1N4148；⑤稳压管：1N4728。

【注意事项】

1）连接电源时，正、负电源连接点上各接大容量的滤波电容器和 0.01 ~ 0.1μF 的小电容器，以消除由电源产生的干扰。

2）万用表的电性能测试要用标准电压、电流表校正，欧姆表用标准电阻校正。考虑实训要求不高，建议用数字式 4½ 位万用表作为标准表。

第三篇　数字电子技术篇

【本篇说明】

本篇主要介绍由常用数字元器件组成的数字电路，通过本篇的学习，同学们可以将知识和理论更好地结合在一起。本篇选择的实训较多，各个不同专业的学生可以根据自身需要进行针对性选择。

后续的综合实训是根据已有内容进行的综合实训设计与实施，这样可以达到循序渐进、学以致用的目的。

实训一

半导体管的开关特性、限幅器与钳位器

内容说明

1）观察二极管、晶体管的开关特性，了解外电路参数变化对半导体管开关特性的影响。

2）掌握限幅器和钳位器的基本工作原理。

知识链接

1. 二极管的开关特性

由于二极管具有单向导电性，故其开关特性表现为正向导通与反向截止两种不同状态的转换。

如图 3-1 所示，输入端施加一方波激励信号 u_i，由于二极管结电容的存在，所以有充电、放电和存储电荷的建立与消散过程。因此，当加在二极管上的电压突然由正向偏置（U_1）变为反向偏置（$-U_2$）时，二极管并不立即截止，而是出现一个较大的反向电流 $-\dfrac{U_2}{R}$，并维持一段时间 t_s（称为存储时间）后，电流才开始减小，再经 t_f（称为下降时间）后，反向电流才等于静态特性上的反向电流 I_0，将 $t_{rr} = t_s + t_f$ 叫作反向恢复时间，t_{rr} 与二极管的结构有关，PN 结面积小，结电容小，存储电荷就少，t_s 就短，同时也与正向导通电流和反向电流有关。

当二极管选定后，减小正向导通电流或增大反向驱动电流，即可加速电路的转换过程。

2. 晶体管的开关特性

晶体管的开关特性是指它从截止到饱和导通，或从饱和导通到截止的转换过程，这种转换都需要一定的时间才能完成。

电路如图 3-2 所示，在电路的输入端施加一个幅值足够（在 $-U_2$ 和 U_1 之间变化）的矩形脉冲电压 u_i，就能使晶体管从截止状态进入饱和导通，再从饱和导通进入截止。可见，晶体管 VT 集电极电流 i_C 和输出电压 u_o 的波形已不是一个理想的矩形波，其起始部分和平顶部分都延迟了一段时间，其上升沿和下降沿都变得缓慢了。其波形如图 3-2 所示，从 u_i 上升沿开始，i_C 上升到 $0.1I_{CS}$ 所需的时间定义为延迟时间 t_d，而 i_C 从 $0.1I_{CS}$ 增长到 $0.9I_{CS}$ 所需的时间

为上升时间 t_r，从 u_i 下降沿开始，i_C 下降到 $0.9I_{CS}$ 所需的时间为存储时间 t_s，而 i_C 从 $0.9I_{CS}$ 下降到 $0.1I_{CS}$ 所需的时间为下降时间 t_f，通常称 $t_{on} = t_d + t_r$ 为晶体管开关的"接通时间"称 $t_{off} = t_s + t_f$ 为"断开时间"，形成上述开关特性的主要原因是晶体管结电容的存在。

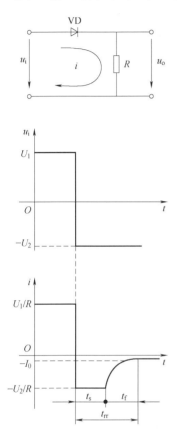

图 3-1　二极管的开关特性

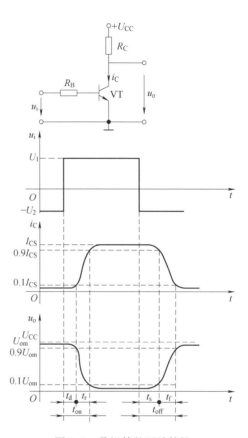

图 3-2　晶极管的开关特性

　　改善晶体管开关特性的方法是采用加速电容器 C_B 和在晶体管的集电极加二极管 VD 钳位，如图 3-3 所示。

　　C_B 是一个近百皮法的小电容器，当 u_i 正跃变（上升沿）期间，由于 C_B 的存在，R_{B1} 相当于被短路，u_i 几乎全部加到基极上，使 VT 迅速进入饱和，t_d 和 t_r 大大缩短。当 u_i 负跃变（下降沿）时，R_{B1} 再次被短路，使 VT 迅速截止，也大大缩短了 t_s 和 t_f。可见，C_B 仅在瞬态过程中才起作用，稳态时相当于开路，对电路没有影响。C_B 既加速了晶体管的导通过程又加速了截止过程，故称之为加速电容器，这是一种经济有效的方法，在脉冲电路中得到了广泛应用。

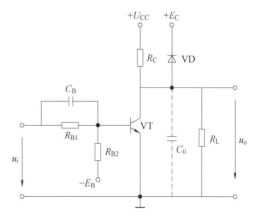

图 3-3　改善晶体管开关特性的电路

　　钳位二极管 VD 的作用是当 VT 由饱和进入截止时，随着电源对分布电容器和负载电容器的充电，u_o 逐渐上升。因为 $U_{CC} > E_C$，故当 u_o 超过 E_C 后，二极管 VD 导通，使 u_o 的最高值被钳位在 E_C，从而缩短 u_o 波形的上升沿，而且上升沿的起始部分又比较陡，所以大大缩短了输出波形的上升时间 t_r。

利用二极管与晶体管的非线性特性，可构成限幅器和钳位器。它们均是一种波形变换电路，在实际中均有广泛的应用。二极管限幅器利用二极管导通和截止时呈现的阻抗不同来实现限幅，其限幅电平由外接偏压决定。晶体管则利用其截止和饱和特性实现限幅。钳位的目的是将脉冲波形的顶部或底部钳制在一定的电平上。

➡ 实训部分

【实训设备与器件】

仔细查看数字电路实训装置（直流稳压电源、信号源、逻辑开关）的结构，熟悉逻辑电平显示器、元器件位置的布局及使用方法。

①±5V、+15V 直流电源；②双踪示波器；③续脉冲源；④音频信号源；⑤直流数字电压表；⑥1N4007、3DG6、3DK2、2AK2 及 R、C 元件若干。

【实训内容】

在实训装置的合适位置放置元器件，然后接线。

1. 二极管反向恢复时间的观察

按图 3-4 接线，E 为偏置电压（0 ~ 2V 可调）。

1）输入信号 u_i 为频率 $f = 100\text{kHz}$、幅值 $U_m = 3\text{V}$ 方波信号，E 调至 0V，用双踪示波器观察和记录输入信号 u_i 和输出信号 u_o 的波形，并读出存储时间 t_s 和下降时间 t_f 的值。

2）改变偏置电压 E（由 0 变到 2V），观察输出波形 u_o 的 t_s 和 t_f 的变化规律，记录结果并分析。

2. 晶体管开关特性的观察

按图 3-5 接线，输入 u_i 为 100kHz 的方波信号，晶体管选用 3DG6。

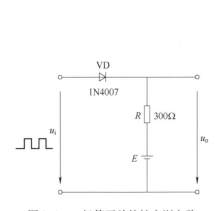

图 3-4　二极管开关特性实训电路

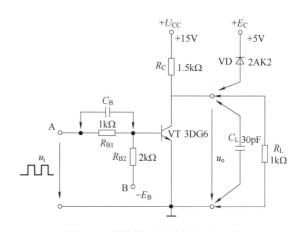

图 3-5　晶体管开关特性实训电路

1）将 B 点接至负电源 $-E_B$，使 $-E_B$ 在 $-4 \sim 0V$ 变化。观察并记录输出信号 u_o 波形的 t_d、t_r、t_s 和 t_f 变化规律。

2）将 B 点换接在接地点，在 R_{B1} 上并联一个 30pF 的加速电容器 C_B，观察 C_B 对输出波形的影响，然后将 C_B 更换成 300pF，观察并记录输出波形的变化情况。

3）去掉 C_B，在输出端接入负载电容器 $C_L = 30\,pF$，观察并记录输出波形的变化情况。

4）在输出端再并接一个负载电阻 $R_L = 1k\Omega$，观察并记录输出波形的变化情况。

5）去掉 R_L，接入限幅二极管 VD（2AK2），观察并记录输出波形的变化情况。

3. 二极管限幅器

按图 3-6 接线，输入 u_i 为 $f = 10kHz$、$U_{PP} = 4V$ 的正弦波信号，令 $E = 2V$、1V、0V、$-1V$，观察输出波形 u_o，并列表记录。

4. 二极管钳位器

按图 3-7 接线，u_i 为 $f = 10kHz$ 的方波信号，令 $E = 1V$、0V、$-1V$、$-3V$，观察输出波形，并列表记录。

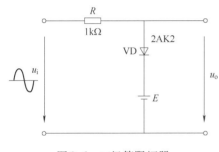

图 3-6　二极管限幅器

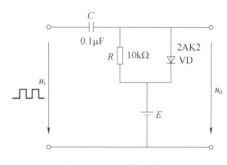

图 3-7　二极管钳位器

5. 晶体管限幅器

按图 3-8 接线，u_i 为正弦波，$f = 10kHz$，U_{PP} 在 $0 \sim 5V$ 范围连续可调，在不同的输入信号幅值下，观察输出波形 u_o 的变化情况，并列表记录。

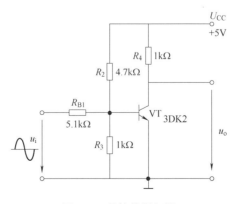

图 3-8　晶体管限幅器

【实训总结】

1）将实训观测到的波形画在方格坐标纸上，并对它们进行分析。

2）总结外电路元器件参数对半导体管开关特性的影响。

【预习要求】

1）如何由 ±5V 直流稳压电源获得 −3 ~ 3V 连续可调的电源。

2）熟知二极管、晶体管开关特性的表现及提高开关速度的方法。

3）在二极管钳位器和限幅器中，若将二极管的极性及偏压的极性反接，输出波形会出现什么变化？

实训二

TTL 集成逻辑门的逻辑功能与参数测试

内容说明

1）掌握 TTL 集成与非门的逻辑功能和主要参数的测试方法。

2）掌握 TTL 器件的使用规则。

3）进一步熟悉数字电路实训装置的结构、基本功能和使用方法。

知识链接

描述一个逻辑问题，要介绍问题产生的条件及结果，表示条件的逻辑变量就是输入变量，表示结果的逻辑变量就是输出变量。用逻辑表达式来描述输入和输出变量之间的关系，这种逻辑表达式称为逻辑函数。

逻辑代数（又称布尔代数）是研究数字电路的一个数学工具，它研究数字电路的输出量和输入量之间的因果关系，因此数字电路又可称为逻辑电路。逻辑电路就是能实现逻辑关系的电路。

能够反映出输出（结果）和输入（条件）逻辑关系的电路称为逻辑门电路。基本的逻辑门电路有与门、或门和非门。在逻辑电路中，通常用电平的高、低来控制门电路。若用 1 代表高电平、0 代表低电平，则称之为正逻辑；若用 1 代表低电平、0 代表高电平，则称之为负逻辑。本书在无特殊说明的情况下都采用正逻辑。

数字电路可以分为组合逻辑电路和时序逻辑电路两类。组合逻辑电路的特点是任何时刻的输出信号仅取决于输入信号，而与信号作用前的电路原有状态无关。在电路结构上单纯由逻辑门构成，没有反馈电路，也不含存储元件。时序逻辑电路在任何时刻的稳定输出，不仅取决于当前的输入状态，而且还与电路的前一个输出状态有关。时序逻辑电路主要由触发器构成，而触发器的基本元件是逻辑门电路。因此，无论是简单还是复杂的数字电路系统，都是由基本逻辑门电路构成的。各种逻辑门均可用半导体器件（如二极管、晶体管和场效应晶体管等）来实现。

简单的逻辑运算有以下三种：与、或、非。由三种最基本的逻辑运算"与""或""非"组合而成的逻辑运算，称为复合逻辑运算。常见的复合逻辑运算有"与非"运算、"或非"运算、"与或非"运算、"异或"运算和"同或"运算等。

【逻辑门电路】

数字系统的所有逻辑关系都是由与、或、非三种基本逻辑关系的不同组合构成的。能够实现逻辑关系的电路称为逻辑门电路，常用的门电路有与门、或门、非门、与非门、或非门、三态门和异或门等。在数字电路中，只要能明确区分高电平和低电平两种状态就可以了，高电平和低电平都允许有一定范围的误差，因此数字电路对元器件参数的精度要求比模拟电路要低一些，其抗干扰能力要比模拟电路强。

1. 与门

当决定某个事件的全部条件都具备时，该事件才会发生，这种因果关系称为与逻辑关系。实现与逻辑关系的电路称为与门。与门可以有两个或两个以上的输入端口以及一个输出端口，输入和输出按照与逻辑关系可以表示为：当任何一个或一个以上的输入端口为 0 时，输出为 0；只有所有的输入端口均为 1 时，输出才为 1。

组合逻辑电路的输入和输出关系可以用逻辑函数来表示，通常有真值表、逻辑表达式、逻辑图和波形图四种表示方式。下面就以两输入端与门为例加以说明。

（1）真值表　真值表是根据给定的逻辑关系，把输入逻辑变量各种可能取值的组合与对应的输出函数值排列成表格。它表示逻辑函数与逻辑变量各种取值之间一一对应的关系，逻辑函数的真值表具有唯一性，若两个逻辑函数具有相同的真值表，则两个逻辑函数必然相等。当逻辑函数有 n 个变量时，共有 2^n 个不同的变量取值组合。用真值表表示逻辑函数的优点是直观、明了，可直接看出逻辑函数值和变量取值之间的关系。两输入端与门的真值表见表 3-1。

表 3-1　两输入端与门的真值表

A	B	Y
0	0	0
0	1	0
1	0	0
1	1	1

（2）逻辑表达式　逻辑表达式是利用与、或、非等逻辑运算符号的组合表示逻辑函数。与关系相当于逻辑乘法，可以用乘号表示，两输入端与门的逻辑表达式为

$$Y = A \cdot B \quad 或 \quad Y = AB \tag{3-1}$$

（3）逻辑图　逻辑图是用逻辑符号来表示逻辑函数。它与实际器件有明显的对应关系，比较接近工程实际，根据逻辑图可以方便地选取器件制作数字电路系统。Altera 公司的 EDA 开发软件 MAX + plus Ⅱ 提供输入端数量分别为 2、3、4、6、8 和 12 的与门，用符号 AND 表示。另外，MAX + plus Ⅱ 还提供了输入端反相的与门，用符号 BAND 表示。两输入端与门的逻辑符号如图 3-9 所示。

a) AND2　　　　　　　　　　　　b) BAND2

图 3-9　两输入端与门的逻辑符号

（4）波形图　波形图是逻辑变量的取值随时间变化的规律，又称为时序图。对于一个逻辑函数来说，所有输入、输出变量的波形图也可表达它们之间的逻辑关系。波形图常用于分析、检测和调试数字电路。两输入端与门的波形图如图 3-10 所示。

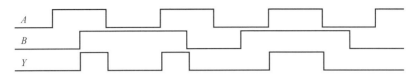

图 3-10　两输入端与门的波形图

从与门的逻辑关系上可以看出，如果输入端 A 作为控制端，则 A 的值将会决定输入端 B 的值是否能被输出到端口 Y。例如，若 $A=1$，则 $Y=B$，B 被输出；但若 $A=0$，则无论 B 的状态如何，Y 都等于 0。

2. 或门

决定某一事件的所有条件中，只要有一个条件或几个条件具备时，这一事件就会发生，这样的因果关系称为或逻辑。实现或逻辑关系的电路称为或门。或门的输入和输出按照或逻辑关系可以表示为：如果有任何一个或一个以上的输入端口为 1，则输出为 1；当所有的输入端口都为 0 时，输出才为 0。下面以两输入端或门为例进行说明。

（1）真值表　两输入端或门的真值表见表 3-2。

表 3-2　两输入端或门的真值表

A	B	Y
0	0	0
0	1	1
1	0	1
1	1	1

（2）逻辑表达式　或关系相当于逻辑加法，可以用加号表示，两输入端或门的逻辑表达式为

$$Y = A + B \tag{3-2}$$

（3）逻辑符号　MAX + plus Ⅱ 提供输入端数量分别为 2、3、4、6、8 和 12 的或门，用符号 OR 表示。另外，MAX + plus Ⅱ 还提供了输入端反相的或门，用符号 BOR 表示。两输入端或门的逻辑符号如图 3-11 所示。

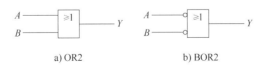

a) OR2　　　　b) BOR2

图 3-11　两输入端或门的逻辑符号

（4）波形图　两输入端或门的波形图如图 3-12 所示。

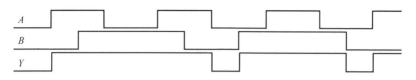

图 3-12　两输入端或门的波形图

3. 非门

决定某事件的条件不具备时，该事件却发生；条件具备时，事件却不发生。这种互相否定的因果关系称为非逻辑，实现非逻辑关系的电路称为非门。非门只有一个输入端和一个输出端，输出端的值与输入端的值相反，可以用反相器电路实现，因此非门又称为反相器。

（1）真值表　非门的真值表见表 3-3。

（2）逻辑表达式　非关系相当于逻辑取反，可以在变量的上方加个"一"表示非，非门的逻辑表达式为

$$Y = \overline{A} \tag{3-3}$$

（3）逻辑符号　MAX + plusⅡ提供的非门，用符号 NOT 表示。非门的逻辑符号如图 3-13 所示。

表 3-3　非门的真值表

A	Y
0	1
1	0

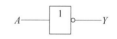

图 3-13　非门的逻辑符号

（4）波形图　非门的波形图如图 3-14 所示。

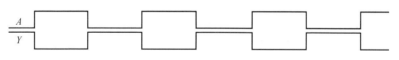

图 3-14　非门的波形图

4. 与非门

与非门有两个或两个以上的输入端和一个输出端。若有任何一个或一个以上的输入端为 0，则输出为 1；若所有的输入端均为 1，则输出为 0。下面以两输入端的与非门为例进行说明。

（1）真值表　两输入端与非门的真值表见表 3-4。

表 3-4　两输入端与非门的真值表

A	B	Y
0	0	1
0	1	1
1	0	1
1	1	0

（2）逻辑表达式 与非关系相当于对与逻辑关系取反，两输入端与非门的逻辑表达式为

$$Y = \overline{A \cdot B} = \overline{AB} \tag{3-4}$$

（3）逻辑符号 MAX + plus Ⅱ 提供输入端数量分别为 2、3、4、6、8 和 12 的与非门，用符号 NAND 表示。另外，MAX + plus Ⅱ 还提供了输入端反相的与非门，用符号 BNAND 表示。两输入端与非门的逻辑符号如图 3-15 所示。

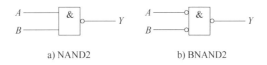

a) NAND2   b) BNAND2

图 3-15　两输入端与非门的逻辑符号

（4）波形图 两输入端与非门的波形图如图 3-16 所示。

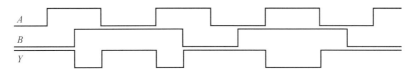

图 3-16　两输入端与非门的波形图

从与非门的逻辑关系可以看出，利用输入 A 的值可以控制输入 B 的值是否输出至输出端口 Y。当 $A = 1$ 时，$Y = \overline{B}$（输入信号被反相输出）；当 $A = 0$ 时，无论 B 为何值，Y 都为 1，即将 B 信号屏蔽掉。

5. 或非门

或非门可以有两个或两个以上的输入端和一个输出端。当所有的输入端都为 0 时，输出为 1；如有任何一个或一个以上的输入端为 1，则输出为 0。下面以两输入端或非门为例进行说明。

（1）真值表 两输入端或非门的真值表见表 3-5。

表 3-5　两输入端或非门的真值表

A	B	Y
0	0	1
0	1	0
1	0	0
1	1	0

（2）逻辑表达式 或非关系相当于对或逻辑关系取反，两输入端或非门的逻辑表达式为

$$Y = \overline{A + B} \tag{3-5}$$

（3）逻辑符号 MAX + plus Ⅱ 提供输入端数量分别为 2、3、4、6、8 和 12 的或非门，用符号 NOR 表示。另外，MAX + plus Ⅱ 还提供了输入端反相的或非门，用符号 BNOR 表示。两输入端或非门的逻辑符号如图 3-17 所示。

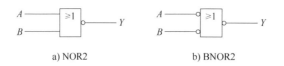

a) NOR2　　　　　　　　b) BNOR2

图 3-17　两输入端或非门的逻辑符号

（4）波形图　两输入端或非门的波形图如图 3-18 所示。

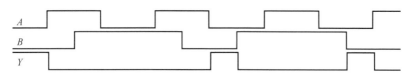

图 3-18　两输入端或非门的波形图

可以利用或非门的输入 A 来控制输入 B。当 $A = 0$ 时，$Y = \overline{B}$（输入信号被反相输出）；当 $A = 1$ 时，则无论 B 为何值，Y 都为 0。

6. 异或门

异或门可以有两个或两个以上的输入端和一个输出端。当逻辑值为 1 的输入端个数是奇数时，输出为 1；当逻辑值为 1 的输入端个数是偶数时，输出为 0。下面以两输入端异或门为例进行说明。

（1）真值表　两输入端异或门的真值表见表 3-6。

表 3-6　两输入端异或门的真值表

A	B	Y
0	0	0
0	1	1
1	0	1
1	1	0

由真值表可以看出，当 $A = 1$ 时，输入 B 的信号将反相输出至输出端口 Y；但当 $A = 0$ 时，输入 B 的信号可以直接输出至输出端口 Y。

（2）逻辑表达式　异或逻辑关系可以用符号 ⊕ 表示，两输入端异或门的逻辑表达式为

$$Y = \overline{A}B + A\overline{B} = A \oplus B \tag{3-6}$$

从逻辑表达式中可以看出，异或门能够用与门、非门和或门来实现。

（3）逻辑符号　MAX + plus Ⅱ 提供的异或门用符号 XOR 表示。两输入端异或门的逻辑符号如图 3-19 所示。

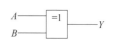

图 3-19　两输入端异或门的逻辑符号

（4）波形图　两输入端异或门的波形图如图 3-20 所示。

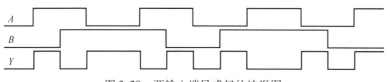

图 3-20　两输入端异或门的波形图

7. 同或门

同或门可以有两个或两个以上的输入端和一个输出端。与异或门刚好相反，当逻辑值为 1 的输入端的个数是奇数时，输出为 0；当逻辑值为 1 的输入端的个数是偶数（包括零）时，则输出为 1。下面以两输入端同或门为例进行说明。

（1）真值表　两输入端同或门的真值表见表 3-7。

表 3-7　两输入端同或门的真值表

A	B	Y
0	0	1
0	1	0
1	0	0
1	1	1

由真值表可以看出，当 $A=1$ 时，输入 B 的信号可以输出至输出端口 Y；当 $A=0$ 时，输入 B 的信号将反相输出至输出端口 Y。

（2）逻辑表达式　同或关系相当于给异或逻辑关系取反，两输入端同或门的逻辑表达式为

$$Y=\overline{A}\,\overline{B}+AB \quad 或 \quad Y=A\odot B \qquad (3-7)$$

（3）逻辑符号　MAX + plus Ⅱ 提供的同或门用符号 XNOR 表示。两输入端同或门的逻辑符号如图 3-21 所示。

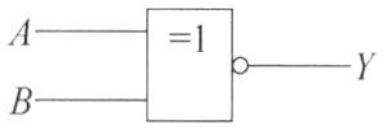

（4）波形图　两输入端同或门的波形图如图 3-22 所示。

图 3-21　两输入端同或门的逻辑符号

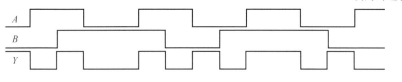

图 3-22　两输入端同或门波形图

【实训说明】

本实训采用四输入双与非门 74LS20，即一块集成块内含有两个互相独立的与非门，每个与非门有四个输入端。其逻辑框图、逻辑符号及引脚排列如图 3-23 所示。

1. 与非门的逻辑功能

与非门的逻辑功能是：当输入端中有一个或一个以上是低电平时，输出端为高电平；只有当输入端全部为高电平时，输出端才是低电平（即有"0"得"1"，全"1"得"0"。）

其逻辑表达式为　$Y=\overline{AB\cdots}$

2. TTL 与非门的主要参数

（1）低电平输出电源电流 I_{CCL} 和高电平输出电源电流 I_{CCH}　与非门处于不同的工作状态，电源提供的电流是不同的。I_{CCL} 是指所有输入端悬空、输出端空载时，电源提供给器件的电流。I_{CCH} 是指输出端空载，每个门各有一个以上的输入端接地，其余输入端悬空，电源提供给器件的电流。通常 $I_{CCL}>I_{CCH}$，它们的大小标志着器件静态功耗的大小。器件的最大

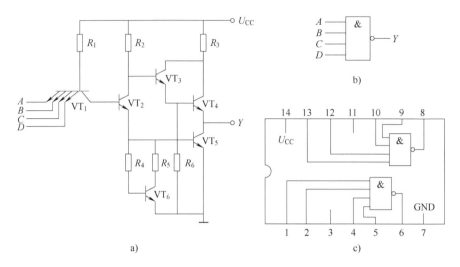

图 3-23　74LS20 逻辑框图、逻辑符号及引脚排列

功耗为 $P_{CCL} = U_{CC}I_{CCL}$。手册中提供的电源电流和功耗值是指整个器件总的电源电流和总的功耗。I_{CCL} 和 I_{CCH} 测试电路如图 3-24a、b 所示。

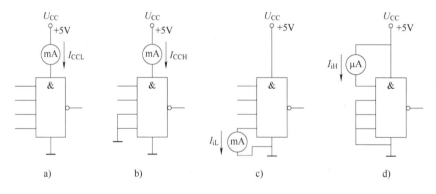

图 3-24　TTL 与非门静态参数测试电路图

注意：TTL 电路对电源电压要求较严，电源电压 U_{CC} 只允许在（5 ± 10%）V 的范围内工作，超过 5.5V 时将损坏器件；低于 4.5V 时器件的逻辑功能将不正常。

（2）低电平输入电流 I_{iL} 和高电平输入电流 I_{iH}

1）I_{iL} 是指被测输入端接地、其余输入端悬空、输出端空载时，由被测输入端流出的电流值。在多级门电路中，I_{iL} 相当于前级门输出低电平时，后级向前级门灌入的电流，因此它关系到前级门的灌电流负载能力，即直接影响前级门电路带负载的个数，因此希望 I_{iL} 小些。

2）I_{iH} 是指被测输入端接高电平、其余输入端接地、输出端空载时，流入被测输入端的电流值。在多级门电路中，它相当于前级门输出高电平时的拉电流负载，其大小关系到前级门的拉电流负载能力，希望 I_{iH} 小些。由于 I_{iH} 较小，难以测量，一般免于测试。

I_{iL} 与 I_{iH} 的测试电路如图 3-24c、d 所示。

（3）扇出系数 N_o　扇出系数 N_o 是指电路能驱动同类门的个数，它是衡量门电路带负载能力的一个参数，TTL 与非门有两种不同性质的负载，即灌电流负载和拉电流负载，因此有两种扇出系数，即低电平扇出系数 N_{oL} 和高电平扇出系数 N_{oH}。通常 $I_{iH} < I_{iL}$，则 $N_{oH} > N_{oL}$，故常以 N_{oL} 作为门的扇出系数。

N_{oL} 的测试电路如图 3-25 所示，门的输入端全部悬空，输出端接灌电流负载 R_L，调节 R_L 使 I_{oL} 增大，U_{oL} 随之增高，当 U_{oL} 达到 U_{oLm}（手册中规定低电平规范值为 0.4V）时的 I_{oL} 就是允许灌入的最大负载电流，则

$$N_{oL} = \frac{I_{oL}}{I_{iL}}$$

通常 $N_{oL} \geq 8$。

（4）电压传输特性　门的输出电压 u_o 随输入电压 u_i 而变化的曲线 $u_o = f(u_i)$ 称为门的电压传输特性，通过它可读得门电路的一些重要参数，如输出高电平 U_{oH}、输出低电平 U_{oL}、关门电平 U_{off}、开门电平 U_{on}、阈值电平 U_T 及抗干扰容限 U_{NL}、U_{NH} 等值。测试电路如图 3-26 所示，采用逐点测试法，即调节 RP，逐点测得 U_i 及 U_o，然后绘成曲线。

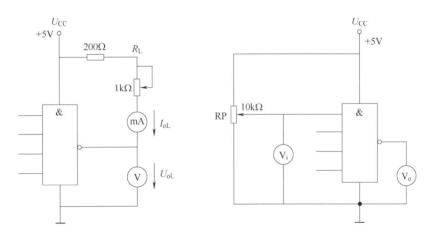

图 3-25　扇出系数测试电路　　　　图 3-26　传输特性测试电路

（5）平均传输延迟时间 t_{pd}　t_{pd} 是衡量门电路开关速度的参数，它是指输出波形边沿的 $0.5U_m$ 至输入波形对应边沿 $0.5U_m$ 点的时间间隔，如图 3-27 所示。

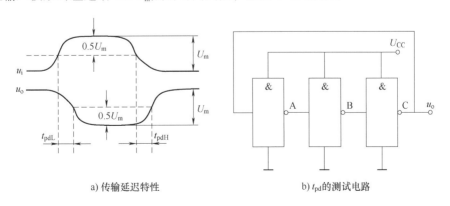

a）传输延迟特性　　　　　　　b）t_{pd} 的测试电路

图 3-27　传输延迟

图 3-27a 中的 t_{pdL} 为导通延迟时间，t_{pdH} 为截止延迟时间，平均传输延迟时间为

$$t_{pd} = \frac{1}{2}(t_{pdL} + t_{pdH})$$

t_{pd} 的测试电路如图 3-27b 所示，由于 TTL 门电路的延迟时间较短，直接测量时对信号发生器和示波器的性能要求较高，故实训采用测量由奇数个与非门组成的环形振荡器的振荡周期 T 来求得。其工作原理是：假设电路在接通电源后某一瞬间，电路中的 A 点为逻辑"1"，经过三级门的延迟后，使 A 点由原来的逻辑"1"变为逻辑"0"；再经过三级门的延迟后，A 点电平又重新回到逻辑"1"。电路中其他各点电平也跟随变化。说明使 A 点发生一个周期的振荡，必须经过 6 级门的延迟时间。因此，平均传输延迟时间为

$$t_{pd} = \frac{T}{6}$$

TTL 电路的 t_{pd} 一般为 10 ~ 40ns。

74LS20 主要电参数见表 3-8。

表 3-8　74LS20 主要电参数

参数名称和符号			规范值	单位	测试条件
直流参数	导通电源电流	I_{CCL}	< 14	mA	$U_{CC} = 5V$，输入端悬空，输出端空载
	截止电源电流	I_{CCH}	< 7	mA	$U_{CC} = 5V$，输入端接地，输出端空载
	低电平输入电流	I_{iL}	≤ 1.4	mA	$U_{CC} = 5V$，被测输入端接地，其他输入端悬空，输出端空载
	高电平输入电流	I_{iH}	< 50	μA	$U_{CC} = 5V$，被测输入端 $U_{in} = 2.4V$，其他输入端接地，输出端空载
			< 1	mA	$U_{CC} = 5V$，被测输入端 $U_{in} = 5V$，其他输入端接地，输出端空载
	输出高电平	U_{oH}	≥ 3.4	V	$U_{CC} = 5V$，被测输入端 $U_{in} = 0.8V$，其他输入端悬空，$I_{oH} = 400μA$
	输出低电平	U_{oL}	< 0.3	V	$U_{CC} = 5V$，输入端 $U_{in} = 2.0V$，$I_{oL} = 12.8mA$
	扇出系数	N_o	≥ 8		同 U_{oH} 和 U_{oL}
交流参数	平均传输延迟时间	t_{pd}	≤ 20	ns	$U_{CC} = 5V$，被测输入端输入信号：$U_{in} = 3.0V$，$f = 2MHz$

➡ 实训部分

【实训设备与器件】

①+5V 直流电源；②逻辑电平开关；③逻辑电平显示器；④直流数字电压表；⑤直流毫安表；⑥直流微安表；⑦74LS20×2，1kΩ、10kΩ 电位器，200Ω 电阻器（0.5W）。

【实训内容】

在合适的位置选取一个 14P 插座，按定位标记插好 74LS20。

1. 验证 74LS20 的逻辑功能。

按图 3-28 接线，门的四个输入端接逻辑开关输出插口，以提供"0"与"1"电平信号，开关向上输出逻辑"1"，向下输出逻辑"0"。门的输出端接由发光二极管（LED）组成的逻辑电平显示器（又称 0-1 指示器）的显示插口，LED 亮为逻辑"1"，不亮为逻辑"0"。按表 3-9 逐个测试 74LS20 中两个与非门的逻辑功能。74LS20 有 4 个输入端，有 16 个最小项，在实际测试时，只要通过对输入 1111、0111、1011、1101、1110 五项进行检测就可判断其逻辑功能是否正常。

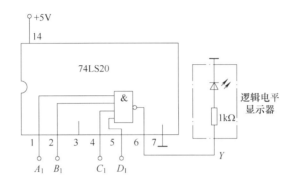

图 3-28　与非逻辑功能测试电路

表 3-9　真值表

输　入				输　　出	
A_1	B_1	C_1	D_1	Y_1	Y_2
1	1	1	1		
0	1	1	1		
1	0	1	1		
1	1	0	1		
1	1	1	0		

2. 74LS20 主要参数的测试

分别按图 3-24、图 3-25 和图 3-27b 接线并进行测试，将测试结果记入表 3-10 中。

表 3-10　测试结果表

I_{CCL}/mA	I_{CCH}/mA	I_{iL}/mA	I_{oL}/mA	$N_o = \dfrac{I_{oL}}{I_{iL}}$	$t_{pd} = \dfrac{T}{6}/ns$

按图 3-26 接线，调节电位器 RP，使 u_i 从低电平向高电平变化，逐点测量 u_i 和 u_o 的对应值，记入表 3-11 中。

表 3-11　u_i 和 u_o 对应表

U_i/V	0	0.2	0.4	0.6	0.8	1.0	1.5	2.0	2.5	3.0	3.5	4.0	⋯
U_o/V													

【实训总结】

1）记录、整理实训结果，并对结果进行分析。

2）画出实测的电压传输特性曲线，并从中读出各有关参数值。

【实训思考】

1）如何测试 TTL 集成与非门的逻辑功能和主要参数？

2）是否熟悉数字电路实训装置的结构、基本功能和使用方法？

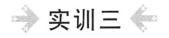
CMOS 集成逻辑门的逻辑功能与参数测试

内容说明

1）掌握 CMOS 集成门电路的逻辑功能和器件的使用规则。

2）学会 CMOS 集成门电路主要参数的测试方法。

知识链接

CMOS 集成门电路是将 N 沟道 MOS 晶体管和 P 沟道 MOS 晶体管同时用于一个集成电路中，成为组合两种沟道 MOS 管性能更为优良的集成电路。CMOS 集成门电路的主要优点如下。

1）功耗低，其静态工作电流在 10^{-9}A 数量级，是目前所有数字集成门电路中最低的，而 TTL 器件的功耗则大得多。

2）高输入阻抗，通常大于 $10^{10}\Omega$，远大于 TTL 器件的输入阻抗。

3）接近理想的传输特性，输出的高电平为电源电压的 99.9% 以上，低电平为电源电压的 0.1% 以下，因此输出逻辑电平的摆幅很大，噪声容限很高。

4）电源电压范围广，可在 3～18V 范围内正常运行。

5）由于有很高的输入阻抗，要求驱动电流很小，约为 0.1μA，输出电流在 +5V 电源下约为 500μA，远小于 TTL 电路，如以此电流来驱动同类门电路，其扇出系数将非常大。在一般低频率时，无须考虑扇出系数，但在高频时，后级门的输入电容器将成为主要负载，使其扇出能力下降，所以在较高频率下工作时，CMOS 电路的扇出系数一般取 10～20。

1. CMOS 门电路的逻辑功能

尽管 CMOS 与 TTL 电路内部结构不同，但它们的逻辑功能完全一样。本实训将测定与门 CC4081、或门 CC4071、与非门 CC4011、或非门 CC4001 的逻辑功能。各集成门电路的逻辑功能与真值表请参阅有关资料。

2. CMOS 与非门的主要参数

CMOS 与非门主要参数的定义及测试方法与 TTL 电路相仿，此处不再赘述。

3. CMOS 电路的使用规则

由于 CMOS 电路有很高的输入阻抗，这给使用者带来了一定的麻烦，即外来的干扰信号很容易在一些悬空输入端上感应出很高的电压，以至损坏器件。CMOS 电路的使用规则如下。

1）U_{DD}端接电源正极，U_{SS}端接电源负极（通常接地⊥），不得接反。CC4000 系列的电源允许电压在 3～18V 范围内选择，实训中一般要求使用 5～15V。

2）所有输入端一律不准悬空，闲置输入端的处理方法有两种：①按照逻辑要求，直接接 U_{DD}端（与非门）或 U_{SS}端（或非门）；②在工作频率不高的电路中，允许输入端并联使用。

3）输出端不允许直接与 U_{DD} 或 U_{SS} 连接，否则将导致器件损坏。

4）在装接电路，改变电路连接或插、拔电路时，均应切断电源，严禁带电操作。

5）焊接、测试和储存时的注意事项如下：

① 电路应存放在导电的容器内，有良好的静电屏蔽。

② 焊接时必须切断电源，电烙铁外壳必须良好接地，或断开电烙铁电源，靠其余热焊接。

③ 所有的测试仪器必须良好接地。

➡ 实训部分

【实训设备与器件】

①+5V 直流电源；②双踪示波器；③连续脉冲源；④逻辑电平开关；⑤逻辑电平显示器；⑥直流数字电压表；⑦直流毫安表；⑧直流微安表；⑨CC4011、CC4001、CC4071、CC4081、电位器 100kΩ、电阻 1kΩ。

【实训内容】

1. CMOS 与非门 CC4011 参数的测试（方法与 TTL 电路相同）

1）测试 CC4011 一个门的 I_{CCL}、I_{CCH}、I_{iL}、I_{iH}。

2）测试 CC4011 一个门的传输特性（一个输入端作为信号输入，另一个输入端接逻辑高电平）。

3）将 CC4011 的三个门串接成振荡器，用示波器观测输入、输出波形，并计算出 t_{pd} 值。

2. 验证 CMOS 各门电路的逻辑功能并判断其好坏

以 CC4011 为例，电路如图 3-29 所示，测试时，选好某一个 14P 插座，插入被测器件，其输入 A、B 接逻辑开关的输出插口，其输出 Y 接至逻辑电平显示器输入插口，拨动逻辑电平开关，逐个测试各门的逻辑功能，并记入表 3-12 中。

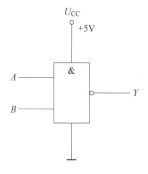

图 3-29　与非门逻辑功能测试电路

表 3-12　CC4011 逻辑输出表

输　　入		输　　出			
A	B	Y_1	Y_2	Y_3	Y_4
0	0				
0	1				
1	0				
1	1				

3. 观察与非门、与门、或非门对脉冲的控制作用

选用与非门按图 3-30 接线，将一个输入端接连续脉冲源（频率为 20kHz），用示波器观察两种电路的输出波形并记录。

然后测定与门、或非门对连续脉冲的控制作用。

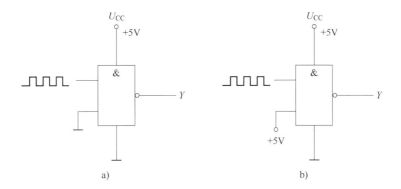

图 3-30　与非门对脉冲的控制作用

【实训总结】

1）整理实训结果，用坐标纸画出传输特性曲线。

2）根据实训结果写出各门电路的逻辑表达式，并判断被测电路的功能好坏。

【复习要求】

1）复习 CMOS 集成门电路的工作原理。

2）熟悉实训用各集成门电路的引脚功能。

3）画出各实训内容的测试电路与数据记录表格。

4）画出实训用各门电路的真值表。

5）各 CMOS 集成门电路闲置输入端应如何处理？

实训四

集成逻辑电路的连接与驱动

内容说明

1）掌握 TTL、CMOS 集成电路输入电路与输出电路的性质。

2）掌握集成逻辑电路相互衔接时应遵守的规则和实际衔接方法。

知识链接

1. TTL 电路的输入/输出电路性质

当输入端为高电平时，输入电流是反向二极管的漏电流，电流极小，其方向是从外部流入输入端。

当输入端为低电平时，电流由电源 U_{CC} 经内部电路流出输入端，电流较大，当与上一级电路衔接时，将决定上一级电路应具有的带负载能力。高电平输出电压在负载不大时为 3.5V 左右。低电平输出时，允许后级电路灌入电流，随着灌入电流的增加，输出低电平将升高。一般 LS 系列 TTL 电路允许灌入 8mA 电流，即可吸收后级 20 个 LS 系列标准门的灌入电流。最大允许低电平输出电压为 0.4V。

2. CMOS 电路的输入/输出电路性质

一般 CC 系列的输入阻抗高达 $10^{10}\Omega$，输入电容在 5pF 以下，输入高电平通常要求在 3.5V 以上，输入低电平通常为 1.5V 以下。因 CMOS 电路的输出结构具有对称性，故对高低电平具有相同的输出能力，带负载能力较弱，仅可驱动少量的 CMOS 电路。当输出端负载很小时，输出高电平将十分接近电源电压，输出低电平将十分接近地电位。

在高速 CMOS 电路 54/74HC 系列中的一个子系列 54/74HCT 中，其输入电平与 TTL 电路完全相同，因此在相互取代时，无须考虑电平的匹配问题。

3. 集成逻辑电路的衔接

实际的数字电路系统总是将一定数量的集成逻辑电路按需要前后连接起来。这时，前级电路的输出将与后级电路的输入相连并驱动后级电路工作。这就存在着电平的配合和带负载能力这两个需要妥善解决的问题。可用下面几个表达式来说明连接时所要满足的条件：

U_{oH}（前级）$\geq U_{iH}$（后级）

U_{oL}（前级）$\leq U_{iL}$（后级）

I_{oH}（前级）$\geq nI_{iH}$（后级）　　　　（n 为后级门的数目）

I_{oL}（前级）$\geq nI_{iL}$（后级）　　　　（n 为后级门的数目）

（1）TTL 电路与 TTL 电路的连接 TTL 集成逻辑电路的所有系列，由于电路结构形式相同，电平配合比较方便，无须外接元器件即可直接连接，不足之处是低电平时带负载能力受到限制。表 3-13 列出了 74 系列 TTL 电路的扇出系数。

表 3-13 74 系列 TTL 电路的扇出系数

	74LS00	74ALS00	7400	74L00	74S00
74LS00	20	40	5	40	5
74ALS00	20	40	5	40	5
7400	40	80	10	40	10
74L00	10	20	2	20	1
74S00	50	100	12	100	12

（2）TTL 电路驱动 CMOS 电路 TTL 电路驱动 CMOS 电路时，由于 CMOS 电路的输入阻抗高，故驱动电流一般不会受到限制，但在电平配合问题上，低电平时是可以的，高电平时有困难，因为 TTL 电路在满载时，输出高电平通常低于 CMOS 电路对输入高电平的要求。因此为保证 TTL 电路输出高电平时后级的 CMOS 电路能可靠工作，通常要外接一个上拉电阻 R，如图 3-31 所示。若使输出高电平达到 3.5V 以上，R 的取值为 $2 \sim 6.2\text{k}\Omega$ 时较合适，这时 TTL 电路后级的 CMOS 电路的数目实际上是无限制的。

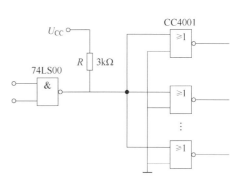

图 3-31 TTL 电路驱动 CMOS 电路

（3）CMOS 电路驱动 TTL 电路 CMOS 电路的输出电平能满足 TTL 电路对输入电平的要求，但驱动电流将受限制，主要是因为低电平时的带负载能力。表 3-14 列出了一般 CMOS 电路驱动 TTL 电路时的扇出系数，由表可见，除了 74HC 系列外，其他 CMOS 电路驱动 TTL 电路的能力都较低。

表 3-14 一般 CMOS 电路驱动 TTL 电路时的扇出系数

	LS-TTL	L-TTL	TTL	ASL-TTL
CC4001B 系列	1	2	0	2
MC14001B 系列	1	2	0	2
MM74HC 及 74HCT 系列	10	20	2	20

既要使用此系列又要提高其驱动能力时，可采用以下两种方法：

1）采用 CMOS 驱动器，如 CC4049、CC4050 是专为给出较大驱动能力而设计的 CMOS 电路。

2）几个相同功能的 CMOS 电路并联使用，即将其输入端并联、输出端并联（TTL 电路不允许并联）。

（4）CMOS 电路与 CMOS 电路的连接　CMOS 电路之间的连接十分方便，无须另加外接元器件。对直流参数来讲，一个 CMOS 电路可带动的 CMOS 电路的数量是不受限制的，但在实际使用时，应当考虑后级门输入电容对前级门传输速度的影响，电容太大时，传输速度要下降，因此在高速使用时要从负载电容来考虑，如 CC4000T 系列。CMOS 电路在 10MHz 以上速度运用时应限制在 20 个门以下。

➡ 实训部分

【实训设备与器件】

① +5V 直流电源；② 逻辑电平开关；③ 逻辑电平显示器；④ 逻辑笔；⑤ 直流数字电压表；⑥ 直流毫安表；⑦ 74LS00 × 2、CC4001、74HC00；⑧ 电阻器（100Ω、470Ω、3kΩ）、电位器（47kΩ、10kΩ）。

【实训内容】

1. 测试 TTL 电路 74LS00 及 CMOS 电路 CC4001 的输出特性

74LS00 与非门与 CC4001 或非门电路引脚排列如图 3-32 所示。

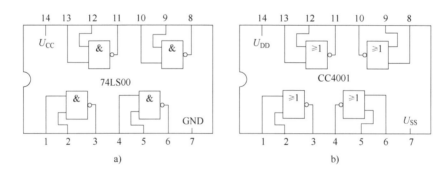

图 3-32　74LS00 与非门与 CC4001 或非门电路引脚排列

测试电路如图 3-33 所示，图中以 74LS00 与非门为例画出了高、低电平两种输出状态下输出特性的测试方法。改变电位器 RP 的阻值，从而获得输出特性曲线（R 为限流电阻器）。

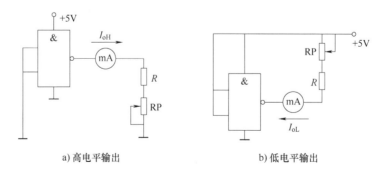

a) 高电平输出　　　　　　　b) 低电平输出

图 3-33　与非门电路输出特性测试电路

（1）测试 TTL 电路 74LS00 的输出特性　在实训装置的合适位置选取一个 14P 插座，插入 74LS00，R 取 100Ω，高电平输出时，RP 取 47kΩ，低电平输出时，RP 取 10kΩ。高电平测试时，应测量空载到最小允许高电平（2.7V）之间的一系列点；低电平测试时，应测量空载到最大允许低电平（0.4V）之间的一系列点。

（2）测试 CMOS 电路 CC4001 的输出特性　测试时，R 取 470Ω，电子档取 47kΩ。高电平测试时，应测量从空载到输出电平降到 4.6V 之间的一系列点；低电平测试时，应测量从空载到输出电平升到 0.4V 之间的一系列点。

2. TTL 电路驱动 CMOS 电路

用 74LS00 的一个门来驱动 CC4001 的 4 个门，实训电路如图 3-31 所示，R 取 3kΩ。测量连接 3kΩ 电阻与不连接 3kΩ 电阻时 74LS00 的输出高、低电平及 CC4001 的逻辑功能。测试逻辑功能时，可用实训装置上的逻辑笔进行测试，逻辑笔的电源 $+U_{CC}$ 接 +5V，其输入口 INPUT 通过一根导线接至所需的测试点。

3. CMOS 电路驱动 TTL 电路

实训电路如图 3-34 所示，被驱动的电路用 74LS00 的 8 个门并联。电路的输入端接逻辑开关输出插口，8 个输出端分别接逻辑电平显示的输入插口。先用 CC4001 的一个门来驱动，观测 CC4001 的输出电平和 74LS00 的逻辑功能。

然后将 CC4001 的其余 3 个门——并联到第一个门上（输入与输入、输出与输出并联），分别观察 CMOS 电路的输出电平及 74LS00 的逻辑功能。最后用 $\frac{1}{4}$74HC00 代替 $\frac{1}{4}$CC4001，测试其输出电平及系统的逻辑功能。

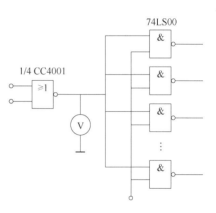

图 3-34　CMOS 电路驱动 TTL 电路

【实训总结】

1）整理实训数据，作出输出特性曲线，并加以分析。

2）通过本次实训，总结不同集成门电路连接时得出的结论。

【复习要求】

1）自拟各实训记录用的数据表格及逻辑电平记录表格。

2）熟悉所用集成电路的引脚功能。

实训五

组合逻辑电路的设计与测试

内容说明

掌握组合逻辑电路的设计与测试方法。

知识链接

在逻辑电路的设计中，所用的元器件少、器件间相互连线少和工作速度高是中小规模逻辑电路设计的基本要求。为此，在一般情况下，逻辑表达式应该表示成最简形式，这样就涉及对逻辑表达式的化简问题。其次，为了实现逻辑表达式的逻辑关系，要采用相应的具体电路，有时需要对逻辑表达式进行变换。所以，逻辑代数除要解决化简问题外，还要解决变换的问题。此处先讨论化简的问题，化简的方法主要有代数法和卡诺图法（具体介绍见附录 F）。

使用中小规模集成电路来设计组合逻辑电路是最常见的逻辑电路设计方法。组合逻辑电路的设计流程如图 3-35 所示。

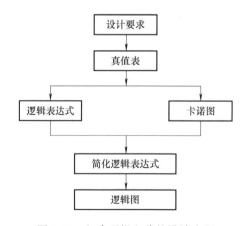

图 3-35 组合逻辑电路的设计流程

根据设计任务的要求建立输入、输出变量，并列出真值表。然后用逻辑代数或卡诺图化简法求出简化的逻辑表达式，并按实际选用逻辑门的类型修改逻辑表达式。根据简化后的逻辑表达式画出逻辑图，用标准元器件构成逻辑电路。最后，用实训来验证设计的正确性。

用与非门设计一个表决电路。当 4 个输入端中有 3 个或 4 个为"1"时，输出端才为"1"。

设计步骤：根据题意列出真值表，见表 3-15，再填入卡诺图，见表 3-16。

表 3-15　真值表

D	0	0	0	0	0	0	0	0	1	1	1	1	1	1	1	1
A	0	0	0	0	1	1	1	1	0	0	0	0	1	1	1	1
B	0	0	1	1	0	0	1	1	0	0	1	1	0	0	1	1
C	0	1	0	1	0	1	0	1	0	1	0	1	0	1	0	1
Z	0	0	0	0	0	0	0	1	0	0	0	1	0	1	1	1

表 3-16　卡诺图

BC \ DA	00	01	11	10
00				
01			1	
11		1	1	1
10			1	

由卡诺图得出逻辑表达式，并演化成"与非"的形式：

$$Z = ABC + BCD + ACD + ABD$$
$$= \overline{\overline{ABC} \cdot \overline{BCD} \cdot \overline{ACD} \cdot \overline{ABD}}$$

根据逻辑表达式画出由与非门构成的逻辑电路，如图 3-36 所示。

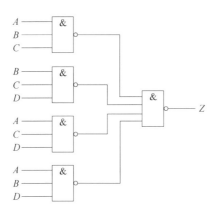

图 3-36　表决电路逻辑图

用实训验证其逻辑功能。

在实训装置的适当位置选定 3 个 14P 插座，按照集成块定位标记插好集成块 CC4012。

按图 3-36 接线，输入 A、B、C、D 接至逻辑开关输出插口，输出 Z 接逻辑电平显示输入插口，按真值表（自拟）要求逐次改变输入变量，测量相应的输出值，验证逻辑功能，与表 3-15 进行比较，验证所设计的逻辑电路是否符合要求。

➡ 实训部分

【实训设备与器件】

①＋5V 直流电源；②逻辑电平开关；③逻辑电平显示器；④直流数字电压表；⑤CC4011×2（74LS00）、CC4012×3（74LS20）、CC4030（74LS86）、CC4081（74LS08）、74LS54×2（CC4085）、CC4001（74LS02）。

【实训内容】

1）设计用与非门及用异或门、与门组成半加器电路。要求按本实训所述的设计步骤进行设计，直到电路逻辑功能符合设计要求为止。

2）设计一个一位全加器，要求用异或门、与门、或门实现。

3）设计一个一位全加器，要求用与或非门实现。

4）设计一个对两个两位无符号的二进制数进行比较的电路。根据第一个数是否大于、等于、小于第二个数，使相应的三个输出端中的一个输出为"1"，要求用与门、与非门及或非门实现。

【实训总结】

1）列写实训任务的设计过程，画出设计的电路图。

2）对所设计的电路进行实训测试，记录测试结果。

3）总结组合逻辑电路的设计体会。

【实训思考】

1）根据实训任务要求设计组合逻辑电路，并根据所给的标准元器件画出逻辑图。

2）如何用最简单的方法验证与或非门的逻辑功能是否完好？

3）与或非门中，当某一组与端不用时，应如何处理？

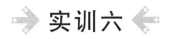

实训六

译码器及其应用

内容说明

1）掌握中规模集成译码器的逻辑功能和使用方法。

2）熟悉数码管的使用。

知识链接

在数字系统中，经常需要将测量结果或数值运算结果用十进制显示出来，以便记录和查看。由于各种数字显示器件（简称数码管）的工作方式不同，所以对译码器的设计要求也不同，目前常用的数码显示器件是七段数码管，如荧光数码管、半导体数码管和液晶显示器等。

译码器是一个多输入、多输出的组合逻辑电路。它的作用是把给定的代码进行"翻译"，变成相应的状态，使输出通道中相应的一路有信号输出。译码器在数字系统中有广泛的应用，不仅用于代码的转换、终端的数字显示，还用于数据分配、存储器寻址和组合控制信号等，不同的功能可选用不同种类的译码器。本实训主要介绍变量译码器和数码显示译码器。

译码器可分为通用译码器和显示译码器两大类。前者又分为变量译码器和代码变换译码器。

1. 变量译码器

变量译码器又称为二进制译码器，用以表示输入变量的状态，如2线-4线、3线-8线和4线-16线译码器。若有 n 个输入变量，则有 2^n 个不同的组合状态，就有 2^n 个输出端供其使用，而每一个输出所代表的函数对应于 n 个输入变量的最小项。

以3线-8线译码器74LS138为例进行分析，图3-37所示为其逻辑图及引脚排列。其中，A_2、A_1、A_0 为地址输入端（A_2、A_1、A_0 为相应输入端的输入信号，后同），$\overline{Y}_0 \sim \overline{Y}_7$ 为译码输出端，S_1、$\overline{S}_2$、$\overline{S}_3$ 为使能端。

表3-17为74LS138功能表。当 $S_1 = 1$、$\overline{S}_2 + \overline{S}_3 = 0$ 时，器件使能，地址码所指定的输出端有信号（为0）输出，其他所有输出端均无信号（全为1）输出。当 $S_1 = 0$、$\overline{S}_2 + \overline{S}_3 = \times$，或 $S_1 = \times$、$\overline{S}_2 + \overline{S}_3 = 1$ 时，译码器被禁止，所有输出同时为1。

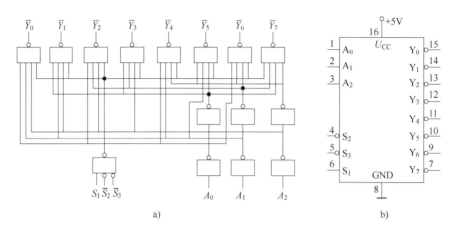

图 3-37　3 线-8 线译码器 74LS138 逻辑图及引脚排列

表 3-17　74LS138 功能表

输　入					输　出							
S_1	$\overline{S}_2 + \overline{S}_3$	A_2	A_1	A_0	$\overline{Y}_0$	$\overline{Y}_1$	$\overline{Y}_2$	$\overline{Y}_3$	$\overline{Y}_4$	$\overline{Y}_5$	$\overline{Y}_6$	$\overline{Y}_7$
1	0	0	0	0	0	1	1	1	1	1	1	1
1	0	0	0	1	1	0	1	1	1	1	1	1
1	0	0	1	0	1	1	0	1	1	1	1	1
1	0	0	1	1	1	1	1	0	1	1	1	1
1	0	1	0	0	1	1	1	1	0	1	1	1
1	0	1	0	1	1	1	1	1	1	0	1	1
1	0	1	1	0	1	1	1	1	1	1	0	1
1	0	1	1	1	1	1	1	1	1	1	1	0
0	×	×	×	×	1	1	1	1	1	1	1	1
×	1	×	×	×	1	1	1	1	1	1	1	1

　　二进制译码器实际上也是负脉冲输出的脉冲分配器。若利用使能端中的一个输入端输入数据信息，器件就成为一个数据分配器（又称多路分配器），如图 3-38a 所示。若在 S_1 输入端输入数据信息，令 $\overline{S}_2 = \overline{S}_3 = 0$，则地址码所对应的输出是 S_1 端数据信息的反码；若 $\overline{S}_2$ 端输入数据信息，令 $S_1 = 1$、$\overline{S}_3 = 0$，则地址码所对应的输出就是 $\overline{S}_2$ 端数据信息的原码。若数据信息是时钟脉冲，则数据分配器便成为时钟脉冲分配器。

　　根据输入地址的不同可组合译出唯一地址，故可用作地址译码器。接成多路分配器，可将一个信号源的数据信息传输到不同的地点。

　　二进制译码器还能方便地实现逻辑函数，如图 3-38b 所示，实现的逻辑函数是

$$Z = \overline{A}\,\overline{B}\,\overline{C} + \overline{A}B\overline{C} + A\overline{B}\,\overline{C} + ABC$$

　　利用使能端能方便地将两个 3 线-8 线译码器组合成一个 4 线-16 线译码器，如图 3-39 所示。

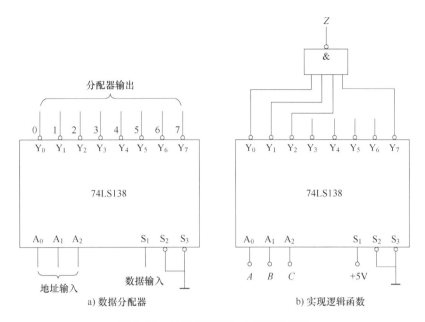

图 3-38　数据分配器和实现逻辑函数

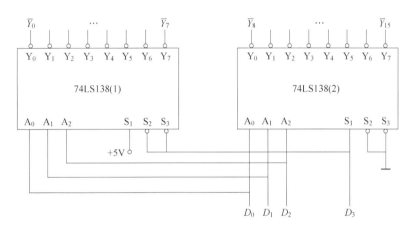

图 3-39　用两片 74LS138 组合成 4 线-16 线译码器

2. 数码显示译码器

（1）七段 LED（发光二极管）数码管　七段 LED（发光二极管）数码管是半导体数码管，是目前最常用的数字显示器，它由 7 个条状的 LED（发光二极管）组成，它的 PN 结是用特殊的半导体材料（如磷砷化镓）制成的。当外加正向电压时，LED 可以将电能转化为光能，从而发出清晰的光线。七段 LED 排列成日字形。通过不同的组合可以显示出 0～9 十个十进制数字。

这种数码管的内部接法有两种：一种是 7 个 LED 共用一个阳级，称为共阳极连接，当 LED 的阴极接低电平时，该段亮，接高电平时，该段灭；另一种是 7 个 LED 共用一个阴极，称为共阴极连接，当 LED 阳极接高电平时，该段亮，接低电平时，该段灭。

由于半导体数码管的工作电压比较低（1.5～3V），所以能直接用 TTL 或 CMOS 集成电路驱动。

图 3-40a、b 所示为共阴极连接和共阳极连接电路，图 3-40c 所示为两种不同接线形式的引脚功能图。

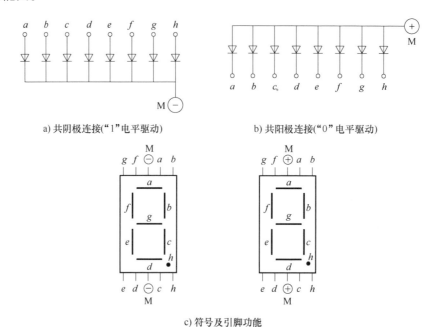

a) 共阴极连接（"1"电平驱动）   b) 共阳极连接（"0"电平驱动）

c) 符号及引脚功能

图 3-40　LED 数码管

一个 LED 数码管可用来显示一位 0 ~ 9 十进制数和一个小数点。小型数码管（0.5in 和 0.36in，1in = 25.4mm）每段 LED 的正向电压降随显示光（通常为红、绿、黄、橙色）的颜色不同略有差别，通常为 2 ~ 2.5V，每个 LED 的点亮电流为 5 ~ 10mA。LED 数码管要显示 BCD 码所表示的十进制数字就需要有一个专门的译码器，该译码器不但要完成译码功能，还要有一定的驱动能力。

（2）BCD 码七段译码驱动器　此类译码器型号有 74LS47（共阳）、74LS48（共阴）、CC4511（共阴）等，本实训采用 CC4511 BCD 码锁存/七段译码驱动器驱动共阴极 LED 数码管。图 3-41 所示为 CC4511 引脚排列。

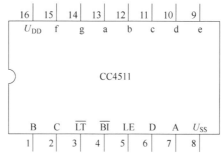

图 3-41　CC4511 引脚排列

BCD 代码（Binary-Coded Decimal，BCD），称 BCD 码或二-十进制代码，也称二进码十

进数，是一种二进制的数字编码形式，用二进制编码的十进制代码。这种编码形式利用了 4 个位元来储存 1 个十进制的数码，使二进制和十进制之间的转换得以快捷地进行。

由于十进制数共有 0 ~ 9 十个数码，故至少需要 4 位二进制码来表示 1 位十进制数。在使用 BCD 码时，一定要注意其有效的编码仅 10 个，即 0000 ~ 1001。4 位二进制数的其余 6 个编码（1010、1011、1100、1101、1110、1111）不是有效编码。常见 BCD 码有 8421BCD 码、2421BCD 码、余 3 码。

CC4511 引脚功能如下：A ~ D——BCD 码输入端。

a ~ g——译码输出端，输出"1"有效，用来驱动共阴极 LED 数码管。

$\overline{LT}$——测试输入端，$\overline{LT} = 0$ 时，译码输出全为 1。

$\overline{BI}$——消隐输入端，$\overline{BI} = 0$ 时，译码输出全为 0。

LE——锁定端，$LE = 1$ 时，译码器处于锁定（保持）状态，译码输出保持在 $LE = 0$ 时的数值；$LE = 0$ 时，为正常译码。

表 3-18 为 CC4511 功能表。CC4511 内接有上拉电阻，故只需在输出端与数码管笔段之间串入限流电阻器即可工作。译码器还有拒伪码功能，当输入码超过 1001 时，输出全为 0，数码管熄灭。

表 3-18　CC4511 功能表

输　入							输　出							
LE	$\overline{BI}$	$\overline{LT}$	D	C	B	A	a	b	c	d	e	f	g	显示字形
×	×	0	×	×	×	×	1	1	1	1	1	1	1	8
×	0	1	×	×	×	×	0	0	0	0	0	0	0	消隐
0	1	1	0	0	0	0	1	1	1	1	1	1	0	0
0	1	1	0	0	0	1	0	1	1	0	0	0	0	1
0	1	1	0	0	1	0	1	1	0	1	1	0	1	2
0	1	1	0	0	1	1	1	1	1	1	0	0	1	3
0	1	1	0	1	0	0	0	1	1	0	0	1	1	4
0	1	1	0	1	0	1	1	0	1	1	0	1	1	5
0	1	1	0	1	1	0	0	0	1	1	1	1	1	6
0	1	1	0	1	1	1	1	1	1	0	0	0	0	7
0	1	1	1	0	0	0	1	1	1	1	1	1	1	8
0	1	1	1	0	0	1	1	1	1	0	0	1	1	9
0	1	1	1	0	1	0	0	0	0	0	0	0	0	消隐
0	1	1	1	0	1	1	0	0	0	0	0	0	0	消隐
0	1	1	1	1	0	0	0	0	0	0	0	0	0	消隐
0	1	1	1	1	0	1	0	0	0	0	0	0	0	消隐
0	1	1	1	1	1	0	0	0	0	0	0	0	0	消隐
0	1	1	1	1	1	1	0	0	0	0	0	0	0	消隐
1	1	1	×	×	×	×	锁存							锁存

在本数字电路实训装置上已完成了译码器 CC4511 和数码管 BS202 之间的连接。实训时，只要接通 +5V 电源和将十进制数的 BCD 码接至译码器的相应输入端（A、B、C、D）即可显示 0~9 的数字。4 位数码管可接收 4 组 BCD 码输入。CC4511 与 LED 数码管的连接电路如图 3-42 所示。

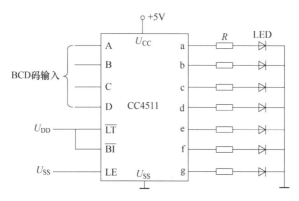

图 3-42　CC4511 与 LED 数码管的连接电路

实训部分

【实训设备与器件】

①+5V 直流电源；②双踪示波器；③连续脉冲源；④逻辑电平开关；⑤逻辑电平显示器；⑥拨码开关组；⑦译码显示器；⑧74LS138×2、CC4511。

【实训内容】

1. 数据拨码开关的使用

将实训装置上的 4 组拨码开关的输出 A_i、B_i、C_i、D_i 分别接至 4 组显示译码驱动器 CC4511 的对应输入端口，LE、$\overline{BI}$、$\overline{LT}$ 接至三个逻辑开关的输出插口，接上 +5V 显示器的电源，然后按功能表 3-18 输入的要求搬动四个数码的增减键（"+"与"-"键）并操作与 LE、$\overline{BI}$、$\overline{LT}$ 对应的三个逻辑开关，观测拨码盘上的四位数与 LED 数码管显示的对应数字是否一致，以及译码显示是否正常。

2. 74LS138 译码器逻辑功能的测试

将译码器使能端 S_1、$\overline{S_2}$、$\overline{S_3}$ 及地址端 A_2、A_1、A_0 分别接至逻辑电平开关输出口，8 个输出端 $\overline{Y_7}$…$\overline{Y_0}$ 依次连接在逻辑电平显示器的 8 个输入口上，拨动逻辑电平开关，按表 3-17 逐项测试 74LS138 的逻辑功能。

3. 用 74LS138 构成时序脉冲分配器

参照图 3-38 和实训原理说明，时钟脉冲 CP（Clock Pulse）频率约为 10kHz，要求分配器输出端 $\overline{Y_0}$~$\overline{Y_7}$ 的信号与 CP 输入信号同相。

画出分配器的实训电路，用示波器观察并记录在地址端 A_2、A_1、A_0 分别取 000~111 八种不同状态时 $\overline{Y_0}$~$\overline{Y_7}$ 端的输出波形，注意输出波形与 CP 输入波形之间的相位关系。

4. 用两片 74LS138 组合成一个 4 线-16 线译码器

可按照图 3-39 接线并完成实训。

【实训总结】

1）画出实训电路，把观察到的波形画在坐标纸上，并标上对应的地址码。

2）对实训结果进行分析、讨论。

【实训思考】

1）复习有关译码器和分配器的原理。

2）根据实训任务画出所需的实训电路及记录表格。

实训七

数据选择器及其应用

内容说明

1）掌握中规模集成数据选择器的逻辑功能及使用方法。
2）学习用数据选择器构成组合逻辑电路的方法。

知识链接

将一个输入通道上的信号送到多个输出端的某一个的逻辑电路，称为数据分配器。相反，在数字系统中，在多路输入数据中选择其中一路送至输出端的逻辑电路称为数据选择器（Multiplexer，MUX）。通常把数据输入端的数目称为通道数。

数据选择器又叫作多路开关。数据选择器在地址码（或称选择控制）电位的控制下，从几个输入数据中选择一个并将其送到一个公共的输出端。数据选择器的功能类似于一个多掷开关，如图 3-43 所示，图中有 4 路（$D_0 \sim D_3$）输入数据，通过选择控制信号 A_1、A_0（地址码）从 4 路数据中选中某一路数据送至输出端 Q。

数据选择器为目前逻辑设计中应用十分广泛的逻辑部件，它有 2 选 1、4 选 1、8 选 1、16 选 1 等类别。

数据选择器的电路结构一般由与或门阵列组成，也有用传输门开关和门电路混合组成的。

1. 8 选 1 数据选择器 74LS151

74LS151 为互补输出的 8 选 1 数据选择器，其引脚排列如图 3-44 所示，功能见表 3-19。

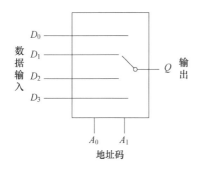

图 3-43　4 选 1 数据选择器

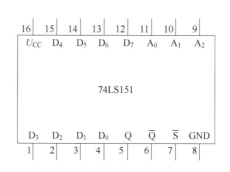

图 3-44　74LS151 引脚排列

表 3-19　74LS151 功能表

输　　　入				输　　　出	
$\overline{S}$	A_2	A_1	A_0	Q	$\overline{Q}$
1	×	×	×	0	1
0	0	0	0	D_0	$\overline{D_0}$
0	0	0	1	D_1	$\overline{D_1}$
0	0	1	0	D_2	$\overline{D_2}$
0	0	1	1	D_3	$\overline{D_3}$
0	1	0	0	D_4	$\overline{D_4}$
0	1	0	1	D_5	$\overline{D_5}$
0	1	1	0	D_6	$\overline{D_6}$
0	1	1	1	D_7	$\overline{D_7}$

选择控制端（地址端）为 $A_2 \sim A_0$，按二进制译码，从 8 个输入数据 $D_0 \sim D_7$ 中选择一个需要的数据送到输出端 Q，$\overline{S}$ 为使能端，低电平有效。

1）当使能端 $\overline{S} = 1$ 时，无论 $A_2 \sim A_0$ 状态如何，均无输出（$Q = 0$，$\overline{Q} = 1$），多路开关被禁止。

2）当使能端 $\overline{S} = 0$ 时，多路开关正常工作，根据地址码 A_2、A_1、A_0 的状态选择 $D_0 \sim D_7$ 中某一个通道的数据输送到输出端 Q。

如：$A_2 A_1 A_0 = 000$，则选择 D_0 数据到输出端，即 $Q = D_0$。

$A_2 A_1 A_0 = 001$，则选择 D_1 数据到输出端，即 $Q = D_1$，其余类推。

2. 双 4 选 1 数据选择器 74LS153

所谓双 4 选 1 数据选择器，就是在一块集成芯片上有两个 4 选 1 数据选择器。74LS153 引脚排列如图 3-45 所示，其功能见表 3-20。

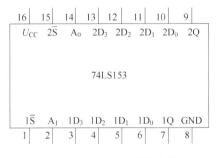

图 3-45　74LS153 引脚功能

表 3-20　74LS153 功能表

输　　　入			输　出
$\overline{S}$	A_1	A_0	Q
1	×	×	0
0	0	0	D_0
0	0	1	D_1
0	1	0	D_2
0	1	1	D_3

$1\overline{S}$、$2\overline{S}$ 为两个独立的使能端；A_1、A_0 为公用的地址输入端；$1D_0 \sim 1D_3$ 和 $2D_0 \sim 2D_3$ 分别为两个 4 选 1 数据选择器的数据输入端；$1Q$、$2Q$ 为两个输出端。

1）当使能端 $1\overline{S}(2\overline{S}) = 1$ 时，多路开关被禁止，无输出，$Q = 0$。

2）当使能端 $1\overline{S}(2\overline{S}) = 0$ 时，多路开关正常工作，根据地址码 A_1、A_0 的状态将相应的数据 $D_0 \sim D_3$ 送到输出端。

如：$A_1A_0 = 00$，则选择 D_0 数据到输出端，即 $Q = D_0$。

$A_1A_0 = 01$，则选择 D_1 数据到输出端，即 $Q = D_1$，其余类推。

数据选择器的用途很多，如多通道传输、数码比较、并行码变串行码以及实现逻辑函数等。

3. 数据选择器的应用——实现逻辑函数

【例 1】 用 8 选 1 数据选择器 74LS151 实现逻辑函数 $F = A\bar{B} + \bar{A}C + B\bar{C}$。采用 8 选 1 数据选择器 74LS151 可实现任意三输入变量的组合逻辑函数。

作出函数 F 的功能表（见表 3-21），将函数 F 的功能表与 8 选 1 数据选择器的功能表相比较可知：将输入变量 C、B、A 作为 8 选 1 数据选择器的地址码 A_2、A_1、A_0；使 8 选 1 数据选择器的各输入数据 $D_0 \sim D_7$ 分别与函数 F 的输出值一一对应。

即

$$A_2A_1A_0 = CBA$$

$$D_0 = D_7 = 0$$

$$D_1 = D_2 = D_3 = D_4 = D_5 = D_6 = 1$$

则 8 选 1 数据选择器的输出 Q 便实现了函数 $F = A\bar{B} + \bar{A}C + B\bar{C}$，接线图如图 3-46 所示。

表 3-21 函数 F 的功能表

输	入		输 出
C	B	A	F
0	0	0	0
0	0	1	1
0	1	0	1
0	1	1	1
1	0	0	1
1	0	1	1
1	1	0	1
1	1	1	0

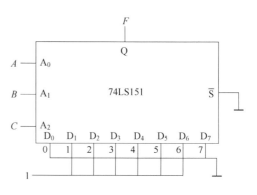

图 3-46 用 8 选 1 数据选择器
实现 $F = A\bar{B} + \bar{A}C + B\bar{C}$ 的接线图

显然，采用具有 n 个地址端的数据选择器实现 n 变量的逻辑函数时，应将函数的输入变量加到数据选择器的地址端，选择器的数据输入端按次序以函数 F 的输出值来赋值。

【例 2】 用 8 选 1 数据选择器 74LS151 实现函数 $F = A\bar{B} + \bar{A}B$。

（1）列出函数 F 的功能表，见表 3-22。

（2）将 A、B 加到地址端 A_0、A_1，而 A_2 接地，由表 3-22 可见，将 D_1、D_2 接 1 且 D_0、D_3 接地，其余数据输入端 $D_4 \sim D_7$ 都接地，则 8 选 1 数据选择器的输出端 Q 便实现了函数 $F = A\bar{B} + \bar{A}B$。

接线图如图 3-47 所示。

表 3-22 函数 F 的功能表

B	A	F
0	0	0
0	1	1
1	0	1
1	1	0

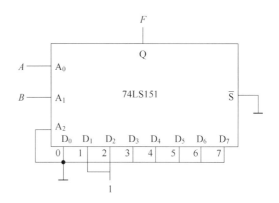

图 3-47 8 选 1 数据选择器实现 $F = A\overline{B} + \overline{A}B$ 的接线图

显然，当函数输入变量数小于数据选择器的地址端时，应将不用的地址端及不用的数据输入端都接地。

【例 3】 用双 4 选 1 数据选择器 74LS153 实现函数 $F = \overline{A}BC + A\overline{B}C + AB\overline{C} + ABC$，函数 F 的功能见表 3-23。

表 3-23 函数 F 的功能表

输	入		输 出
A	B	C	F
0	0	0	0
0	0	1	0
0	1	0	0
0	1	1	1
1	0	0	0
1	0	1	1
1	1	0	1
1	1	1	1

表 3-24 功能表

输	入		输 出	选中数据端
A	B	C	F	
0	0	0	0	$D_0 = 0$
		1	0	
0	1	0	0	$D_1 = C$
		1	1	
1	0	0	0	$D_2 = C$
		1	1	
1	1	0	1	$D_3 = 1$
		1	1	

函数 F 有 3 个输入变量 A、B、C，而数据选择器有两个地址端 A_1、A_0（少于函数输入变量个数）。在设计时，可任选 A 接 A_1，B 接 A_0。将函数功能表改画成表 3-24 形式，可见，当将输入变量 A、B、C 中 A、B 接选择器的地址端 A_1、A_0，由表 3-24 不难看出：

$$D_0 = 0, \quad D_1 = D_2 = C, \quad D_3 = 1$$

则 4 选 1 数据选择器的输出便实现了函数 $F = \overline{A}BC + A\overline{B}C + AB\overline{C} + ABC$。接线图如图 3-48 所示。

当函数输入变量个数大于数据选择器地址端个数时，可根据选用函数输入变量端作地址端的方案不同，而使其设计结果不同，需对比几种方案，以获得最佳方案。

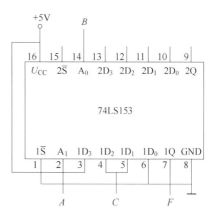

图 3-48 用 4 选 1 数据选择器实现 $F = \overline{A}BC + A\overline{B}C + AB\overline{C} + ABC$ 的接线图

实训部分

【实训设备与器件】

①+5V 直流电源；②逻辑电平开关；③逻辑电平显示器；④74LS151（或 CC4512）、74LS153（或 CC4539）。

【实训内容】

1. 测试数据选择器 74LS151 的逻辑功能

按图 3-49 接线，地址端（$A_2 \sim A_0$）、数据端（$D_0 \sim D_7$）、使能端 $\overline{S}$ 接逻辑开关，输出端 Q 接逻辑电平显示器，按 74LS151 功能表逐项进行测试，并记录测试结果。

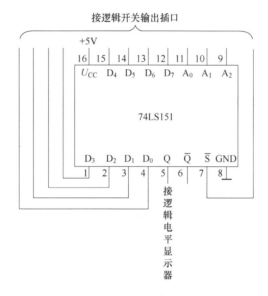

图 3-49　74LS151 逻辑功能测试

2. 测试 74LS153 的逻辑功能

测试方法及步骤同上，记录测试结果。

3. 用 8 选 1 数据选择器 74LS151 设计三输入多数表决电路

1）写出设计过程。

2）画出接线图。

3）验证逻辑功能。

4. 用 8 选 1 数据选择器 74LS151 实现逻辑函数

1）写出设计过程。

2）画出接线图。

3）验证逻辑功能。

5. 用双 4 选 1 数据选择器 74LS153 实现全加器

1）写出设计过程。

2）画出接线图。

3）验证逻辑功能。

【实训总结】

1）根据要求画出接线图。

2）填写测试结果。

3）使用 74LS153 实现全加器的设计思路。

【实训思考】

1）复习数据选择器的工作原理。

2）写出用数据选择器对实训内容中各函数式进行设计的思路。

3）用选择器对实训内容进行设计，写出设计全过程，画出接线图并进行逻辑功能测试；总结实训收获、体会。

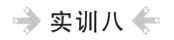

触发器及其应用

➡ 内容说明

1）掌握基本 RS 触发器、JK 触发器、D 触发器和 T 触发器的逻辑功能。

2）掌握集成触发器的逻辑功能及使用方法。

3）熟悉触发器之间相互转换的方法。

➡ 知识链接

触发器是数字系统中除逻辑门以外的另一类基本单元电路，触发器是一个具有记忆功能的、具有两个稳定状态的信息存储器件，是构成多种时序电路的最基本逻辑单元，也是数字逻辑电路中一种重要的单元电路。

触发器有两个基本特性：一个是具有两个稳定状态，可分别用来表示二进制数码 0 和 1；另一个是两个稳定状态在输入时钟脉冲信号的作用下可以相互转换，能够完成计数功能。当输入时钟脉冲信号消失或保持不变时，触发器的输出状态也保持不变，这就是记忆功能，可用作二进制数据的存储单元。

触发器是构成时序逻辑电路的基本电路，有多种分类方式：

1）根据逻辑功能的不同，触发器可分为 RS 触发器、D 触发器、JK 触发器、T 触发器和 T′触发器等。

2）根据触发方式的不同，触发器可分为电平触发器、边沿触发器和主从触发器等。

3）根据电路结构的不同，触发器可分为基本 RS 触发器、同步 RS 触发器、维持阻塞触发器、主从触发器和边沿触发器等。

但从电路的组成单元上看，所有的触发器都是由基本 RS 触发器和逻辑门电路构成的，而基本 RS 触发器又可以用两个或非门（或者两个与非门）组成。因此，可以认为触发器是由多个基本逻辑门电路组成的。

1. 基本 RS 触发器

从结构上分，RS 触发器可分为基本 RS 触发器、同步 RS 触发器和主从 RS 触发器。不同结构触发器的状态变化时间不一样。基本 RS 触发器的输出直接由 R、S 状态决定，原状态是 R、S 变化前的触发器状态，次状态是 R、S 变化后的触发器状态，即按输入 R、S 信号变化划分为原状态和次状态。同步 RS 触发器在外接时钟信号 $CP = 1$ 期间，R、S 按一定顺序状态变化。主从 RS 触发器在时钟脉冲 CP 的下降沿（或后沿）触发器状态变化，但是 $CP = 1$ 期间，R、S 的状态决定 CP 下跳后触发器的状态。

图 3-50 所示为由两个与非门交叉耦合构成的基本 RS 触发器，它是无时钟控制低电平直接触发的触发器。基本 RS 触发器具有置 0、置 1 和保持三种功能。通常称 $\bar{S}$ 为置 1 端，因为 $\bar{S} = 0$（$\bar{R} = 1$）时触发器被置 1；$\bar{R}$ 为置 0 端，因为 $\bar{R} = 0$（$\bar{S} = 1$）时触发器被置 0。当 $\bar{S} = \bar{R} = 1$ 时，状态保持；当 $\bar{S} = \bar{R} = 0$ 时，触发器状态不定，应避免此种情况发生。表 3-25 为基本 RS 触发器的功能表。

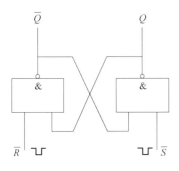

图 3-50 基本 RS 触发器

表 3-25 基本 RS 触发器的功能表

输 入		输 出	
$\bar{S}$	$\bar{R}$	Q^{n+1}	$\bar{Q}^{n+1}$
0	1	1	0
1	0	0	1
1	1	Q^n	$\bar{Q}^n$
0	0	φ	φ

注：φ 为不定态。

基本 RS 触发器也可以用两个或非门组成，此时为高电平触发有效。

2. JK 触发器

JK 触发器是一种功能较完善、应用较广泛的双稳态触发器。主从 JK 触发器是由两个可控 RS 触发器串联组成的，分别称为主触发器和从触发器。J 和 K 是信号输入端，时钟 CP 控制主触发器和从触发器的翻转。

在输入信号为双端的情况下，JK 触发器是功能完善、使用灵活和通用性较强的一种触发器。本实训采用 74LS112 双 JK 触发器，它是下降沿触发的边沿触发器，其引脚功能及逻辑符号如图 3-51 所示。

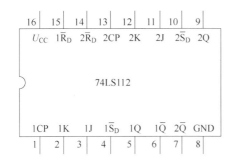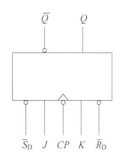

图 3-51 74LS112 双 JK 触发器的引脚排列及逻辑符号

JK 触发器的状态方程为

$$Q^{n+1} = J\bar{Q}^n + \bar{K}Q^n$$

J 和 K 是数据输入端，是触发器状态更新的依据，当 J、K 有两个或两个以上输入端时，组成"与"的关系。Q 与 $\bar{Q}$ 为两个互补输出端。通常把 $Q = 0$、$\bar{Q} = 1$ 的状态定为触发器的 0

状态；而把 $Q=1$、$\overline{Q}=0$ 定为 1 状态。

下降沿触发的 JK 触发器的功能见表 3-26。

表 3-26　下降沿触发的 JK 触发器的功能表

输　入					输　出	
$\overline{S}_D$	$\overline{R}_D$	CP	J	K	Q^{n+1}	$\overline{Q}^{n+1}$
0	1	×	×	×	1	0
1	0	×	×	×	0	1
0	0	×	×	×	φ	φ
1	1	↓	0	0	Q^n	$\overline{Q}^n$
1	1	↓	1	0	1	0
1	1	↓	0	1	0	1
1	1	↓	1	1	$\overline{Q}^n$	Q^n
1	1	↑	×	×	Q^n	$\overline{Q}^n$

注：×—任意态；↓—高到低电平跳变；↑—低到高电平跳变；Q^n（$\overline{Q}^n$）—现态；Q^{n+1}（$\overline{Q}^{n+1}$）—次态；φ—不定态。

JK 触发器常被用作缓冲存储器、移位寄存器和计数器。

3. D 触发器

D 触发器在时钟脉冲 CP 的上升沿（正跳变 0→1）发生翻转，触发器的次态取决于 CP 脉冲上升沿到来之前 D 端的状态，即次态 = D。因此，它具有置 0、置 1 两种功能。由于电路在 $CP=1$ 期间具有维持阻塞作用，所以在 $CP=1$ 期间，D 端的数据状态变化不会影响触发器的输出状态。

在输入信号为单端的情况下，D 触发器用起来最为方便，其状态方程为 $Q^{n+1}=D^n$，其输出状态的更新发生在 CP 脉冲的上升沿，故又称之为上升沿触发的边沿触发器。触发器的状态只取决于时钟到来前 D 端的状态。D 触发器的应用很广，可用作数字信号的寄存、移位寄存、分频和波形发生等。其有多种型号可供选用，如双 D 74LS74、四 D 74LS175、六 D 74LS174 等。

图 3-52 所示为双 D 74LS74 的引脚排列及逻辑符号，其功能见表 3-27。

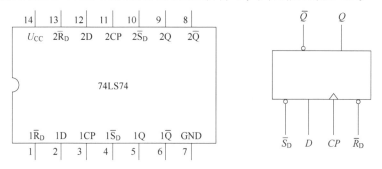

图 3-52　74LS74 引脚排列及逻辑符号

表 3-27 双 74LS74 功能表

输	入			输	出
$\overline{S}_D$	$\overline{R}_D$	CP	D	Q^{n+1}	$\overline{Q}^{n+1}$
0	1	×	×	1	0
1	0	×	×	0	1
0	0	×	×	φ	φ
1	1	↑	1	1	0
1	1	↑	0	0	1
1	1	↓	×	Q^n	$\overline{Q}^n$

4. 触发器之间的相互转换

在集成触发器产品中，每一种触发器都有自己固定的逻辑功能。但可以利用转换的方法获得具有其他功能的触发器。例如，将 JK 触发器的 J、K 两端连在一起，并视它为 T 端，就得到了所需的 T 触发器，如图 3-53a 所示，其状态方程为

$$Q^{n+1} = T\overline{Q}^n + \overline{T}Q^n$$

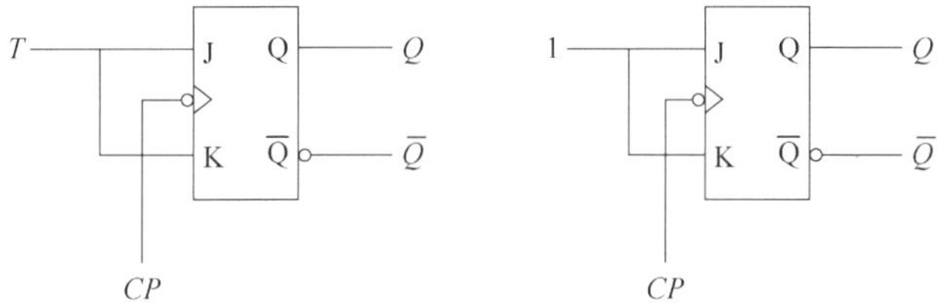

a) T 触发器　　　　　　　　b) T′ 触发器

图 3-53 JK 触发器转换为 T、T′触发器

T 触发器的功能见表 3-28。由功能表可知，当 $T=0$ 时，时钟脉冲作用后，其状态保持不变；当 $T=1$ 时，时钟脉冲作用后，触发器状态翻转。所以，将 T 触发器的 T 端置 1（见图 3-53b），即得 T′触发器。在 T′触发器的 CP 端每来一个脉冲信号，触发器的状态就翻转一次，故称之为翻转触发器，被广泛用于计数电路中。

表 3-28 T 触发器功能表

输	入			输 出
$\overline{S}_D$	$\overline{R}_D$	CP	T	Q^{n+1}
0	1	×	×	1
1	0	×	×	0
1	1	↓	0	Q^n
1	1	↓	1	$\overline{Q}^n$

同样，若将 D 触发器 $\overline{Q}$ 端与 D 端相连，便可转换为 T′触发器，如图 3-54 所示。JK 触发器也可转换为 D 触发器，如图 3-55 所示。

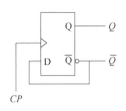

图 3-54　D 触发器转换为 T′触发器

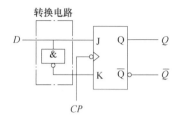

图 3-55　JK 触发器转换为 D 触发器

5. CMOS 触发器

（1）CMOS 边沿型 D 触发器　CC4013 是由 CMOS 传输门构成的边沿型 D 触发器。它是上升沿触发的双 D 触发器，表 3-29 为其功能表，图 3-56 所示为其引脚排列。

表 3-29　CC4013 功能表

输　入				输　出
S	R	CP	D	Q^{n+1}
1	0	×	×	1
0	1	×	×	0
1	1	×	×	φ
0	0	↑	1	1
0	0	↑	0	0
0	0	↓	×	Q^n

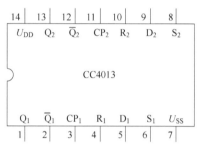

图 3-56　CC4013 引脚排列

（2）CMOS 边沿型 JK 触发器　CC4027 是由 CMOS 传输门构成的边沿型 JK 触发器，它是上升沿触发的双 JK 触发器，表 3-30 为其功能表，图 3-57 所示为其引脚排列。

表 3-30　CC4027 功能表

输　入					输　出
S	R	CP	J	K	Q^{n+1}
1	0	×	×	×	1
0	1	×	×	×	0
1	1	×	×	×	φ
0	0	↑	0	0	Q^n
0	0	↑	1	0	1
0	0	↑	0	1	0
0	0	↑	1	1	$\overline{Q^n}$
0	0	↓	×	×	Q^n

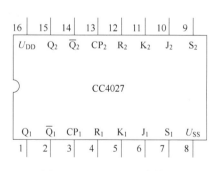

图 3-57　CC4027 引脚排列

CMOS 触发器的直接置位、复位输入端 S 和 R 是高电平有效，当 $S=1$（或 $R=1$）时，触发器将不受其他输入端所处状态的影响，使触发器直接接置 1（或置 0）。但直接置位、复位输入端 S 和 R 必须遵守 $RS=0$ 的约束条件。CMOS 触发器在按逻辑功能工作时，S 和 R 必须均置 0。

实训部分

【实训设备与器件】

①+5V 直流电源；②双踪示波器；③连续脉冲源；④单次脉冲源；⑤逻辑电平开关；⑥逻辑电平显示器；⑦74LS112（或 CC4027）、74LS00（或 CC4011）、74LS74（或 CC4013）。

【实训内容】

1. 测试基本 RS 触发器的逻辑功能

用两个与非门组成基本 RS 触发器（见图 3-50），输入端 $\overline{R}$、$\overline{S}$ 接逻辑开关的输出插口，输出端 Q、$\overline{Q}$ 接逻辑电平显示输入插口，按表 3-31 要求测试并记录。

表 3-31　基本 RS 触发器状态表

$\overline{R}$	$\overline{S}$	Q	$\overline{Q}$
1	1→0		
	0→1		
1→0	1		
0→1			
0	0		

2. 测试双 JK 触发器 74LS112 的逻辑功能

（1）测试 $\overline{R}_D$、$\overline{S}_D$ 端的复位、置位功能　任取一只 JK 触发器，$\overline{R}_D$、$\overline{S}_D$、J、K 端接逻辑开关输出插口，CP 端接单次脉冲源，Q、$\overline{Q}$ 端接至逻辑电平显示输入插口。要求改变 $\overline{R}_D$、$\overline{S}_D$（J、K、CP 处于任意状态），并在 $\overline{R}_D = 0$（$\overline{S}_D = 1$）或 $\overline{S}_D = 0$（$\overline{R}_D = 1$）作用期间任意改变 J、K 及 CP 的状态，观察 Q、$\overline{Q}$ 的状态。自拟表格并记录。

（2）测试 JK 触发器的逻辑功能　按表 3-32 的要求改变 J、K、CP 端状态，观察 Q、$\overline{Q}$ 的状态变化，观察触发器状态更新是否发生在 CP 脉冲的下降沿（即 CP 由 1→0），做好记录。

表 3-32　JK 触发器状态变化表

J	K	CP	Q^{n+1}	
			$Q^n = 0$	$Q^n = 1$
0	0	0→1		
		1→0		
0	1	0→1		
		1→0		
1	0	0→1		
		1→0		
1	1	0→1		
		1→0		

（3）将 JK 触发器的 J、K 端连在一起，构成 T 触发器　在 CP 端输入 1Hz 连续脉冲，观察 Q 端的变化。在 CP 端输入 1kHz 连续脉冲，用双踪示波器观察 CP、Q、$\overline{Q}$ 端的波形，注意相位关系，描绘波形图。

3. 测试双 D 触发器 74LS74 的逻辑功能

（1）测试 $\overline{R}_D$、$\overline{S}_D$ 端的复位、置位功能

测试方法同实训内容 2 的步骤 1），自拟表格并记录。

（2）测试 D 触发器的逻辑功能

按表 3-33 要求进行测试，并观察触发器状态更新是否发生在 CP 脉冲的上升沿（即由 0→1），做好记录。

表 3-33　D 触发器状态表

D	CP	Q^{n+1}	
		$Q^n = 0$	$Q^n = 1$
0	0→1		
	1→0		
1	0→1		
	1→0		

（3）将 D 触发器的 $\overline{Q}$ 端与 D 端相连接，构成 T′触发器

测试方法同实训内容 2 的步骤 3），做记录。

4. 双相时钟脉冲电路

由 JK 触发器及与非门构成的双相时钟脉冲电路如图 3-58 所示，此电路用来将时钟脉冲 CP 转换成两相时钟脉冲 CP_A 及 CP_B，其频率相同、相位不同。

分析电路工作原理，并按图 3-58 接线，用双踪示波器同时观察 CP 和 CP_A、CP 和 CP_B、CP_A 和 CP_B 的波形，并绘制成图。

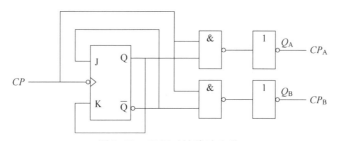

图 3-58　双相时钟脉冲电路

5. 乒乓球练习电路

电路功能要求：模拟两名运动员在练球时，乒乓球能往返运转。

提示：采用双 D 触发器 74LS74 设计实训电路，两个 CP 触发脉冲分别由两名运动员操作，两触发器的输出状态用逻辑电平显示器显示。

【实训总结】

1）列表整理各类触发器的逻辑功能。

2）总结观察到的波形，说明触发器的触发方式。

3）总结触发器的应用。

4）利用普通机械开关组成的数据开关所产生的信号是否可作为触发器的时钟脉冲信号？为什么？是否可以用作触发器其他输入端的信号？为什么？

【实训思考】

1）复习有关触发器的内容。

2）列出各触发器功能测试表格。

3）按实训内容 4、5 的要求设计电路，并拟定实训方案。

➡ 实训九 ⬅

各种进制计数器的设计与应用

➡ 内容说明

1）学习用集成触发器构成计数器的方法。

2）掌握中规模集成计数器的使用及功能测试方法。

3）运用集成计数器构成 $1/N$ 分频器。

➡ 知识链接

在数字电路中，1 位二进制数码的 0 和 1 不仅可以表示数量的大小，还可以表示两种不同的逻辑状态。我们可以用 1 和 0 分别表示一件事情的是和非、真和假、有和无、好和坏，或者表示电路的通和断、灯泡的亮和灭等。

在数字电子计算机中，二进制的正负号也用 0 和 1 表示，以最高位作为符号位，正数为 0，负数为 1。例如，$(01010111)_2 = (+87)_{10}$，其中各位的 0 和 1 表示数值。用这种方式表示的数码称为原码。

为了简化运算电路，数字电路中两数相减的运算是用它的补码相加来完成的。二进制数的补码是这样定义的：最高位为符号位，正数为 0，负数为 1；正数的补码和它的原码相同；负数的补码为原码的数值位逐位求反，然后在最低位上加 1。

当两个二进制数码表示两个数量大小时，它们之间可以进行数值运算，这种运算称为算术运算。二进制算术运算和十进制算术运算的规则基本相同，唯一的区别在于二进制数是逢二进一而不是十进制数的逢十进一。

在一般使用中，有二进制、八进制、十六进制、十进制。

八进制数是逢八进一，十六进制数是逢十六进一。

十六进制数分别用以下符号表示：0、1、2、3、4、5、6、7、8、9、A（代表 10）、B（代表 11）、C（代表 12）、D（代表 13）、E（代表 14）、F（代表 15）。

计数器是一个用以实现计数功能的时序部件，它不仅可以用来计脉冲数，还常用作数字系统的定时、分频和执行数字运算以及其他特定的逻辑功能。

计数器的种类很多。按构成计数器中的各触发器是否使用同一个时钟脉冲源，可分为同步计数器和异步计数器。根据计数制的不同，可分为二进制计数器、十进制计数器和其他进制计数器。根据计数的增减趋势，又可分为加法、减法和可逆计数器。还有可预置数和可编程序功能计数器等。目前，无论是 TTL 还是 CMOS 集成电路，都具有品种较齐全的中规模集成计数器。使用者只需借助器件手册提供的功能表、工作波形图以及引出端的排列，就能正确地运用这些器件。

1. 用 D 触发器构成异步二进制加/减法计数器

图 3-59 所示为用 4 只 D 触发器构成的 4 位二进制异步加法计数器，它的连接特点是将每只 D 触发器接成 T′ 触发器，再将低位触发器的 $\overline{Q}$ 端与高一位的 CP 端相连接。

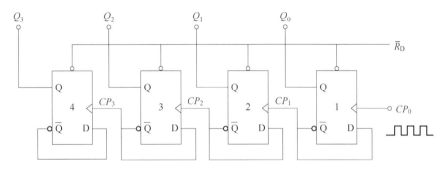

图 3-59 4 位二进制异步加法计数器

若将图 3-59 稍加改动，即将低位触发器的 Q 端与高一位的 CP 端相连接，即构成了一个 4 位二进制减法计数器。

2. 中规模十进制计数器

CC40192 是同步十进制可逆计数器，具有双时钟输入，并具有清除和置数等功能，其引脚排列及逻辑符号如图 3-60 所示。

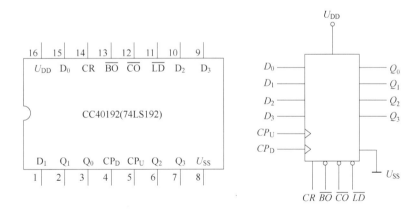

图 3-60 CC40192 引脚排列及逻辑符号

CC40192 引脚说明如下：

$\overline{LD}$——置数端。

CP_U——加计数端。

CP_D——减计数端。

$\overline{CO}$——非同步进位输出端。

$\overline{BO}$——非同步借位输出端。

$D_0 \sim D_3$——计数器输入端。

$Q_0 \sim Q_3$——数据输出端。

CR——清除端。

CC40192（同74LS192，两者可互换使用）的功能见表3-34。

表3-34 CC40192 功能表

输 入								输 出			
CR	$\overline{LD}$	CP_U	CP_D	D_3	D_2	D_1	D_0	Q_3	Q_2	Q_1	Q_0
1	×	×	×	×	×	×	×	0	0	0	0
0	0	×	×	d	c	b	a	d	c	b	a
0	1	↑	1	×	×	×	×	加计数			
0	1	1	↑	×	×	×	×	减计数			

说明如下：

当 CR 为高电平时，计数器直接清零；CR 为低电平时则执行其他功能。

当 CR 为低电平、$\overline{LD}$ 也为低电平时，数据直接从置数端 $D_0 \sim D_3$ 置入计数器。

当 CR 为低电平、$\overline{LD}$ 为高电平时，执行计数功能。执行加计数时，减计数端 CP_D 接高电平，计数脉冲由 CP_U 输入；在计数脉冲上升沿进行8421码十进制加法计数。执行减计数时，加计数端 CP_U 接高电平，计数脉冲由减计数端 CP_D 输入，表3-35为8421码十进制加/减法计数器的状态转换表。

表3-35 8421码十进制加/减法计数器状态转换表

加法计数 →

输入脉冲数		0	1	2	3	4	5	6	7	8	9
输出	Q_3	0	0	0	0	0	0	0	0	1	1
	Q_2	0	0	0	0	1	1	1	1	0	0
	Q_1	0	0	1	1	0	0	1	1	0	0
	Q_0	0	1	0	1	0	1	0	1	0	1

减法计数 ←

3. 计数器的级联使用

一个十进制计数器只能表示 $0 \sim 9$ 十个数，为了扩大计数器计算范围，常将多个十进制计数器级联使用。同步计数器往往设有进位（或借位）输出端，故可选用其进位（或借位）输出信号驱动下一级计数器。图3-61所示为由CC40192利用进位输出 $\overline{CO}$ 控制高一位的 CP_U 端构成的加数级联电路。

4. 实现任意进制计数

（1）用复位法获得任意进制计数器 假定已有 N 进制计数器，而需要得到一个 M 进制计数器时，只要 $M < N$，用复位法使计数器计数到 M 时置0，即获得 M 进制计数器。图3-62所示为一个由CC40192十进制计数器接成的六进制计数器。

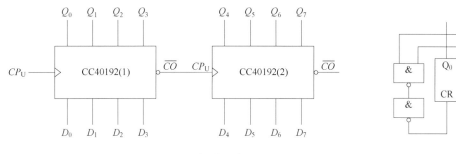

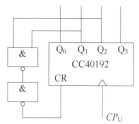

图 3-61　CC40192 级联电路　　　　　　　　图 3-62　六进制计数器

（2）利用预置功能获得 M 进制计数器　图 3-63 所示为由三个 CC40192 组成的 421 进制计数器。外加的由与非门构成的锁存器可以克服器件计数速度的离散性，保证在反馈置 0 信号作用下计数器可靠置 0。

CC40192×3

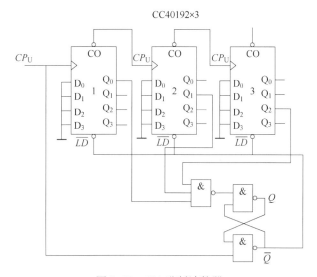

图 3-63　421 进制计数器

图 3-64 所示为一个特殊十二进制的计数器电路方案。在数字钟里，对时位的计数序列是 1、2、…、11、12、1…是十二进制的，且无数码 0。图中，当计数到 13 时，通过与非门

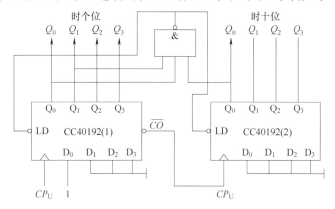

图 3-64　特殊十二进制计数器电路方案

产生一个复位信号，将 CC40192（2）（时十位）直接置成 0000，而 CC40192（1），即时的个位直接置成 0001，从而实现了 1～12 计数。

➡ 实训部分

【实训设备与器件】

①+5V 直流电源；②双踪示波器；③连续脉冲源；④单次脉冲源；⑤逻辑电平开关；⑥逻辑电平显示器；⑦译码显示器；⑧ CC4013×2（74LS74）、CC40192×3（74LS192）、CC4011（74LS00）、CC4012（74LS20）。

【实训内容】

1. 用 D 触发器（CC4013 或 74LS74）**构成 4 位二进制异步加法计数器**

1）按图 3-59 接线，$\overline{R_D}$ 端接至逻辑开关输出插口，将低位 CP_0 端接单次脉冲源，输出 $Q_3 \sim Q_0$ 接逻辑电平显示输入插口，各 $\overline{S_D}$ 端接高电平 1。

2）清零后，逐个送入单次脉冲，观察并列表记录 $Q_3 \sim Q_0$ 的状态。

3）将单次脉冲改为 1Hz 的连续脉冲，观察 $Q_3 \sim Q_0$ 的状态。

4）将 1Hz 的连续脉冲改为 1kHz 连续脉冲，用双踪示波器观察 CP、$Q_3 \sim Q_0$ 的波形并描绘。

5）将图 3-59 电路中的低位触发器的 Q 端与高一位的 CP 端相连接，构成减法计数器，按实训步骤 2）～4）进行实训，观察并列表记录 $Q_3 \sim Q_0$ 的状态。

2. 测试 CC40192 或 74LS192 同步十进制可逆计数器的逻辑功能

计数脉冲由单次脉冲源提供，清除端 CR、置数端 $\overline{LD}$、数据输入端 $D_3 \sim D_0$ 分别接逻辑开关，输出端 $Q_3 \sim Q_0$ 接实训设备的一个译码显示输入相应插口 A～D；$\overline{CO}$ 和 $\overline{BO}$ 端接逻辑电平显示插口。按表 3-34 逐项测试并判断该计数器的功能是否正常。

1）清除。令 $CR = 1$，其他输入为任意态，这时 $Q_3 Q_2 Q_1 Q_0 = 0000$，译码数字显示为 0。清除功能完成后，置 $CR = 0$。

2）置数。$CR = 0$，CP_U、CP_D 任意，数据输入端输入任意一组二进制数，令 $\overline{LD} = 0$，观察计数译码显示输出，预置功能是否完成，此后置 $\overline{LD} = 1$。

3）加计数。$CR = 0$，$\overline{LD} = CP_D = 1$，CP_U 接单次脉冲源。清零后送入 10 个单次脉冲，观察译码数字显示是否按 8421 码十进制状态转换表进行；输出状态变化是否发生在 CP_U 的上升沿。

4）减计数。$CR = 0$，$\overline{LD} = CP_U = 1$，CP_D 接单次脉冲源。参照步骤（3）进行实训。

3. 其他实训内容

1）电路如图 3-61 所示，用两片 CC40192 组成 2 位十进制加法计数器，输入 1Hz 连续计数脉冲，进行由 00～99 累加计数，记录结果。

2）将 2 位十进制加法计数器改为 2 位十进制减法计数器，实现由 99～00 递减计数，记录结果。

3）按图 3-62 电路进行实训，记录结果。

4）按图 3-63 或图 3-64 进行实训，记录结果。

5）设计一个数字钟移位 60 进制计数器并进行实训。

【实训总结】

1）画出实训电路图，记录、整理实训现象及实训所得的有关波形。对实训结果进行分析。

2）总结使用集成计数器的体会。

【实训思考】

1）复习有关计数器部分的内容。

2）绘出各实训内容的详细电路图。

3）拟出各实训内容所需的测试记录表格。

4）查手册，给出并熟悉实训所用各集成块的引脚排列图。

实训十

移位寄存器及其应用

内容说明

1）掌握中规模 4 位双向移位寄存器的逻辑功能及使用方法。
2）熟悉移位寄存器的应用——实现数据的串行、并行转换和构成环形计数器。

知识链接

寄存器是用于暂时存放二进制数码的时序逻辑部件，广泛应用于各类数字系统中。

移位寄存器是一个具有移位功能的寄存器，是指寄存器中所存的代码能够在移位脉冲的作用下依次左移或右移。既能左移又能右移的称为双向移位寄存器，只需要改变左、右移的控制信号便可实现双向移位要求。根据移位寄存器存取信息的方式不同可分为串入串出、串入并出、并入串出、并入并出四种形式。

本实训选用 4 位双向通用移位寄存器，型号为 CC40194 或 74LS194，两者功能相同，可互换使用，其逻辑符号及引脚排列如图 3-65 所示。

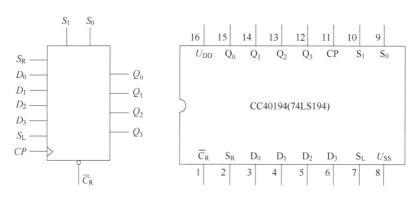

图 3-65　CC40194 的逻辑符号及引脚排列

其中，$D_0 \sim D_3$ 为并行输入端；$Q_0 \sim Q_3$ 为并行输出端；S_R 为右移串行输入端，S_L 为左移串行输入端；S_1、S_0 为操作模式控制端；$\overline{C_R}$ 为直接无条件清零端；CP 为时钟脉冲输入端。

CC40194 有 5 种不同的操作模式：并行送数寄存、右移（方向由 $Q_0 \rightarrow Q_3$）、左移（方向由 $Q_3 \rightarrow Q_0$）、保持及清零。S_1、S_0 和 $\overline{C_R}$ 端的控制作用见表 3-36。

表 3-36　S_1、S_0 和 $\overline{C_R}$ 端的控制作用表

功能	输 入									输 出			
	CP	$\overline{C_R}$	S_1	S_0	S_R	S_L	D_0	D_1	D_2	D_3	Q_0	Q_1	Q_2	Q_3
清除	×	0	×	×	×	×	×	×	×	×	0	0	0	0
送数	↑	1	1	1	×	×	a	b	c	d	a	b	c	d
右移	↑	1	0	1	D_{SR}	×	×	×	×	×	D_{SR}	Q_0	Q_1	Q_2
左移	↑	1	1	0	×	D_{SL}	×	×	×	×	Q_1	Q_2	Q_3	D_{SL}
保持	↑	1	0	0	×	×	×	×	×	×	Q_0^n	Q_1^n	Q_2^n	Q_3^n
保持	↓	1	×	×	×	×	×	×	×	×	Q_0^n	Q_1^n	Q_2^n	Q_3^n

移位寄存器的应用很广泛，可构成移位寄存器型计数器、顺序脉冲发生器、串行累加器，也可用作数据转换，即把串行数据转换为并行数据，或把并行数据转换为串行数据等。本实训研究移位寄存器用作环形计数器和数据的串并行转换。

1. 环形计数器

把移位寄存器的输出反馈到它的串行输入端，就构成了环形计数器。如图 3-66 所示，把输出端 Q_3 和右移串行输入端 S_R 相连接，设初始状态 $Q_0Q_1Q_2Q_3 = 1000$，则在时钟脉冲作用下，$Q_0Q_1Q_2Q_3$ 将依次变为 0100→0010→0001→1000→……见表 3-37。可见，它是一个具有 4 个有效状态的计数器，这种类型的计数器通常称为环形计数器。图 3-66 所示电路可以由各个输出端输出在时间上有先后顺序的脉冲，因此也可作为顺序脉冲发生器。

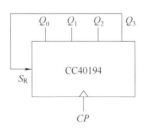

图 3-66　环形计数器

表 3-37　计数器的 4 个有效状态

CP	Q_0	Q_1	Q_2	Q_3
0	1	0	0	0
1	0	1	0	0
2	0	0	1	0
3	0	0	0	1

如果将输出端 Q_0 与左移串行输入端 S_L 相连接，即可实现左移循环移位。

2. 实现数据串并行转换

（1）串行/并行转换器　串行/并行转换是指串行输入的数码经转换电路之后变换成并行输出。图 3-67 所示为用两片 CC40194（74LS194）组成的 7 位串行/并行数据转换器。

在图 3-67 中，S_0 端接高电平 1，S_1 端受 Q_7 控制，两片寄存器连接成串行输入右移工作模式。Q_7 是转换结束标志，当 $Q_7 = 1$ 时，$S_1 = 0$，使之成为 $S_1S_0 = 01$ 的串入右移工作方式，当 $Q_7 = 0$ 时，$S_1 = 1$，有 $S_1S_0 = 11$，则串行送数结束，标志着串行输入的数据已转换成并行输出了。

串行/并行转换的具体过程如下：

转换前，$\overline{C_R}$ 端加低电平，使两片寄存器的内容清零，此时 $S_1S_0 = 11$，寄存器执行并行输入工作方式。当第一个 CP 脉冲到来后，寄存器的输出状态 $Q_0 \sim Q_7$ 为 01111111，与此同

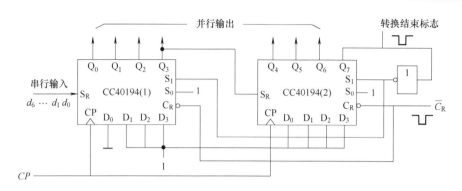

图 3-67　7位串行/并行转换器

时，$S_1 S_0$ 变为 01，转换器变为执行串行输入右移工作方式，串行输入数据由 CC40194（1）的 S_R 端加入。随着 CP 脉冲的依次加入，输出状态的变化可列成表 3-38。

表 3-38　输出状态表

CP	Q_0	Q_1	Q_2	Q_3	Q_4	Q_5	Q_6	Q_7	说明
0	0	0	0	0	0	0	0	0	清零
1	0	1	1	1	1	1	1	1	送数
2	d_0	0	1	1	1	1	1	1	右
3	d_1	d_0	0	1	1	1	1	1	移
4	d_2	d_1	d_0	0	1	1	1	1	操
5	d_3	d_2	d_1	d_0	0	1	1	1	作
6	d_4	d_3	d_2	d_1	d_0	0	1	1	7
7	d_5	d_4	d_3	d_2	d_1	d_0	0	1	次
8	d_6	d_5	d_4	d_3	d_2	d_1	d_0	0	
9	0	1	1	1	1	1	1	1	送数

由表 3-38 可见，右移操作 7 次之后，Q_7 变为 0，$S_1 S_0$ 又变为 11，说明串行输入结束。这时，串行输入的数码已经转换为并行输出。

当再来一个 CP 脉冲时，电路又重新执行一次并行输入，为第二组串行数码转换做好了准备。

（2）并行/串行转换器　并行/串行转换器是指并行输入的数码经转换电路之后变换成串行输出。图 3-68 是用两片 CC40194（74LS194）组成的 7 位并行/串行转换器，它比图 3-67 多了两个与非门 G_1 和 G_2，电路工作方式同样为右移。

寄存器清零后，加一个转换启动信号（负脉冲或低电平）。此时，由于 $S_1 S_0$ 为 11，转换器执行并行输入操作。当第一个 CP 脉冲到来后，$Q_0 \sim Q_7$ 的状态为 $D_0 D_1 D_2 D_3 D_4 D_5 D_6 D_7$，并行输入数码存入寄存器。从而使得 G_1 输出为 1、G_2 输出为 0，结果，$S_1 S_2$ 变为 01，转换器随着 CP 脉冲的加入，开始执行右移串行输出，随着 CP 脉冲的依次加入，输出状态依次右移，待右移操作 7 次后，$Q_0 \sim Q_6$ 的状态都为高电平 1，与非门 G_1 输出为低电平、G_2 输出为高电平，$S_1 S_2$ 又变为 11，表示并行/串行转换结束，且为第二次并行输入创造了条件。转换过程见表 3-39。

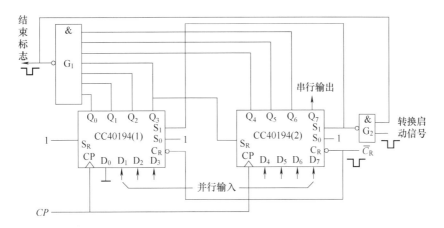

图 3-68　7 位并行/串行转换器

表 3-39　转换过程表

CP	Q_0	Q_1	Q_2	Q_3	Q_4	Q_5	Q_6	Q_7	串行输出
0	0	0	0	0	0	0	0	0	
1	0	D_1	D_2	D_3	D_4	D_5	D_6	D_7	
2	1	0	D_1	D_2	D_3	D_4	D_5	D_6	D_7
3	1	1	0	D_1	D_2	D_3	D_4	D_5	D_6　D_7
4	1	1	1	0	D_1	D_2	D_3	D_4	D_5　D_6　D_7
5	1	1	1	1	0	D_1	D_2	D_3	D_4　D_5　D_6　D_7
6	1	1	1	1	1	0	D_1	D_2	D_3　D_4　D_5　D_6　D_7
7	1	1	1	1	1	1	0	D_1	D_2　D_3　D_4　D_5　D_6　D_7
8	1	1	1	1	1	1	1	0	D_1　D_2　D_3　D_4　D_5　D_6　D_7
9	0	D_1	D_2	D_3	D_4	D_5	D_6	D_7	

　　中规模集成移位寄存器的位数往往以 4 位居多，当需要的位数多于 4 位时，可以通过几片移位寄存器级联的方法来扩展位数。

➡ 实训部分

【实训设备及器件】

　　① +5V 直流电源；②单次脉冲源；③逻辑电平开关；④逻辑电平显示器；⑤CC40194 × 2（74LS194）、CC4011（74LS00）、CC4068（74LS30）。

【实训内容】

1. 测试 CC40194（或 74LS194）的逻辑功能

　　按图 3-69 接线，$\overline{C}_R$、S_1、S_0、S_L、S_R、D_0、D_1、D_2、D_3 端分别接至逻辑开关的输出插

口；Q_0、Q_1、Q_2、Q_3端接至逻辑电平显示输入插口。CP 端接单次脉冲源。按表3-40 规定的输入状态逐项进行测试。

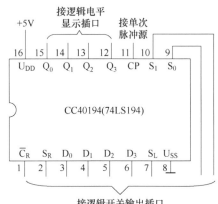

图 3-69 CC40194 逻辑功能测试

表 3-40 测试表

清除	模式		时钟	串行		输入	输出	功能总结
$\overline{C}_R$	S_1	S_0	CP	S_L	S_R	$D_0\ D_1 D_2 D_3$	$Q_0\ Q_1\ Q_2\ Q_3$	
0	×	×	×	×	×	× × × ×		
1	1	1	↑	×	×	$a\ b\ c\ d$		
1	0	1	↑	×	0	× × × ×		
1	0	1	↑	×	1	× × × ×		
1	0	1	↑	×	0	× × × ×		
1	0	1	↑	×	0	× × × ×		
1	1	0	↑	1	×	× × × ×		
1	1	0	↑	1	×	× × × ×		
1	1	0	↑	1	×	× × × ×		
1	1	0	↑	1	×	× × × ×		
1	0	0	↑	×	×	× × × ×		

（1）清除 令 $\overline{C}_R = 0$，其他输入均为任意态，这时寄存器输出 $Q_0 \sim Q_3$ 应均为0。清除后，置 $\overline{C}_R = 1$。

（2）送数 令 $\overline{C}_R = S_1 = S_0 = 1$，送入任意4位二进制数，如 $D_0 D_1 D_2 D_3 = abcd$，加 CP 脉冲，观察 $CP = 0$、CP 由 $0 \rightarrow 1$、CP 由 $1 \rightarrow 0$ 三种情况下寄存器输出状态的变化，观察寄存器输出状态变化是否发生在 CP 脉冲的上升沿。

（3）右移 清零后，令 $\overline{C}_R = 1$、$S_1 = 0$、$S_0 = 1$，由右移输入端 S_R 送入二进制数码如 0100，连续加4个 CP 脉冲，观察输出情况，记录结果。

（4）左移　先清零或预置，再令 $\overline{C}_R = 1$、$S_1 = 1$、$S_0 = 0$，由左移输入端 S_L 送入二进制数码如 1111，连续加 4 个 CP 脉冲，观察输出端情况，记录结果。

（5）保持　寄存器预置任意 4 位二进制数码 $abcd$，令 $\overline{C}_R = 1$、$S_1 = S_0 = 0$，加 CP 脉冲，观察寄存器输出状态，记录结果。

2. 环形计数器

自拟实训电路用并行送数法预置寄存器为某二进制数码（如 0100），然后进行右移循环，观察寄存器输出端状态的变化，记入表 3-41 中。

表 3-41　寄存器输出

CP	Q_0	Q_1	Q_2	Q_3
0	0	1	0	0
1				
2				
3				
4				

3. 实现数据的串并行转换

（1）串行输入、并行输出　按图 3-67 接线，进行右移串入、并出实训，串入数码自定；改接电路用左移方式实现并行输出。自拟表格并记录。

（2）并行输入、串行输出　按图 3-68 接线，进行右移并入、串出实训，并入数码自定，再改接电路用左移方式实现串行输出。自拟表格并记录。

【实训总结】

1）分析表 3-40 的实训结果，总结移位寄存器 CC40194 的逻辑功能并写入表格功能总结一栏中。

2）根据实训内容 2 的结果画出 4 位环形计数器的状态转换图及波形图。

3）分析串行/并行、并行/串行转换器所得结果的正确性。

【实训思考】

1）复习有关寄存器及串并行转换器的有关内容。

2）查阅 CC40194、CC4011 及 CC4068 的逻辑电路，熟悉其逻辑功能及引脚排列。

3）在对 CC40194 进行送数后，若要使输出端改成另外的数码，是否一定要使寄存器清零？

4）使寄存器清零，除采用 $\overline{C}_R$ 输入低电平外，可否采用右移或左移的方法？可否使用并行送数法？若可行，如何进行操作？

5）若进行循环左移，图 3-68 应如何改接？

6）画出用两片 CC40194 构成的 7 位左移串/并行转换器电路。

7）画出用两片 CC40194 构成的 7 位左移并行/串行转换器电路。

实训十一

脉冲分配器及其应用

内容说明

1) 熟悉集成时序脉冲分配器的使用方法及其应用。

2) 学习步进电动机环形脉冲分配器的组成方法。

知识链接

脉冲分配器的作用是产生多路顺序脉冲信号，它可以由计数器和译码器组成，也可以由环形计数器构成。图 3-70 中 CP 系列脉冲经 N 位二进制计数器和相应的译码器，可以转变为 2^N 路顺序输出脉冲。

1. 集成时序脉冲分配器 CC4017

CC4017 是按 BCD 计数/时序译码器组成的分配器。其逻辑符号如图 3-71 所示，引脚功能见表 3-42。

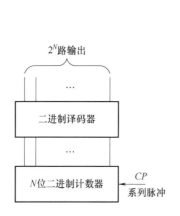

图 3-70　脉冲分配器的组成

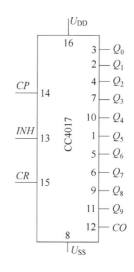

图 3-71　CC4017 的逻辑符号

表 3-42　功能表

输　入			输　出	
CP	INH	CR	$Q_0 \sim Q_9$	CO
×	×	1	Q_0	
↑	0	0	计数	计数脉冲为 $Q_0 \sim Q_4$ 时，$CO = 1$
1	↓	0		
0	×	0	保持	计数脉冲为 $Q_5 \sim Q_9$ 时，$CO = 0$
×	1	0		
↓	×	0		
×	↑	0		

其中，CO 为进位脉冲输出端；CP 为时钟输入端；CR 为清除端；INH 为禁止端；$Q_0 \sim Q_9$ 为计数脉冲输出端。

CC4017 的输出波形如图 3-72 所示。

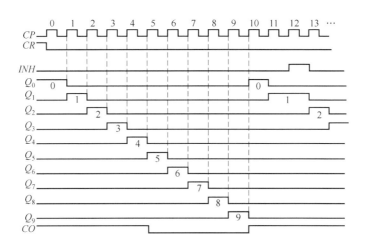

图 3-72　CC4017 的输出波形图

CC4017 的应用十分广泛，可用于十进制计数、分频、$1/N$ 计数（$N = 2 \sim 10$ 时只需用一块，$N > 10$ 时可用多块级联）。图 3-73 所示为由两片 CC4017 组成的 60 分频电路。

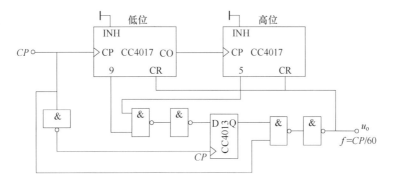

图 3-73　60 分频电路

2. 步进电动机的环形脉冲分配器

图 3-74 所示为某一三相步进电动机的驱动电路示意图。

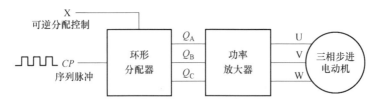

图 3-74　三相步进电动机的驱动电路示意图

U、V、W 分别表示步进电动机的三相绕组。步进电动机按三相六拍方式运行，即要求步进电动机正转时，控制端 $X=1$，使电动机三相绕组的通电顺序为 U→UV→V→VW→W→WU；要求步进电动机反转时，令控制端 $X=0$，三相绕组的通电顺序改为 U→UW→W→WV→V→VU。

图 3-75 所示为由 3 个 JK 触发器构成的按六拍通电方式的脉冲环形分配器，以供参考。

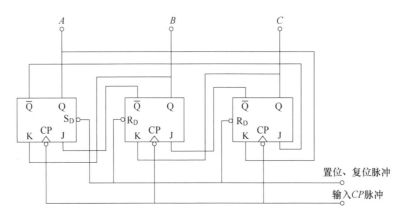

图 3-75　六拍通电方式的脉冲环行分配器逻辑图

要使步进电动机反转，通常应加有正转脉冲输入控制端和反转脉冲输入控制端。

此外，由于步进电动机三相绕组任何时刻都不得出现 U、V、W 三相同时通电或同时断电的情况，所以脉冲分配器的三路输出不允许出现 111 和 000 两种状态，为此，可以给电路加初态预置环节。

➡ 实训部分

【实训设备与器件】

① +5V 直流电源；② 双踪示波器；③ 连续脉冲源；④ 单次脉冲源；⑤ 逻辑电平开关；⑥ 逻辑电平显示器；⑦ CC4017 ×2 、CC4013 ×2、CC4027 ×2、CC4011 ×2、CC4085 ×2。

【实训内容】

1. CC4017 逻辑功能测试

1）参照图 3-71，INH、CR 端接逻辑开关的输出插口，CP 端接单次脉冲源，$Q_0 \sim Q_9$ 十个输出端接至逻辑电平显示输入插口，按功能表要求操作各逻辑开关。清零后，连续送出 10 个脉冲信号，通过 10 个发光二极管的显示状态观察 CC4017 的功能，并列表记录。

2）CP 改接为 1Hz 连续脉冲，观察并记录输出状态。

2. 60 分频电路测试

按图 3-73 电路接线，自拟实训方案验证 60 分频电路的正确性。

3. 步进电动机的环形脉冲分配器测试

参照图 3-75 的电路，设计一个用环形分配器构成的驱动三相步进电动机可逆运行的三相六拍环形分配器电路，要求如下：

1）环形分配器由 CC4013 双 D 触发器、CC4085 与或非门组成。

2）由于电动机三相绕组在任何时刻都不应出现同时通电、同时断电的情况，在设计中要做到这一点。

3）电路安装好后，先用手控送入 CP 脉冲进行调试，然后加入系列脉冲进行动态实训。

4）整理数据、分析实训中出现的问题，写出实训报告。

【实训总结】

1）画出完整的实训电路。

2）总结分析实训结果。

【实训思考】

1）复习有关脉冲分配器的原理。

2）按实训任务要求设计实训电路，并拟定实训方案及步骤。

实训十二

使用门电路产生脉冲信号——自激多谐振荡器

内容说明

1）掌握使用门电路构成脉冲信号发生电路的基本方法。
2）掌握影响输出脉冲波形参数的定时元器件数值的计算方法。
3）学习石英晶体稳频原理和使用石英晶体构成振荡器的方法。

知识链接

与非门作为一个开关倒相器件，可用以构成各种脉冲波形的发生电路。电路的基本工作原理是利用电容器的充放电，当输入电压达到与非门的阈值电压 U_T 时，门的输出状态即发生变化。因此，电路输出的脉冲波形参数直接取决于电路中阻容元件的数值。

1. 非对称型多谐振荡器

如图 3-76 所示，与非门 G_3（用与非门实现非门功能，下同）用于输出波形整形。非对称型多谐振荡器的输出波形是不对称的，当用 TTL 与非门组成时，输出脉冲宽度：$t_{w1} = RC$，$t_{w2} = 1.2RC$，$T = 2.2RC$。

调节 R 和 C 值，可改变输出信号的振荡频率，通常用改变 C 值实现输出频率的粗调，改变电位器阻值 RP 实现输出频率的细调。

2. 对称型多谐振荡器

如图 3-77 所示，由于电路完全对称，电容器的充放电时间常数相同，故输出为对称的方波。改变 R 和 C 的值，可以改变输出振荡频率。与非门 G_3 用于输出波形整形。一般取 $R \leq 1\text{k}\Omega$，当 $R = 1\text{k}\Omega$、$C = 100\text{pF} \sim 100\mu\text{F}$ 时，f 为几赫到几兆赫，脉冲宽度：$t_{w1} = t_{w2} = 0.7RC$，$T = 1.4RC$。

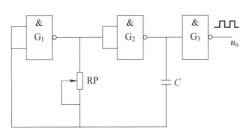

图 3-76 非对称型多谐振荡器

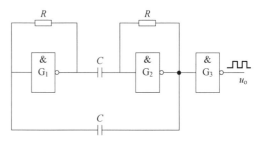

图 3-77 对称型多谐振荡器

3. 带 RC 电路的环形振荡器

电路如图 3-78 所示，与非门 G_4 用于输出波形整形，R 为限流电阻，一般取 100Ω，要求电位器 RP 阻值不大于 $1k\Omega$，电路利用电容器 C 的充放电过程控制 D 点电压 U_D，从而控制与非门的自动启闭，形成多谐振荡，电容器 C 的充电时间 t_{w1}、放电时间 t_{w2} 和总的振荡周期 T 分别为：$t_{w1} \approx 0.94RC$，$t_{w2} \approx 1.26RC$，$T \approx 2.2RC$。

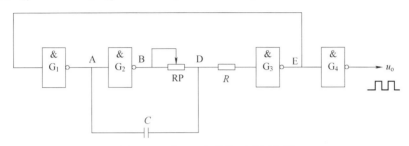

图 3-78 带 RC 电路的环形振荡器

调节 R 和 C 的大小可以改变电路输出的振荡频率。

以上这些电路的状态转换都发生在与非门输入电平达到门的阈值电压 U_T 的时刻。在 U_T 附近，电容器的充放电速度已经缓慢，而且 U_T 本身也不够稳定，易受温度、电源电压变化等因素以及干扰的影响。因此，电路输出频率的稳定性较差。

4. 石英晶体稳频的多谐振荡器

当要求多谐振荡器的工作频率稳定性很高时，上述几种多谐振荡器的精度已不能满足要求。为此，常以石英晶体作为信号频率的基准。由石英晶体与门电路构成的多谐振荡器常用来为微型计算机等提供时钟信号。

图 3-79 所示为常用的石英晶体稳频多谐振荡器。图 3-79a、b 所示为由 TTL 器件组成的

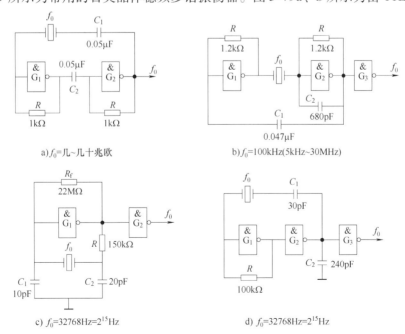

图 3-79 常用的石英晶体稳频多谐振荡器

石英晶体振荡电路；图 3-79c、d 所示为由 CMOS 器件组成的石英晶体振荡电路，一般用于电子表中，其中石英晶体的 $f_0 = 32768\text{Hz}$。

在图 3-79c 中，门 G_1 用于振荡，门 G_2 用于缓冲整形；R_f 是反馈电阻器，通常为几十兆欧，一般选 $22\text{M}\Omega$；R 起稳定振荡作用，通常取十~几百千欧；C_1 是频率微调电容器，C_2 用于温度特性校正。

➡ 实训部分

【实训设备与器件】

①+5V 直流电源；②双踪示波器；③数字频率计；④74LS00（或 CC4011）晶体振荡器（32768Hz）；⑤电位器、电阻器、电容器若干。

【实训内容】

用与非门 74LS00 按图 3-76 构成多谐振荡器，其中 RP 为 $10\text{k}\Omega$ 电位器，$C = 0.01\mu\text{F}$：

1）用示波器观察输出波形及电容器 C 两端的电压波形，列表并记录。

2）调节电位器并观察输出波形的变化，测出上、下限频率。

3）用一只 $100\mu\text{F}$ 电容器跨接在 74LS00 的 14 引脚与 7 引脚的最近处，观察并记录输出波形的变化及电源上纹波信号的变化。

用 74LS00 按图 3-77 接线，取 $R = 1\text{k}\Omega$，$C = 0.047\mu\text{F}$，用示波器观察输出波形，记录结果。

用 74LS00 按图 3-78 接线，其中定时电阻器 RP 用一个 510Ω 与一个 $1\text{k}\Omega$ 的电位器串联代替，取 $R = 100\Omega$，$C = 0.1\mu\text{F}$：

1）RP 调到最大时，观察并记录 A、B、D、E 各点及 u_o 的电压波形，测出 u_o 的周期 T 和负脉冲宽度（电容器 C 的充电时间），并与理论计算值比较。

2）改变 RP 值，观察输出信号 u_o 波形的变化情况。

按图 3-79c 接线，石英晶体振荡器选用电子表晶体振荡器（32768Hz），与非门选用 CC4011，用示波器观察输出波形，用频率计测量输出信号频率，记录结果。

【实训总结】

1）画出实训电路，整理实训数据并与理论值进行比较。

2）用方格纸画出实训观测到的工作波形图，对实训结果进行分析。

【实训思考】

1）复习自激多谐振荡器的工作原理。

2）画出详细的实训电路图。

3）拟好记录、实训数据表格等。

实训十三

单稳态触发器与施密特触发器——
脉冲延时与波形整形电路

实训说明

1）掌握使用集成门电路构成单稳态触发器的基本方法。

2）熟悉集成单稳态触发器的逻辑功能及使用方法。

3）熟悉集成施密特触发器的性能及应用。

知识链接

数字电路中常使用矩形脉冲作为信号进行信息传递，或作为时钟信号来控制和驱动电路，使各部分协调动作。本实训主要介绍自激多谐振荡器，有单稳态触发器，它需要在外加触发信号的作用下输出具有一定宽度的矩形脉冲波；有施密特触发器（整形电路），它对外加输入的正弦波等波形进行整形，使电路输出矩形脉冲波。

1. 用与非门组成的单稳态触发器

利用与非门作开关，依靠定时元件 RC 电路的充放回路来控制与非门的启闭。单稳态电路有微分型与积分型两大类，这两类触发器对触发脉冲的极性与宽度有不同的要求。

（1）微分型单稳态触发器 如图 3-80 所示，该电路为负脉冲触发。其中，R_P、C_P 构成输入端微分隔直电路；R、C 构成微分型定时电路，定时元件 R、C 的取值不同，输出脉宽 t_w 也不同，$t_w \approx (0.7 \sim 1.3)RC$；与非门 G_3 起整形、倒相作用。

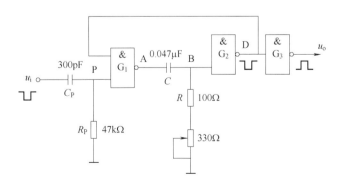

图 3-80 微分型单稳态触发器

图 3-81 所示为微分型单稳态触发器各点波形图，下面结合波形图说明其工作原理。

1）无外界触发脉冲时电路的初始稳态（$t < t_1$ 前状态）。稳态时 u_i 为高电平。适当选择电阻 R 的阻值，使与非门 G_2 的输入电压 u_B 小于门的关门电平（$u_B < U_{off}$），则门 G_2 关闭，输出 u_D 为高电平。适当选择电阻 R_P 的阻值，使与非门 G_1 的输入电压 u_P 大于门的开门电平（$u_P > U_{on}$），于是 G_1 的两个输入端全为高电平，G_1 开启，输出 u_A 为低电平（为方便计，取 $U_{off} = U_{on} = U_T$）。

2）触发翻转（$t = t_1$ 时刻）。u_i 负跳变，u_P 也负跳变，G_1 输出 u_A 升高，经电容器 C 耦合，u_B 也升高，G_2 输出 u_D 降低，正反馈到 G_1 输入端，结果使 G_1 输出 u_A 由低电平迅速上跳至高电平，G_1 迅速关闭；u_B 也上跳至高电平，G_2 输出 u_D 则迅速下跳至低电平，G_2 迅速开启。

3）暂稳状态（$t_1 < t < t_2$）。$t \geqslant t_1$ 以后，G_1 输出高电平，对电容器 C 充电，u_B 随之按指数规律下降，但只要 $u_B > U_T$，G_1 关、G_2 开的状态将维持不变，u_A、u_D 也维持不变。

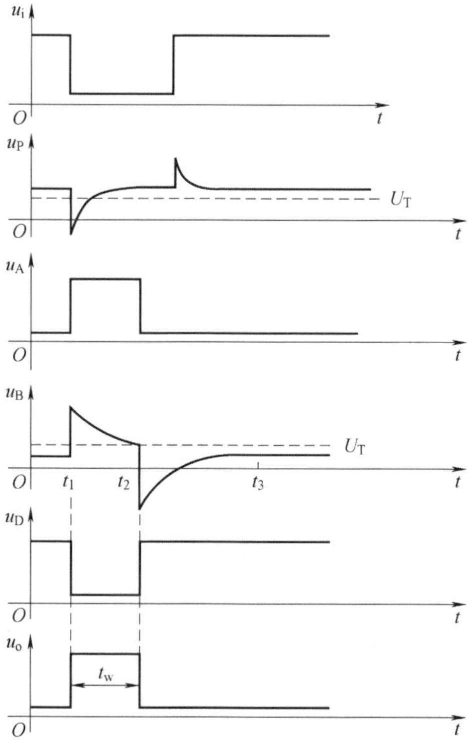

图 3-81 微分型单稳态触发器波形图

4）自动翻转（$t = t_2$）。$t = t_2$ 时刻，u_B 下降至门的关门平 U_T，G_2 输出 u_D 升高，G_1 输出 u_A，正反馈作用使电路迅速翻转至 G_1 开启，G_2 关闭初始稳态。暂稳态时间的长短取决于电容器 C 的充电时间常数 $t = RC$。

5）恢复过程（$t_2 < t < t_3$）。电路自动翻转到 G_1 开启、G_2 关闭后，u_B 不是立即回到初始稳态值，这是因为电容器 C 要有一个放电过程。$t > t_3$ 以后，若 u_i 再出现负跳变，电路将重复上述过程。如果输入脉冲宽度较小，则输入端可省去 R_PC_P 微分电路。

（2）积分型单稳态触发器　如图 3-82 所示，电路采用正脉冲触发，工作波形如图 3-83 所示。电路的稳定条件是 $R \leqslant 1\mathrm{k}\Omega$，输出脉冲宽度 $t_w \approx 1.1RC$。

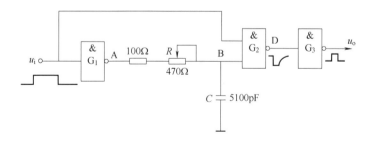

图 3-82　积分型单稳态触发器

单稳态触发器共同特点是：触发脉冲未加入前，电路处于稳态。此时，可以测得各门的输入和输出电位。触发脉冲加入后，电路立刻进入暂稳态，暂稳态的时间（即输出脉冲的

宽度 t_w）只取决于 RC 数值的大小，与触发脉冲无关。

2. 用与非门组成的施密特触发器

施密特触发器能对正弦波、三角波等信号进行整形，并输出矩形波，图 3-84 所示为两种典型的电路。在图 3-84a 中，G_1、G_2 是基本 RS 触发器，G_3 是反相器，二极管 VD 起电平偏移作用，以产生回差电压。其工作情况如下：设 $u_i = 0$，G_3 截止，$R = 1$，$S = 0$，$Q = 1$，$\overline{Q} = 0$，电路处于原态。u_i 由 0V 上升到电路的接通电位 U_T 时，G_3 导通，$R = 0$，$S = 1$，触发器翻转为 $Q = 0$、$\overline{Q} = 1$ 的新状态。此后 u_i 继续上升，电路状态不变。当 u_i 由最大值下降到 U_T 值的时间内，$R = 0$、$S = 1$，电路状态不变。当 $u_i \leqslant U_T$ 时，G_3 由导通变为截止，而 $U_S = U_T + U_D$ 为高电平，因而 $R = 1$、$S = 1$，触发器状态仍保持。只有 u_i 降至使 $U_S = U_T$ 时，电路才翻回到 $Q = 1$、$\overline{Q} = 0$ 的原态。电路的回差 $\Delta U = U_D$。

图 3-84b 是由电阻器 R_1、R_2 产生回差的电路。

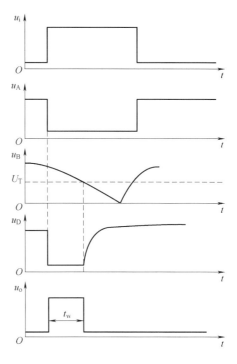

图 3-83　积分型单稳态触发器波形图

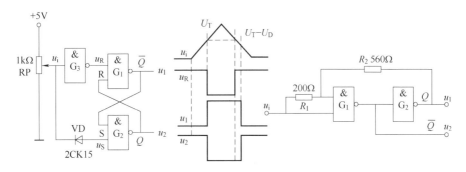

a) 由二极管VD产生回差的电路　　　b) 由电阻器R_1、R_2产生回差的电路

图 3-84　与非门组成的施密特触发器

3. 集成双单稳态触发器 CC14528（CC4098）

（1）CC14528（CC4098）的逻辑符号及功能表（见图 3-85）　该器件能提供稳定的单脉冲，脉宽由外部电阻器 R_X 和外部电容器 C_X 决定，调整 R_X 和 C_X 可使 Q 和 $\overline{Q}$ 输出脉冲宽度有一个较大的范围。本器件可采用上升沿触发（ $+TR$ ）也可采用下降沿触发（ $-TR$ ），使用十分方便。正常工作时，电路应由每一个新脉冲去触发。当采用上升沿触发时，为了防止重复触发，$\overline{Q}$ 必须连到 $-TR$ 端。同样，在使用下降沿触发时，Q 必须连到 $+TR$ 端。

该单稳态触发器的周期约为 $T_X = R_X C_X$。所有的输出级都有缓冲级，以提供较大的驱动电流。

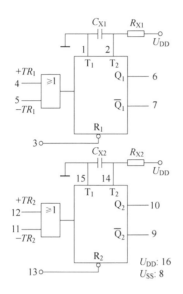

输 入			输 出	
$+TR$	$-TR$	$\overline{R}$	Q	$\overline{Q}$
↑	1	1	1	0
↑	0	1	Q	$\overline{Q}$
1	↓	1	Q	$\overline{Q}$
0	↓	1	1	0
×	×	0	0	1

图 3-85　CC14528 的逻辑符号及功能表

（2）应用举例

1）实现脉冲延迟，如图 3-86 所示。

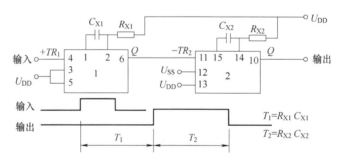

图 3-86　实现脉冲延迟

2）实现多谐振荡器，如图 3-87 所示。

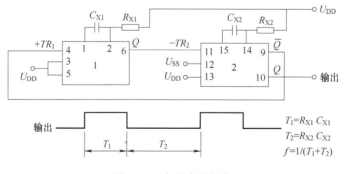

图 3-87　实现多谐振荡

4. 集成六施密特触发器 CC40106

图 3-88 为 CC40106 引脚排列，它可用于波形的整形，也可用作反相器或构成单稳态触

发器和多谐振荡器。

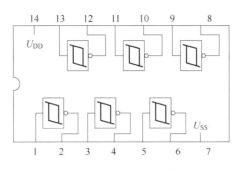

图 3-88　CC40106 引脚排列

1）将正弦波转换为方波，如图 3-89 所示。

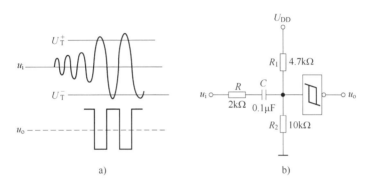

图 3-89　正弦波转换为方波

2）构成多谐振荡器，如图 3-90 所示。

3）构成单稳态触发器，图 3-91a 所示为下降沿触发，图 3-91b 所示为上升沿触发。

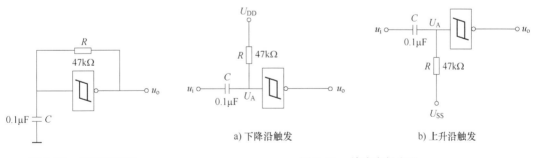

a) 下降沿触发　　　　　　b) 上升沿触发

图 3-90　多谐振荡器　　　　　　　　图 3-91　单稳态触发器

➡ 实训部分

【实训设备与器件】

①＋5V 直流电源；②双踪示波器；③连续脉冲源；④数字频率计；⑤CC4011、CC14528、CC40106、2CK15、电位器、电阻器、电容器若干。

【实训内容】

1）按图 3-80 接线，输入 1kHz 连续脉冲，用双踪示波器观察并记录 u_i、u_P、u_A、u_B、u_D 及 u_o 的波形。

2）改变 C 或 R 的值，重复实训 1）的内容。

3）按图 3-82 接线，重复实训 1）的内容。

4）按图 3-84a 接线，令 u_i 由 0V→5V 变化，测量 U_1、U_2 的值。

5）按图 3-86 接线，输入 1kHz 连续脉冲，用双踪示波器观测输入、输出波形，测定 T_1 与 T_2。

6）按图 3-87 接线，用示波器观测输出波形，测定振荡频率。

7）按图 3-90 接线，用示波器观测输出波形，测定振荡频率。

8）按图 3-89b 接线，构成整形电路，被整形信号可由音频信号源提供，图中串联的 2kΩ 电阻起限流保护作用。将正弦信号频率置 1kHz，调节信号电压由低到高观测输出波形的变化，记录输入信号为 0V、0.25V、0.5V、1.0V、1.5V、2.0V 时的输出波形。

9）分别按图 3-91a、b 接线，重复本实训。

【实训总结】

1）绘出实训电路图，用方格纸记录波形。

2）分析各次实训结果的波形，验证有关理论。

3）总结单稳态触发器及施密特触发器的特点及应用。

【实训思考】

1）复习有关单稳态触发器和施密特触发器的内容。

2）画出实训用的详细电路图。

3）拟定各次实训的方法、步骤。

4）拟好记录实训结果所需的数据、表格等。

555 时基电路及其应用

实训说明

1）熟悉 555 型集成时基电路的结构、工作原理及特点。

2）掌握 555 型集成时基电路的基本应用。

知识链接

集成时基电路又称为集成定时器或 555 电路，是一种数字、模拟混合型的中规模集成电路，因其电路功能灵活，只要外接少许的阻容元件就可构成施密特触发器、单稳态触发器和多谐振荡器等电路。故其在信号的产生与整形、自动检测及控制、报警电路、家用电器等方面都有广泛的应用。

它是一种产生时间延迟和多种脉冲信号的电路，由于内部电压标准使用了 3 个 $5k\Omega$ 电阻，故取名 555 电路。其电路类型有双极型和单极型（又称 CMOS 型）两大类，双极型内部采用的是 TTL 晶体管；单极型内部采用的则是 CMOS 场效应晶体管。两者功能完全一样，区别是 TTL 定时器驱动能力大于 CMOS 定时器，两者的结构与工作原理类似。几乎所有的双极型产品型号最后的 3 位数码都是 555 或 556；所有的 CMOS 型产品型号最后的 4 位数码都是 7555 或 7556，两者的逻辑功能和引脚排列完全相同，易于互换。555 和 7555 是单定时器。556 和 7556 是双定时器。双极型的电源电压 $U_{CC} = 5 \sim 15V$，输出的最大电流可达 200mA，CMOS 型的电源电压为 $3 \sim 18V$。

1. 555 定时器的工作原理

555 定时器的内部及框图如图 3-92 所示。它含有两个电压比较器，一个基本 RS 触发器，一个放电开关管 VT。比较器的参考电压由 3 只 $5k\Omega$ 电阻器构成的分压器提供，它们分别使高电平比较器 A_1 的同相输入端和低电平比较器 A_2 的反相输入端的参考电平为 $\frac{2}{3}U_{CC}$ 和 $\frac{1}{3}U_{CC}$。A_1 与 A_2 的输出端控制 RS 触发器的状态和放电开关管的状态。当输入信号自引脚 6，即高电平触发输入且超过参考电平 $\frac{2}{3}U_{CC}$ 时，触发器复位，555 定时器的输出端引脚 3 输出低电平，同时放电开关管导通；当输入信号自引脚 2 输入且低于 $\frac{1}{3}U_{CC}$ 时，触发器置位，555

定时器的引脚 3 输出高电平，同时放电开关管截止。

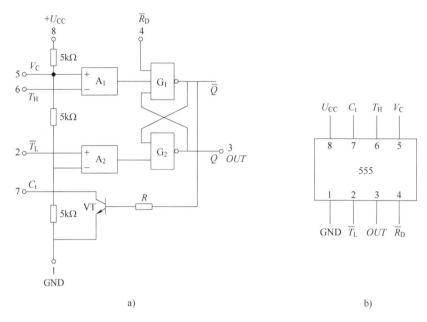

图 3-92　555 定时器内部框图及引脚排列

$\overline{R}_D$ 是复位端（引脚 4），当 $\overline{R}_D = 0$ 时，555 定时器输出低电平。平时 $\overline{R}_D$ 开路或接 U_{CC}。

V_C 是控制电压端（引脚 5），平时输出 $\frac{2}{3}U_{CC}$ 作为比较器 A_1 的参考电平，当引脚 5 外接一个输入电压，即改变了比较器的参考电平，从而实现对输出的另一种控制，在不接外加电压时，通常接一个 $0.01\mu F$ 的电容器到地，起滤波作用，以消除外来的干扰，并确保参考电平的稳定。

VT 为放电开关管，当 VT 导通时，将给接于引脚 7 的电容器提供低阻放电通路。

555 定时器主要是与电阻器、电容器构成充放电电路，并由两个比较器检测电容器上的电压，以确定输出电平的高低和放电开关管的通断。这就很方便地构成了从几微秒到数十分钟的延时电路，可方便地构成单稳态触发器、多谐振荡器、施密特触发器等脉冲产生或波形变换电路。

2. 555 定时器的典型应用

（1）构成单稳态触发器　单稳态触发器不同于施密特触发器，它具有下述显著特点。

1）具有一个暂态，一个稳态。

2）在外来触发脉冲的作用下，能从稳态翻转到暂态，暂态在保持一定时间后，再自动返回到稳定状态，并在输出端产生一定宽度的矩形脉冲。

3）矩形脉冲宽度取决于电路本身的参数，与触发脉冲无关。

图 3-93a 为由 555 定时器和外接定时元件 R、C 构成的单稳态触发器。触发电路由 C_1、R_1、VD 构成，其中，VD 为钳位二极管，稳态时，555 定时器输入端为电源电压，内部放电开关管 VT 导通，输出端 OUT 输出低电平，当有一个外部负脉冲触发信号经 C_1 加到引脚 2，并使引脚 2 电位瞬时低于 $\frac{1}{3}U_{CC}$ 时，低电平比较器动作，单稳态电路即开始一个暂态过程，

电容器 C 开始充电，u_C 按指数规律增长。当 u_C 充电到 $\frac{2}{3}U_{CC}$ 时，高电平比较器动作，比较器 A_1 翻转，输出 u_o 从高电平返回低电平，放电开关管 VT 重新导通，电容器 C 上的电荷很快经放电开关管放电，暂态结束，恢复稳态，为下一个触发脉冲的到来做好准备。其波形如图 3-93b 所示。

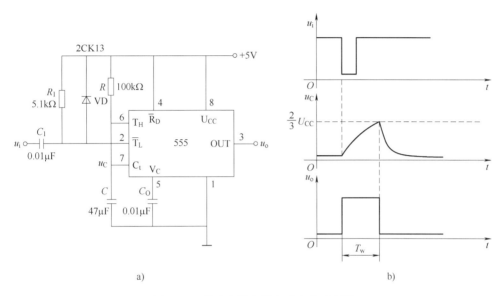

a)

b)

图 3-93　单稳态触发器电路及其波形图

暂稳态的持续时间 t_w（即延时时间）取决于外接元件 R、C 值，$t_w = 1.1RC$。

通过改变 R、C 的大小，可使延时时间在几微秒到几十分钟之间变化。当这种单稳态电路作为定时器时，可直接驱动小型继电器，并可以使用复位端（引脚4）接地的方法来中止暂态，重新计时。此外，尚须用一个续流二极管与继电器线圈并联，以防继电器线圈反电动势损坏内部功率管。

（2）构成多谐振荡器　如图 3-94a 所示，由 555 定时器和外接元件 R_1、R_2、C 可构成多谐振荡器，引脚2与引脚6直接相连。电路没有稳态，仅存在两个暂稳态，电路也不需要外加触发信号，利用电源通过 R_1、R_2 向 C 充电，以及 C 通过 R_2 向 C_i 放电，使电路产生振荡。电容器 C 在 $\frac{1}{3}U_{CC}$ 和 $\frac{2}{3}U_{CC}$ 之间充电和放电，其波形如图 3-94b 所示。输出信号的时间参数为

$$T = t_{w1} + t_{w2} \quad t_{w1} = 0.7(R_1 + R_2)C \quad t_{w2} = 0.7R_2C$$

555 定时器要求 R_1 与 R_2 均应大于或等于 1kΩ，但 $R_1 + R_2$ 应小于或等于 3.3MΩ。

外部元件的稳定性决定了多谐振荡器的稳定性，555 定时器配以少量的元件即可获得较高精度的振荡频率和较强的功率输出能力。因此，这种形式的多谐振荡器应用很广泛。

（3）组成占空比可调的多谐振荡器　电路如图 3-95 所示，它比图 3-94 所示电路增加了一个电位器和两个导引二极管。VD_1、VD_2 用来决定电容器充放电电流流经电阻的途径（充

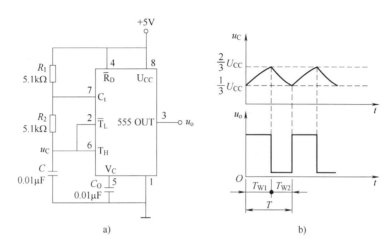

图 3-94　多谐振荡器

电时，VD_1 导通，VD_2 截止；放电时，VD_2 导通，VD_1 截止）。占空比为

$$\tau = \frac{t_{w1}}{t_{w1} + t_{w2}} \approx \frac{0.7 R_A C}{0.7 C (R_A + R_B)} = \frac{R_A}{R_A + R_B}$$

可见，若取 $R_A = R_B$，则电路输出占空比为 50% 的方波信号。

（4）组成占空比和振荡频率均可调的多谐振荡器　电路如图 3-96 所示。对 C_1 充电时，充电电流通过 R_1、VD_1、RP_2 和 RP_1；放电时，电流通过 RP_1、RP_2、VD_2、R_2。当 $R_1 = R_2$、RP_2 调至中心点时，因充放电时间基本相等，其占空比约为 50%，此时，调节 RP_1 仅改变频率，占空比不变。若 RP_2 调至偏离中心点，再调节 RP_1，则不仅振荡频率改变，而且对占空比也有影响。RP_1 不变，调节 RP_2，仅改变占空比，对频率无影响。因此，当接通电源后，应首先调节 RP_1，使频率至规定值，再调节 RP_2，以获得需要的占空比。若频率调节的范围比较大，还可以用波段开关改变 C_1 的值。

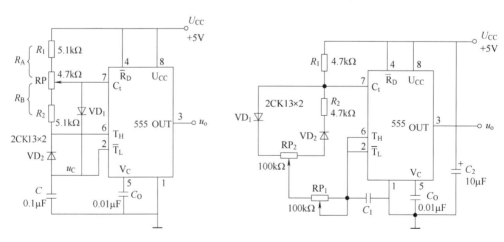

图 3-95　占空比可调的多谐振荡器　　　　图 3-96　占空比与振荡频率均可调的多谐振荡器

（5）组成施密特触发器　施密特触发器也称为电平触发器，是一种脉冲信号变换电路，用来实现整形、转换和幅值的鉴别等。它具有以下特点：

1）具有两个稳定状态，即双稳态触发电路，且两个稳态的维持和相互转换与输入电压的大小有关。

2）对于正向和负向增长的输入信号，电路的触发转换电平（阈值电平）不同，即具有回差特性，其差值称为回差电压。

电路如图 3-97 所示，只要将引脚 2、引脚 6 连在一起作为信号输入端，即可得到施密特触发器。图 3-98 给出了 u_S、u_i 和 u_o 的波形图。

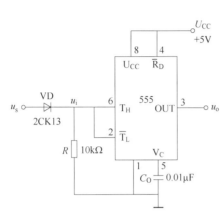

图 3-97　施密特触发器　　　　　　图 3-98　波形变换图

设被整形变换的电压为正弦波 u_S，其正半波通过二极管 VD，同时加到 555 定时器的引脚 2 和引脚 6，得 u_i 为半波整流波形。当 u_i 上升到 $\frac{2}{3}U_{CC}$ 时，u_o 从高电平翻转为低电平；当 u_i 下降到 $\frac{1}{3}U_{CC}$ 时，u_o 又从低电平翻转为高电平。电路的电压传输特性曲线如图 3-99 所示。

回差电压为

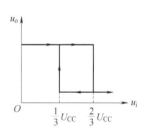

图 3-99　电压传输特性曲线

$$\Delta U = \frac{2}{3}U_{CC} - \frac{1}{3}U_{CC} = \frac{1}{3}U_{CC}$$

🐾 实训部分

【实训设备与器件】

①+5V 直流电源；②双踪示波器；③连续脉冲源；④NE555×2；⑤二极管、电位器、电阻器、电容器若干。

【实训内容】

1. 单稳态触发器

1）按图 3-93 连接电路，取 $R = 100\text{k}\Omega$，$C = 47\mu\text{F}$，输入信号 u_i 由单次脉冲源提供，用双踪示波器观测 u_i、u_C 和 u_o 波形。测定幅值与暂稳时间。

2）将 R 改为 $1\text{k}\Omega$，C 改为 $0.1\mu\text{F}$，输入端加 1kHz 的连续脉冲，观测波形 u_i、u_C、u_o，测定幅值及暂稳时间。

2. 多谐振荡器

1）按图 3-94a 接线，用双踪示波器观测 u_C 与 u_o 的波形，测定频率。

2）按图 3-95 接线，组成占空比为 50% 的方波信号发生器。观测 u_C、u_o 的波形，测定波形参数。

3）按图 3-96 接线，通过调节 RP_1 和 RP_2 来观测输出波形。

3. 施密特触发器

按图 3-97 接线，输入信号由音频信号源提供，预先调好 u_S 的频率为 1kHz，接通电源，逐渐加大 u_S 的幅值，观测输出波形，测绘电压传输特性曲线，算出回差电压 ΔU。

4. 模拟声响电路

按图 3-100 所示接线，组成两个多谐振荡器，调节定时元件，使Ⅰ输出较低频率、Ⅱ输出较高频率，接好电路，接通电源，试听音响效果。调换外接阻容元件，再试听音响效果。

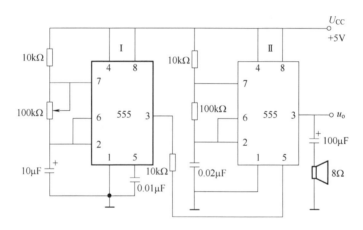

图 3-100　模拟声响电路

【实训总结】

1）绘出详细的实训电路图，定量绘出观测到的波形。

2）分析、总结实训结果。

【实训思考】

1）复习有关 555 定时器的工作原理及其应用。

2）拟定实训中所需的数据、表格等。

3）如何用示波器测定施密特触发器的电压传输特性曲线？

4）拟定各次实训的步骤和方法。

综合实训十五

智力竞赛抢答装置

实训说明

1）学习数字电路中 D 触发器、分频电路、多谐振荡器、CP 时钟脉冲源等单元电路的综合运用。

2）熟悉智力竞赛抢答装置的工作原理。

3）了解简单数字系统实训、调试及故障排除的方法。

知识链接

抢答装置是一种应用非常广泛的设备，可以使用在竞赛、抢答场合中，它能迅速、客观地分辨出最先获得发言权的选手，下文以供四人用的智力竞赛抢答装置为例进行说明。

图 3-101 所示为供四人用的智力竞赛抢答装置电路，用以判断抢答优先权。

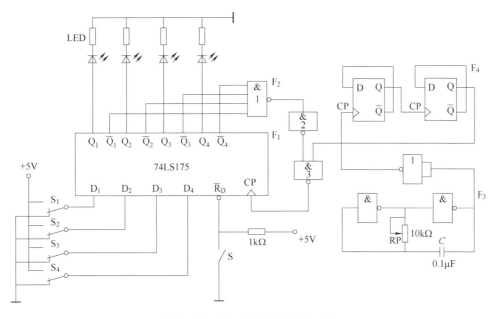

图 3-101　智力竞赛抢答装置电路

在图 3-101 中，F_1 为四 D 触发器 74LS175，它具有公共置 0 端和公共 CP 端；F_2 为双四输入与非门 74LS20；F_3 为由 74LS00 组成的多谐振荡器；F_4 为由 74LS74 组成的四分频电路，F_3、F_4 组成抢答电路中的 CP 时钟脉冲源。抢答开始时，由主持人清除信号，按下复位开关 S，74LS175 的输出 $Q_1 \sim Q_4$ 全为 0，所有发光二极管均熄灭，当主持人宣布"抢答开始"后，首先做出判断的参赛者立即按下开关，对应的发光二极管点亮，同时，通过与非门 F_2 送出信号锁住其余三个参赛者的电路，该装置不再接收其他信号，直到主持人再次清除信号为止。

➡ 实训部分

【实训设备与器件】

①+5V 直流电源；②逻辑电平开关；③逻辑电平显示器；④双踪示波器；⑤数字频率计；⑥直流数字电压表；⑦74LS175、74LS20、74LS74、74LS00。

【实训内容】

1）测试各触发器及各逻辑门的逻辑功能。试测方法参照实训二及实训八有关内容，判断器件的好坏。

2）按图 3-101 接线，抢答器 5 个开关接实训装置上的逻辑开关，发光二极管接逻辑电平显示器。

3）断开抢答器电路中 CP 脉冲源电路，单独对多谐振荡器 F_3 及分频器 F_4 进行调试，调整多谐振荡器 10kΩ 电位器，使其输出脉冲频率约为 4kHz，观察 F_3 及 F_4 输出波形并测试其频率（参照实训十三有关内容）。

4）测试抢答器电路的功能。接通 +5V 电源，CP 端接实训装置上的连续脉冲源，取连续频率约为 1kHz。

① 抢答开始前，开关 S_1、S_2、S_3、S_4 均置 0，准备抢答，将开关 S 置 0，发光二极管全熄灭，再将 S 置 1。抢答开始，S_1、S_2、S_3、S_4 某一开关置 1，观察发光二极管的亮灭情况，然后再将其他三个开关中任意一个置 1，观察发光二极的亮灭是否改变。

② 重复①的内容，改变 S_1、S_2、S_3、S_4 任意一个开关的状态，观察抢答装置的工作情况。

③ 整体测试，断开实训装置上的连续脉冲源，接入 F_3 及 F_4，再进行实训。

【实训总结】

1）分析智力竞赛抢答装置各部分的功能及工作原理。
2）总结数字系统的设计及调试方法。
3）分析实训中出现的故障及解决办法。

【实训思考】

若在图 3-101 电路中加一个计时功能，要求计时电路显示时间精确到秒，最多限制为 2min，一旦超出限时，则取消抢答权，电路应如何改进。

综合实训十六

电 子 秒 表

实训说明

1）学习数字电路中基本 RS 触发器、单稳态触发器、时钟发生器及计数、译码显示等单元电路的综合应用。

2）学习电子秒表的调试方法。

知识链接

图 3-102 所示为电子秒表电路原理图。按其功能分成 4 个单元电路进行分析。

1. 基本 RS 触发器

把两个与非门或者或非门的输入、输出端交叉连接，即可构成基本 RS 触发器，图 3-102 中单元 Ⅰ 为由集成与非门构成的基本 RS 触发器。它属于低电平直接触发的触发器，有直接置位、复位的功能。它的一路输出 $\overline{Q}$ 作为单稳态触发器的输入，另一路输出 Q 作为与非门 G_5 的输入控制信号。

按下开关 S_2（接地），则 G_1 输出 $\overline{Q}=1$；G_2 输出 $Q=0$，S_2 复位后，Q、$\overline{Q}$ 状态保持不变。再按下开关 S_1，则 Q 由 0 变为 1，G_5 开启，为计数器启动做好准备。$\overline{Q}$ 由 1 变 0，送出负脉冲，启动单稳态触发器工作。

基本 RS 触发器在电子秒表中的职能是启动和停止秒表的工作。

2. 单稳态触发器

图 3-102 中单元 Ⅱ 为由集成与非门构成的微分型单稳态触发器，图 3-103 所示为各点的波形图。

单稳态触发器的输入触发负脉冲信号 u_i 由基本 RS 触发器输出 $\overline{Q}$ 提供，输出负脉冲 u_0 通过非门加到计数器的清除端 R_0（1）。

静态时，G_4 应处于截止状态，故电阻 R 必须小于门的关门电阻 R_{off}。定时元件 RC 取值不同，输出脉冲宽度也不同。当触发脉冲宽度小于输出脉冲宽度时，可以省去输入微分电路的 R_P 和 C_P。

单稳态触发器在电子秒表中的职能是为计数器提供清零信号。

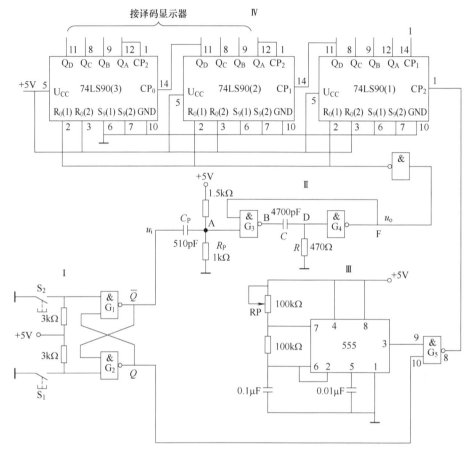

图 3-102　电子秒表电路原理图

3. 时钟发生器

图 3-102 中单元Ⅲ为由 555 定时器构成的多谐振荡器，是一种性能较好的时钟源。

调节电位器 RP，可在输出端 3 获得频率为 50Hz 的矩形波信号，当基本 RS 触发器输出 $Q=1$ 时，G_5 开启，此时，50Hz 脉冲信号通过 G_5 作为计数脉冲加于计数器 74LS90（1）的计数输入端 CP_2。

4. 计数及译码显示

二- 五- 十进制加法计数器 74LS90 构成电子秒表的计数单元，如图 3-102 中单元Ⅳ所示。其中，计数器 74LS90（1）接成五进制形式，对频率为 50Hz 的时钟脉冲进行五分频，输出 Q_D 为周期 0.1s 的矩形脉冲，作为计数器 74LS90（2）的时钟输入。计数器 74LS90（2）及计数器 74LS90（3）接成 8421 码十进制形式，其输出端与实训装置上译码显示单元的相应输入端连接，可显示 0.1～0.9s；1～9.9s 计时。

注：集成异步计数器 74LS90 是异步二- 五- 十进制加法计数器，它既可以作为二进制加法计数器，又可以作为五进制和十进制加法计数器。

图 3-104 所示为 74LS90 的引脚排列，表 3-43 为其功能表。

通过不同的连接方式，74LS90 可以实现 4 种不同的逻辑功能，而且还可借助 R_0（1）、R_0（2）对计数器清零，借助 S_9（1）、S_9（2）将计数器置 9。其具体功能详述如下。

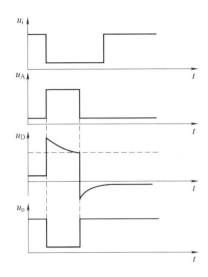

图 3-103 单稳态触发器各点波形图

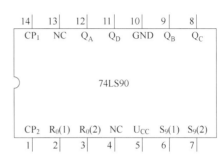

图 3-104 74LS90 引脚排列

1）计数脉冲从 CP_1 输入、Q_A 作为输出端，为二进制计数器。

2）计数脉冲从 CP_2 输入、Q_D、Q_C、Q_B 作为输出端，为异步五进制加法计数器。

3）若将 CP_2 和 Q_A 相连，计数脉冲由 CP_1 输入，Q_D、Q_C、Q_B、Q_A 作为输出端，则构成异步 8421 码十进制加法计数器。

4）若将 CP_1 与 Q_D 相连，计数脉冲由 CP_2 输入，Q_A、Q_D、Q_C、Q_B 作为输出端，则构成异步 5421 码十进制加法计数器。

5）清零及置 9 功能。

① 异步清零：当 R_0（1）和 R_0（2）均为 1、S_9（1）和 S_9（2）中有 0 时，可实现异步清零功能，即 $Q_DQ_CQ_BQ_A=0000$。

② 置 9 功能：当 S_9（1）和 S_9（2）均为 1、R_0（1）和 R_0（2）中有 0 时，可实现置 9 功能，即 $Q_DQ_CQ_BQ_A=1001$。

表 3-43 74LS90 功能表

输 入					输 出				功 能
清零		置9		时钟		Q_D	Q_C	Q_B	Q_A	
R_0（1）、R_0（2）		S_9（1）、S_9（2）		CP_1	CP_2					
1	1	0	×	×	×	0	0	0	0	清0
		×	0							
0	×	1	1	×	×	1	0	0	1	置9
×	0									
0	×	0	×	↓	1	Q_A输出				二进制计数
×	0	×	0	1	↓	$Q_DQ_CQ_B$输出				五进制计数
				↓	Q_A	$Q_DQ_CQ_BQ_A$输出 8421 码				十进制计数
				Q_D	↓	$Q_AQ_DQ_CQ_B$输出 5421 码				十进制计数
				1	1	不变				保持

➡ 实训部分

【实训设备及器件】

① +5V 直流电源；②双踪示波器；③直流数字电压表；④数字频率计；⑤单次脉冲源；⑥连续脉冲源；⑦逻辑电平开关；⑧逻辑电平显示器；⑨译码显示器；⑩74LS00 ×2、555 ×1、74LS90 ×3、电位器、电阻器、电容器若干。

【实训内容】

由于实训电路中使用元器件较多，实训前必须合理安排各元器件在实训装置上的位置，使电路逻辑清晰，接线简洁。

实训时，应按照实训任务的次序将各单元电路逐个进行接线和调试，即分别测试基本 RS 触发器、单稳态触发器、时钟发生器及计数器的逻辑功能。待各单元电路工作正常后再将有关电路逐级连接起来进行测试，直到测试电子秒表整个电路的功能。

这样的测试方法有利于检查和排除故障，可保证实训顺利进行。

1. 基本 RS 触发器的测试

测试方法参考实训八。

2. 单稳态触发器的测试

（1）静态测试　用直流数字电压表测量并记录 A、B、D、F 各点的电位值。

（2）动态测试　输入端接 1kHz 连续脉冲源，用示波器观察并描绘 D 点（u_D、）、F 点（u_0）的波形，若单稳态输出脉冲持续时间太短，难以观察，可适当加大微分电容器 C 电容值（如改为 $0.1\mu F$ 电容器）。待测试完毕，再恢复为 4700pF 电容。

3. 时钟发生器的测试

用示波器观察输出电压波形并测量其频率，调节 RP，使输出矩形波频率为 50Hz。

4. 计数器的测试

1）计数器 74LS90（1）接成五进制形式，R_0（1）、R_0（2）、S_9（1）、S_9（2）接逻辑开关输出插口，CP_2 接单次脉冲源，CP_1 接高电平 1，$Q_D \sim Q_A$ 接实训设备上译码显示输入端（D ~ A），按表 3-43 测试其逻辑功能并记录。

2）计数器 74LS90（2）及计数器 74LS90（3）接成 8421 码十进制形式，逻辑功能测试内容同 1）（计数器 74LS90（1）的测试）并记录。

3）将计数器 74LS90（1）~（3）级联，进行逻辑功能测试并记录。

5. 电子秒表的整体测试

各单元电路测试正常后，按图 3-102 把几个单元电路连接起来，进行电子秒表的总体测试。

先按一下开关 S_2，此时电子秒表不工作，再按一下开关 S_1，则计数器清零后便开始计时，观察数码管显示计数情况是否正常，如不需要计时或暂停计时，按一下开关 S_2，计时立即停止，但数码管保留当前计时值。

6. 电子秒表准确度的测试

利用电子钟或手表的秒计时对电子秒表进行校准。

【实训总结】

1）总结电子秒表的整个调试过程。

2）分析调试中发现的问题及故障排除的方法。

【复习报告】

1）复习数字电路中 RS 触发器、单稳态触发器、时钟发生器及计数器等部分的内容。

2）除了本实训中所采用的时钟源外，选用另外两种不同类型的时钟源，以供本实训使用，画出电路图，并选取元器件。

3）列出电子秒表单元电路的测试表格。

4）列出调试电子秒表的步骤。

综合实训十七

3½位直流数字电压表

实训说明

1) 了解双积分式 A-D 转换器的工作原理。

2) 熟悉 3½位 A-D 转换器 CC14433 的性能及引脚功能。

3) 掌握用 CC14433 构成直流数字电压表的方法。

知识链接

数字电压表（Digital Volt Meter，DVM）是采用数字化测量技术，把连续的模拟量（直流输入电压）转换成离散的数字形式的量并加以显示的仪表。

直流数字电压表的核心器件是一个间接型 A-D 转换器，它首先将输入的模拟电压信号转换成易于准确测量的时间量，然后在这个时间宽度中用计数器计时，计数结果就是正比于输入模拟电压信号的数字量。

1. 双积分 A-D 转换器

图 3-105 所示为双积分 A-D 转换器原理框图，它由积分器（包括运算放大器 A_1 和 RC 积分网络）、过零比较器 A_2、n 位二进制计数器、开关控制电路、门控电路、参考电压 U_R 与时钟脉冲源 CP 组成。

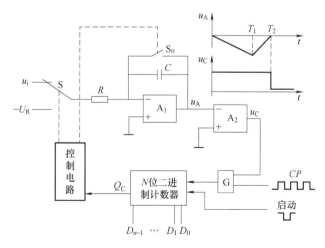

图 3-105　双积分 A-D 转换器原理框图

转换开始前，先将计数器清零，并通过控制电路使开关 S_0 接通，将电容器 C 充分放电。由于计数器进位输出 $Q_C = 0$，控制电路使开关 S 接通 u_i，模拟电压与积分器接通，同时，控制门 G 被封锁，计数器不工作。积分器输出 u_A 线性下降，经过零比较器 A_2 获得一方波 u_C，打开控制门 G，计数器开始计数，当输入 2^n 个时钟脉冲后，$t = T_1$，各触发器输出端 $D_{n-1} \sim D_0$ 由 $111\cdots 1$ 回到 $000\cdots 0$，其进位输出 $Q_C = 1$，作为定时控制信号，通过控制电路将开关 S 转换至基准电压源 $-U_R$，积分器向相反方向积分，u_A 开始线性上升，计数器重新从 0 开始计数，直到 $t = T_2$，u_A 下降到 0，比较器输出的正方波结束。此时，计数器中暂存的二进制数字就是 u_i 相对应的二进制数码。

2. $3\frac{1}{2}$ 位双积分 A-D 转换器 CC14433 的性能特点

CC14433 是 CMOS $3\frac{1}{2}$ 位双积分 A-D 转换器，它将构成数字和模拟电路的约 7700 个 MOS 晶体管集成在一个硅芯片上，芯片有 24 只引脚，采用双列直插式，其引脚排列如图 3-106 所示。

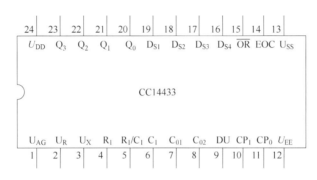

图 3-106 CC14433 引脚排列

引脚功能说明如下。

U_{AG}（1 脚）：被测电压 U_X 和基准电压 U_R 的参考地。

U_R（2 脚）：外接基准电压（2V 或 200mV）的输入端。

U_X（3 脚）：被测电压输入端。

R_1（4 脚）、R_1/C_1（5 脚）、C_1（6 脚）：外接积分阻容元件端。

$C_1 = 0.1\mu F$（聚酯薄膜电容器），$R_1 = 470k\Omega$（2V 量程），$R_1 = 27k\Omega$（200mV 量程）。

C_{01}（7 脚）、C_{02}（8 脚）：外接失调补偿电容端，典型值 $0.1\mu F$。

DU（9 脚）：实时显示控制输入端。若与 EOC（14 脚）端连接，则每次 A-D 转换均显示。

CP_1（10 脚）、CP_0（11 脚）：时钟振荡外接电阻端，典型值为 $470k\Omega$。

U_{EE}（12 脚）：电路的电源最负端，接 $-5V$。

U_{SS}（13 脚）：除 CP 外所有输入端的低电平基准（通常与 1 脚连接）。

EOC（14 脚）：转换周期结束标记输出端，每一次 A-D 转换周期结束，EOC 均输出一个正脉冲，宽度为时钟周期的 1/2。

$\overline{OR}$（15 脚）：过量程标志输出端，当 $|U_X| > U_R$ 时，$\overline{OR}$ 输出为低电平。

$D_{S4} \sim D_{S1}$（16~19 脚）：多路选通脉冲输入端，D_{S1} 对应千位，D_{S2} 对应百位，D_{S3} 对应十位，D_{S4} 对应个位。

$Q_0 \sim Q_3$（20 ~ 23 脚）：BCD 码数据输出端，D_{S2}、D_{S3}、D_{S4} 选通脉冲期间，输出 3 位完整的十进制数，在 D_{S1} 选通脉冲期间，输出千位 0 或 1 及过量程、欠量程和被测电压极性标志信号。

CC14433 具有自动调零、自动极性转换等功能，可测量正或负的电压值。当 CP_1、CP_0 端接入 470kΩ 电阻时，时钟频率约为 66kHz，每秒钟可进行 4 次 A-D 转换。它的使用、调试简便，能与微处理机或其他数字系统兼容，被广泛用于数字面板表、数字式万用表、数字温度计、数字量具及遥测、遥控系统。

3. $3\frac{1}{2}$ 位直流数字电压表的组成（实训电路）

电路如图 3-107 所示。

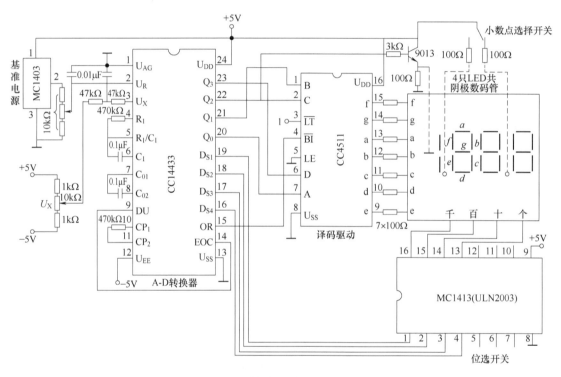

图 3-107 $3\frac{1}{2}$ 位直流数字电压表电路图

1）被测直流电压 U_X 经 A-D 转换后以动态扫描的形式输出，数字量输出端 Q_0、Q_1、Q_2、Q_3（数字信号，8421 码）按照时间先后顺序输出。位选信号端 D_{S1}、D_{S2}、D_{S3}、D_{S4} 通过位选开关 MC1413 分别控制千位、百位、十位和个位上的 4 只 LED 数码管的公共阴极。数字信号经七段译码器 CC4511 译码后，驱动 4 只 LED 数码管的各段阳极。这样就把 A-D 转换器按时间顺序输出的数据以扫描的形式在 4 只 LED 数码管上依次显示出来。由于选通重复频率较高，工作时从高位到低位以每位每次约 300μs 的速率循环显示，即一个 4 位数的显示周期是 1.2ms，所以肉眼就能清晰地看到 4 只 LED 数码管同时显示 $3\frac{1}{2}$ 位十进制数字量。

2）当参考电压 $U_R = 2V$ 时，满量程显示 1.999V；当 $U_R = 200mV$ 时，满量程为 199.9mV。可以通过选择开关控制千位和十位数码管的 h 笔段经限流电阻实现对相应的小数点显示的控制。

3）最高位（千位）显示时，只有 b、c 两根线与 LED 数码管的 b、c 脚相接，所以千位只显示 1 或不显示，用千位的 g 笔段来显示模拟量的负值（正值不显示），即由 CC14433 的 Q_2 端通过 NPN 型晶体管 9013 来控制 g 笔段。

4）精密基准电源 MC1403。A-D 转换需要外接标准电压源作为参考电压。标准电压源的精度应当高于 A-D 转换器的精度。本实训采用 MC1403 集成精密稳压源作为参考电压，MC1403 的输出电压为 2.5V，当输入电压在 4.5～15V 范围内变化时，输出电压的变化不超过 3mV（一般只有 0.6mV 左右），输出最大电流为 10mA。MC1403 的引脚排列如图 3-108 所示。

5）实训中，使用 CMOS BCD 七段译码/驱动器 CC4511，参考实训六有关部分。

6）七路达林顿晶体管列阵 MC1413。MC1413 采用 NPN 达林顿复合晶体管的结构，因此有很高的电流增益和输入阻抗，可直接接收 MOS 或 CMOS 集成电路的输出信号，并把电压信号转换成足够大的电流信号以驱动各种负载。该电路内含有 7 个集电极开路反相器（也称 OC 门）。MC1413 电路结构和引脚排列如图 3-109 所示，它采用 16 引脚的双列直插式封装，每一驱动器输出端均接有一释放电感负载能量的抑制二极管。

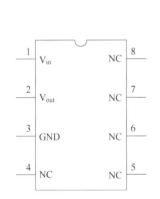

图 3-108　MC1403 引脚排列

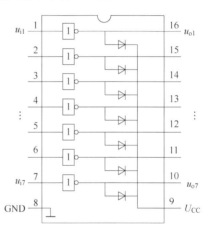

图 3-109　MC1413 引脚排列和电路结构图

➡ 实训部分

【实训设备及器件】

①±5V 直流电源；②双踪示波器；③直流数字电压表；④按电路图 3-107 要求自拟元器件清单。

【实训内容】

本实训要求按图 3-107 组装并调试好一台 3½ 位直流数字电压表，实训时应一步步地进行。

1. 数码显示部分的组装与调试

1）建议将 4 只 LED 数码管插入 40P 集成电路插座上，将 4 只 LED 数码管同名笔画段与显示译码的相应输出端连在一起，其中最高位只要将 b、c、g 三笔画段接入电路，按

图 3-107 接好连线，但暂不插所有的芯片，待用。

2）插好芯片 CC4511 与 MC1413，并将 CC4511 的输入端 A、B、C、D 接至拨码开关对应的 A、B、C、D 四个插口处；将 MC1413 的 1、2、3、4 脚接至逻辑开关的输出插口。

3）将 MC1413 的 2 脚置 1，1、3、4 脚置 0，接通电源，拨动码盘（按"+"或"-"键）自 0 ~ 9 变化，检查 LED 数码管是否按码盘的指示值变化。

4）按实训原理说明 3（5）项 [即"知识链接"3.3½位直流数字电压表的组成（实训电路）中 5）使用 CMOS BCD 七段译码/驱动器 CC4511] 的要求，检查译码显示是否正常。

5）分别将 MC1413 的 3、4、1 脚单独置 1，重复步骤 3）的内容。

如果所有 LED 数码管均显示正常，则去掉数字译码显示部分的电源，备用。

2. 标准电压源的连接和调整

插上 MC1403 基准电源，用标准数字电压表检查输出是否为 2.5V，然后调整 10kΩ 电位器，使其输出电压为 2V，调整结束后去掉电源线，供总装时备用。

3. 总装总调

1）插好芯片 CC14433，按图 3-107 接好全部电路。

2）将输入端接地，接通 ±5V 直流电源（先接好地线），此时显示器将显示 000，如果不是，应检测电源正负电压。用示波器测量并观察 D_{S1} ~ D_{S4}、Q_0 ~ Q_3 的波形，判别故障所在。

3）用电阻器、电位器构成一个简单的输入电压 U_x 调节电路，调节电位器，4 位数码将相应变化，然后进入下一步精调。

4）用标准数字电压表（或用数字式万用表代替）测量输入电压，调节电位器，使 $U_x = 1.000V$，这时被调电路的电压指示值不一定显示"1.000"，应调整基准电压源，使指示值与标准电压表误差为个位数在 5 之内。

5）改变输入电压 U_x 的极性，使 $u_i = -1.000V$，检查"-"是否显示，并按 4）中方法校准显示值。

6）在 -1.999 ~ 0V、0 ~ 1.999V 量程内再一次仔细调整（调基准电源电压），使全部量程内的误差均不超过个位数（在 5 之内）。

至此，一个测量范围在 ±1.999V 的 3½位数字直流电压表调试成功。

记录输入电压为 ±1.999V、±1.500V、±1.000V、±0.500V、0.000V 时（标准数字电压表的读数）被调数字电压表的显示值。

用自制数字电压表测量正、负电源电压。试设计扩程测量电路进行测量。

*若将积分电容器 C_1、C_{02}（0.1μF）换用普通金属化纸介电容器时，观察测量精度的变化。

【实训总结】

1）绘出 3½位直流数字电压表的电路接线图。

2）阐明组装、调试步骤。

3）说明调试过程中遇到的问题和解决的方法。

4）总结组装、调试数字电压表的心得体会。

【实训思考】

1）本实训是一个综合性实训，应做好充分准备。

2）仔细分析图 3-107 各部分电路的连接及工作原理。

3）参考电压 U_R 上升，显示值增大还是减少?

4）要使显示值保持某一时刻的读数，电路应如何改动?

➡ 综合实训十八 ⬅

数字频率计的设计与调试

➡ 实训说明

数字频率计是用于测量信号（方波、正弦波或其他脉冲信号）的频率，并用十进制数字显示的一种仪器。它具有精度高、测量迅速、读数方便等优点。

➡ 电路设计

数字频率计（Digital Frequency Meter）是采用数字电路制作而成的、能实现对周期性变化信号频率测量的仪器。数字频率计主要用于测量正弦波、矩形波、三角波和尖脉冲等周期信号的频率值。其扩展功能可以测量信号的周期和脉冲宽度。通常说的数字频率计是指电子计数式频率计。

【工作原理】

脉冲信号的频率就是在单位时间内所产生的脉冲个数，其表达式为 $f = N/T$，其中，f 为被测信号的频率，N 为计数器所累计的脉冲个数，T 为产生 N 个脉冲所需的时间。计数器所记录的结果，就是被测信号的频率。如在 1s 内记录 1000 个脉冲，则被测信号的频率为 1000Hz。

本项目仅讨论一种简单易制的数字频率计，其原理框图如图 3-110 所示。

石英晶体振荡器产生较高的标准频率，经分频器后可获得各种时基脉冲（1ms、10ms、0.1s、1s 等），时基信号的选择由开关 S_2（S_{21} 和 S_{22}）控制。被测频率的输入信号经放大整形后变成矩形脉冲加到主控门的输入端，如果被测信号为方波，可以不要放大整形，直接将被测信号加到主控门的输入端。时基信号经控制电路产生闸门信号至主控门，只有在闸门信号采样期间内（时基信号的一个周期），输入信号才通过主控门。若时基信号的周期为 T，进入计数器的输入脉冲数为 N，则被测信号的频率 $f = N/T$，改变时基信号的周期 T，即可得到不同的测频范围。当主控门关闭时，计数器停止计数，显示器显示记录结果。此时，控制电路输出一个置零信号，经延时、整形电路，当达到所调节的延时时间时，延时电路输出一个复位信号，使计数器和所有的触发器置零，为后续的一次取样做好准备，即锁住一次显示的时间，一直保留到接收到新一次的取样为止。

当开关 S_2 改变量程时，小数点能自动移位。

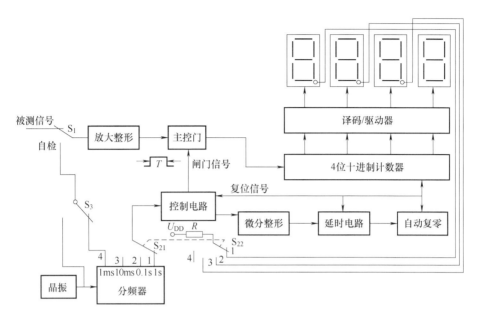

图 3-110　数字频率计原理框图

若开关 S_1、S_3 配合使用，可将测试状态转为"自检"工作状态（即用时基信号本身作为被测信号输入）。

【有关单元电路的设计及工作原理】

1. 控制电路

控制电路与主控门电路如图 3-111 所示。

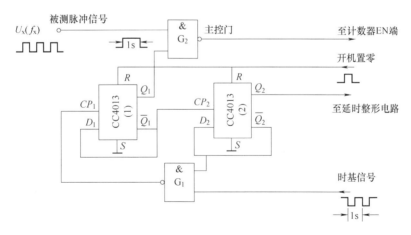

图 3-111　控制电路及主控门电路

主控电路由双 D 触发器 CC4013 及与非门 CC4011 构成。CC4013（1）的任务是输出闸门控制信号，以控制主控门 G_2 的开启与关闭。如果通过开关 S_2 选择一个时基信号，当给 G_1 输入一个时基信号的下降沿时，G_1 就输出一个上升沿，则 CC4013（1）的输出 Q_1 就由低电平变为高电平，将主控门 G_2 开启，允许被测信号通过该主控门并送至计数器输入端进行计数。相隔 1s（或 0.1s、10ms、1ms）后，又给 G_1 输入一个时基信号的下降沿，G_1 输出端又产生一个上升沿，使 CC4013（1）的输出 Q_1 变为低电平，将主控门关闭，使计数器停止计数，同时输出 $\overline{Q}_1$ 产生一个上升沿，使 CC4013（2）翻转成 $Q_2=1$、$\overline{Q}_2=0$，由于 $\overline{Q}_2=0$，它立即封锁与非门 G_1，不再让时基信号进入 CC4013（1），保证在显示读数的时间内输出 Q_1 始终保持低电平，使计数器停止计数。

利用输出 Q_2 的上升沿送到下一级的延时、整形单元电路。当到达所调节的延时时间时，延时电路输出端立即输出一个正脉冲，将计数器和所有 D 触发器全部置零。复位后，$Q_1=0$、$\overline{Q}_1=1$，为下一次测量做好准备。当时基信号又产生下降沿时，则重复上述过程。

2. 微分、整形电路

电路如图 3-112 所示。CC4013（2）的输出 Q_2 所产生的上升沿经微分电路后，送到由与非门 CC4011 组成的斯密特整形电路的输入端，在其输出端可得到一个边沿十分陡峭且具有一定脉冲宽度的负脉冲，然后再送至下一级延时电路。

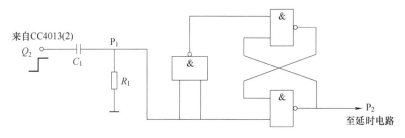

图 3-112　微分、整形电路

3. 延时电路

延时电路由 D 触发器 CC4013（3）、积分电路（由电位器 RP_1 和电容器 C_2 组成）、与非门 G_3 以及单稳态电路组成，如图 3-113 所示。由于 CC4013（3）的 D_3 接 U_{DD}，故在 P_2 点所产生的上升沿作用下，CC4013（3）翻转，翻转后，$\overline{Q}_3=0$，由于开机置零时或门 G_5（见图 3-114）输出的正脉冲将 CC4013（3）的输出 Q_3 置零，故 $\overline{Q}_3=1$，经二极管 2AP9 迅速给电容器 C_2 充电，使 C_2 两端达高电平 1，而此时 $\overline{Q}_3=0$，电容器 C_2 经电位器 RP_1 缓慢放电。当电容器 C_2 上的电压放电降至 G_3 的阈值电压 U_T 时，G_3 的输出端立即产生一个上升沿，触发下一级单稳态电路。此时，P_3 点输出一个正脉冲，该脉冲宽度主要取决于时间常数 R_tC_t 的值，延时时间为上一级电路延时时间及这一级电路延时时间之和。

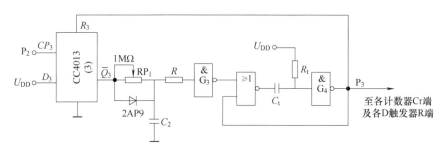

图 3-113　延时电路

由实训求得，如果电位器 RP_1 用 510Ω 的电阻代替，C_2 取 3μF，则总的延迟时间（也就是显示器所显示的时间）为 3s 左右。如果电位器 RP_1 用 2MΩ 的电阻取代，C_2 取 22μF，则显示时间可达 10s 左右。可见，调节电位器 RP_1 可以改变显示时间。

4. 自动清零电路

P_3 点产生的正脉冲送到图 3-114 所示的或门组成的自动清零电路，将各计数器及所有的触发器置零。在复位脉冲的作用下，$Q_3 = 0$、$\overline{Q_3} = 1$，于是输出 $\overline{Q_3}$ 的高电平经二极管 2AP9 再次对电容器 C_2 充电，补上刚才放掉的电荷，使 C_2 两端的电压恢复为高电平，又因为 CC4013（2）复位后使 Q_2 再次变为高电平，所以与非门 G_1 又被开启，电路重复上述工作过程。

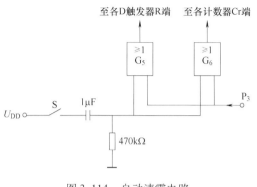

图 3-114　自动清零电路

【设计任务和要求】

1. 设计要求

使用中小规模集成电路设计与制作一台简易的数字频率计，画出设计的数字频率计的电路总图，其应具有如下功能。

1）位数：计 4 位十进制数。计数位数主要取决于被测信号频率的高低，如果被测信号频率较高，精度又较高，可相应增加显示位数。

2）量程：第一档为最小量程档，最大读数是 9.999kHz，闸门信号的采样时间为 1s；第二档最大读数为 99.99kHz，闸门信号的采样时间为 0.1s；第三档最大读数为 999.9kHz，闸门信号的采样时间为 10ms；第四档最大读数为 9999kHz，闸门信号的采样时间为 1ms。

3）显示方式：

① 用七段 LED 数码管显示读数，做到显示稳定、不跳变。

② 小数点的位置跟随量程的变更而自动移位。

③ 为了便于读数，要求数据显示的时间在 0.5～5s 内连续可调。

4）具有"自检"功能。

5）被测信号为方波信号。

2. 组装和调试

1）时基信号通常使用石英晶体振荡器输出的标准频率信号经分频电路获得。为了实训调试方便，可用实训设备上脉冲信号源输出的 1kHz 方波信号经 3 次 10 分频获得。

2）按设计的数字频率计电路图在实训装置上布线。

3）将 1kHz 方波信号送入分频器的 CP 端，用数字频率计检查各分频级的工作是否正常。用周期为 1s 的信号作为控制电路的时基信号输入，用周期为 1ms 的信号作为被测信号，用示波器观察和记录控制电路的输入、输出波形，检查控制电路所产生的各控制信号能否按正确的时序要求控制各个子系统。将周期为 1s 的信号送入各计数器的 CP 端，用发光二极管指示检查各计数器的工作是否正常。用周期为 1s 的信号作为延时、整形单元电路的输入，用两只发光二极管作为指示，检查延时、整形单元电路的输入，用两只发光二极管作为指示，检查延时、整形单元电路的工作是否正常。若各个子系统的工作都正常，再将各子系统连起来统调。

调试合格后，写出综合实训报告。

➡ 实训实施

【实训设备与器件】

①+5V 直流电源；②双踪示波器；③连续脉冲源；④逻辑电平显示器；⑤直流数字电压表；⑥数字频率计；⑦主要元器件（供参考）如下：

CC4518（二-十进制同步计数器）4 只，CC4553（3 位十进制计数器）2 只，CC4013（双 D 型触发器）2 只，CC4011（四 2 输入与非门）2 只，CC4069（六反相器）1 只，CC4001（四 2 输入或非门）1 只，CC4071（四 2 输入或门）1 只，2AP9（二极管）1 只，电位器（1MΩ）1 只，电阻器、电容器若干。

注：1）若测量的频率范围低于 1MHz，分辨率为 1Hz，建议采用图 3-115 所示的电路，只要选择参数正确，连线无误，通电后即能正常工作，无须调试。有关它的工作原理，请同学们自行研究分析。

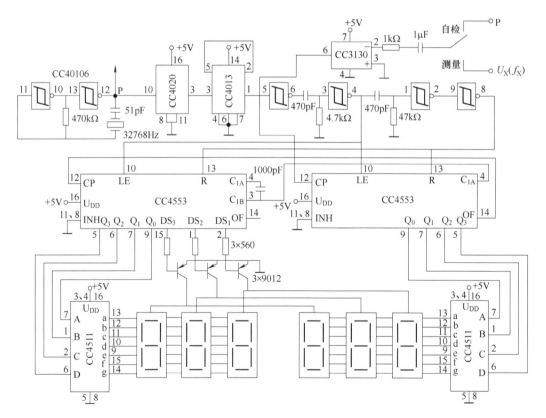

图 3-115 0~999999Hz 数字频率计电路图

2）3 位十进制计数器 CC4553 的引脚排列如图 3-116 所示，其功能见表 3-44。

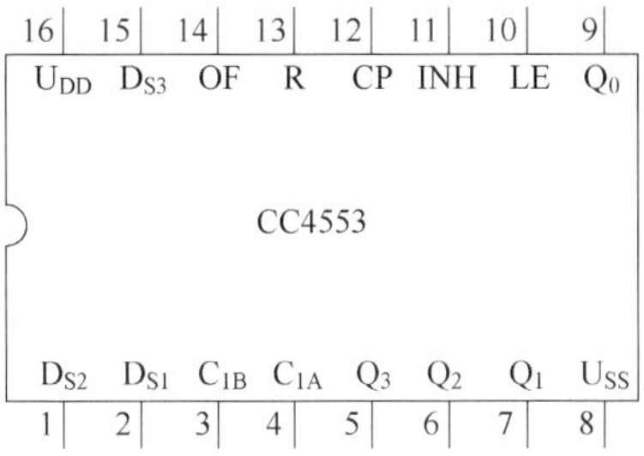

```
        16 | 15 | 14 | 13 | 12 | 11 | 10 |  9
      ┌─────────────────────────────────────────┐
      │ U_DD  D_S3  OF    R    CP   INH   LE   Q_0 │
    ( │                                           │
      │                  CC4553                    │
      │                                           │
      │ D_S2  D_S1  C_1B  C_1A  Q_3  Q_2  Q_1  U_SS│
      └─────────────────────────────────────────┘
         1  |  2  |  3  |  4  |  5  |  6  |  7  | 8
```

CP——时钟输入端

INH——时钟禁止端

LE——锁存允许端

R——清除端

$D_{S1} \sim D_{S3}$——数据选择输出端

OF——溢出输出端

C_{1A}、C_{1B}——振荡器外接电容器端

$Q_0 \sim Q_3$——BCD码输出端

图 3-116　CC4553 引脚排列

表 3-44　CC4553 功能表

输　　入				输　　出
R	CP	INH	LE	
0	↑	0	0	不变
0	↓	0	0	计数
0	×	1	×	不变
0	1	↑	0	计数
0	1	↓	0	不变
0	0	×	×	不变
0	×	×	↑	锁存
0	×	×	1	锁存
1	×	×	0	$Q_0 \sim Q_3 = 0$

综合实训十九

拔河游戏机的设计与调试

➡ 实训说明

给定实训设备和主要元器件，按照电路的各部分组合成一个完整的拔河游戏机，说明如下：

1）拔河游戏机需用 15 只（或 9 只）LED 排列成一行，开机后只有中间一只 LED 点亮，以此作为拔河游戏的中心线，游戏双方各持一个按键，迅速地、不断地按动以产生脉冲，哪方按得快，亮点则向哪一方移动，每按一次，亮点移动一次。移到某一方终端的 LED 点亮，这一方就得胜，此时，双方按键均无作用，输出保持，只有经复位后才可使亮点恢复到中心线。

2）显示器显示胜者的盘数。

➡ 电路设计

【电路框图】

实训电路框图如图 3-117 所示。

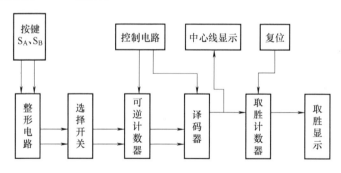

图 3-117　拔河游戏机电路框图

【设计步骤】

图 3-118 所示为拔河游戏机整机电路图。

可逆计数器 CC40193 原始状态输出 4 位二进制数 0000，经译码器输出使中间的一只 LED 点亮。当按下 S_A 和 S_B 两个按键时，分别产生两个脉冲信号，经整形后分别加到可逆计

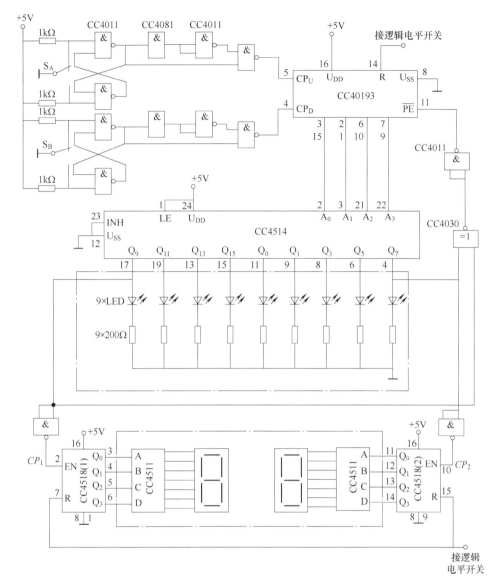

图 3-118　拔河游戏机整机电路图

数器上，可逆计数器输出的代码经译码器译码后驱动 LED 点亮并产生移位，当亮点移到任意一方终端后，由于控制电路的作用，使这一状态被锁定，输入脉冲不起作用。若按下复位键，亮点又回到中心线位置，比赛又可重新开始。

　　将双方终端 LED 的正端分别经两个与非门接至两个十进制计数器 CC4518 的允许控制端 EN，当一方取胜后，该方终端 LED 点亮，产生一个下降沿使其对应的计数器计数。这样，计数器的输出就显示了胜者取胜的次数。

1. 编码电路

　　编码器有 2 个输入端，4 个输出端，要进行加/减计数，因此选用 CC40193 双时钟二进制同步加/减法计数器来完成。

2. 整形电路

CC40193 是可逆计数器，控制加/减的 CP 脉冲分别加至 5 脚和 4 脚，此时，当电路要求进行加法计数时，减法输入端 CP_D 必须接高电平；进行减法计数时，加法输入端 CP_U 也必须接高电平，若直接由 S_A 和 S_B 键产生的脉冲加到 5 脚或 4 脚，那么就有很多时候在进行某端计数输入时使另一计数输入端为低电平，导致计数器不能计数，双方按键均失去作用，拔河比赛不能正常进行。加一个整形电路，使 S_A 和 S_B 两键产生的脉冲经整形后变为一个占空比很大的脉冲，这样就减少了进行某一计数时另一计数输入为低电平的可能性，从而使每一次按键都有可能进行有效的计数。整形电路由与门 CC4081 和与非门 CC4011 实现。

3. 译码电路

选用 4 线-16 线 CC4514 译码器，译码器的输出 $Q_0 \sim Q_{14}$ 分接 15 只（或 9 只）LED，LED 的负端接地，正端接译码器。这样，当输出为高电平时，LED 点亮。

比赛准备，译码器输入为 0000，输出 Q_0 为 1，中心线处 LED 首先点亮。当编码器进行加法计数时，亮点向右移；进行减法计数时，亮点向左移。

4. 控制电路

为了指示出谁胜谁负，还需要一个控制电路。当亮点移到任意一方的终端时，判该方为胜，此时，双方的按键均宣告无效。此电路可用异或门 CC4030 和与非门 CC4011（用与非门完成非门功能）来实现。将双方终端 LED 的正极接至异或门的两个输入端，当获胜一方为 1，而另一方则为 0 时，异或门输出为 1，经与非门产生低电平 0，再送到 CC40193 计数器的置数端（$\overline{PE}$），于是计数器停止计数，处于预置状态，由于计数器数据端 A、B、C、D 和输出端 Q_A、Q_B、Q_C、Q_D 对应相连，输入也就是输出，从而使计数器对输入脉冲不起作用。

5. 胜负显示

将双方终端 LED 正极经非门后的输出分别接到两个 CC4518 计数器的 EN 端，CC4518 的两组 4 位 BCD 码分别接到实训装置两组译码显示器的 A、B、C、D 插口处。当一方取胜时，该方终端 LED 发亮，产生一个上升沿，使相应的计数器进行加 1 计数，于是就得到了双方取胜次数的显示，若一位数不够，则进行两位数的级联。

6. 复位

为了能进行多次比赛而需要进行复位操作，使亮点返回中心线，用一个开关控制 CC40193 的清零端（R）即可。

胜负显示器的复位也可用一个开关来控制胜负计数器 CC4518 的清零端（R）来实现，使其重新计数。

→ 实训实施

【项目设备及元器件】

①+5V 直流电源；②译码显示器；③逻辑电平开关；④主要元器件（供参考）如下：

CC45144 线-16 线译码/分配器，CC40193 同步递增/递减二进制计数器，CC4518 十进制计数器，CC4081 与门 CC4011 ×3 与非门，CC4030 异或门，电阻器 1kΩ ×4。

【引脚说明】

CC40193 同步递增/递减二进制计数器的引脚排列及功能参照实训九。

CC4514 4 线-16 线译码器的引脚排列如图 3-119 所示，其功能见表 3-45。

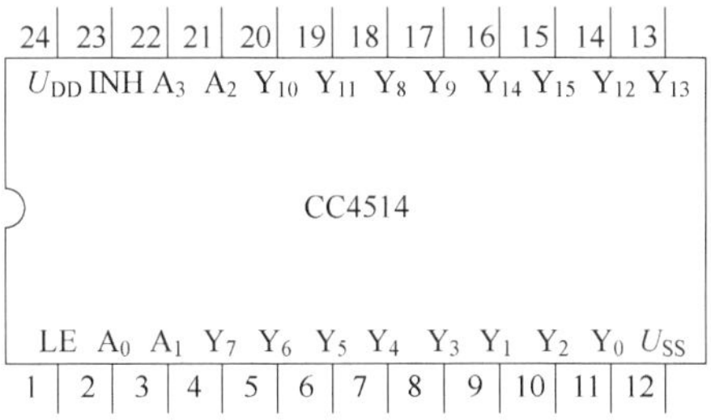

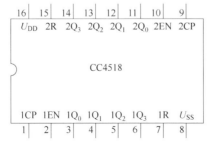

$A_0 \sim A_3$——数据输入端　INH——输出禁止控制端
LE——数据锁存控制端　$Y_0 \sim Y_{15}$——数据输出端

图 3-119　CC4514 引脚排列

表 3-45　CC4514 功能表

输　入						高电平输出	输　入						高电平输出
LE	INH	A_3	A_2	A_1	A_0	输出	LE	INH	A_3	A_2	A_1	A_0	输出
1	0	0	0	0	0	Y_0	1	0	1	0	0	1	Y_9
1	0	0	0	0	1	Y_1	1	0	1	0	1	0	Y_{10}
1	0	0	0	1	0	Y_2	1	0	1	0	1	1	Y_{11}
1	0	0	0	1	1	Y_3	1	0	1	1	0	0	Y_{12}
1	0	0	1	0	0	Y_4	1	0	1	1	0	1	Y_{13}
1	0	0	1	0	1	Y_5	1	0	1	1	1	0	Y_{14}
1	0	0	1	1	0	Y_6	1	0	1	1	1	1	Y_{15}
1	0	0	1	1	1	Y_7	1	1	×	×	×	×	无
1	0	1	0	0	0	Y_8	0	0	×	×	×	×	①

注：① 输出状态锁定在上一个 $LE = 1$ 时 $A_0 \sim A_3$ 的输入状态。

CC4518 双十进制同步计数器的引脚排列如图 3-120 所示，其功能见表 3-46。

1CP、2CP——时钟输入端　　1R、2R——清除端
1EN、2EN——计数允许控制端　$1Q_0 \sim 1Q_3$——计数器输出端
$2Q_0 \sim 2Q_3$——计数器输出端

图 3-120　CC4518 引脚排列

表 3-46   CC4518 功能表

输 入			输出功能
CP	*R*	*EN*	
↑	0	1	加计数
0	0	↓	加计数
↓	0	×	保持
×	0	↑	
↑	0	0	
1	0	↓	
×	1	×	全部为 0

综合实训二十

交通信号灯控制电路的设计与调试

实训说明

1）理解交通信号灯控制电路的工作原理。

2）掌握用任意进制计数器数字定时的控制信号通过触发器产生定时信号的方法。

3）熟悉用 RC 微分电路将上跳复位信号 "⌐" 构成脉冲 "⌐⌐"（0-1-0）的电路及其用途。

4）熟悉用门电路控制计数脉冲的传输。

5）熟悉用 CMOS 反相器构成多谐振荡器的电路结构。

电路设计

交通信号灯红、黄、绿显示时序如图 3-121 所示，现将南北和东西通道红、黄、绿灯的显示时序分别用代号 1A、1B、1C 和 2A、2B、2C 表示。其控制电路如图 3-122 所示，工作原理如下。

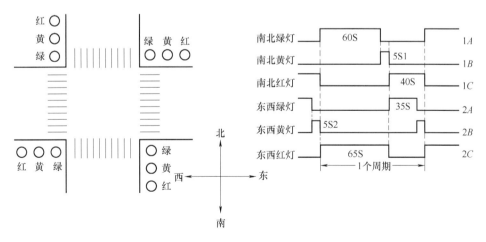

图 3-121　交通信号灯显示时序图

由 CMOS 反相器 G_1、G_2 和 R_1、C_1 组成的多谐振荡器产生秒脉冲信号，经反相器 G_3 改善波形后分别送入 60S、5S1、35S 和 5S2 的计数器，它是由 4518 双二-十进制计数器采用反

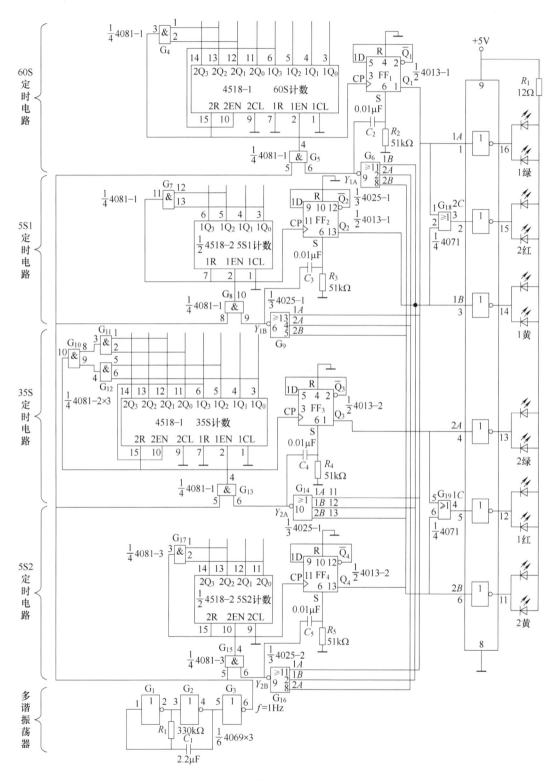

图 3-122　交通信号灯显示控制电路

馈清零法组成的 N 进制计数器（4518 二-十进制计数器功能表见本篇实训十）。由交通信号灯显示时序图中的显示规律可知：$1A$、$1B$、$2A$ 和 $2B$ 分别显示时间为 60s、5s、35s 和 5s，而 $1C$ 显示 40s 可由 $2A+2B$ 通过或门 G_{19} 获得，而 $2C$ 显示 65s 可由 $1A+1B$ 通过或门 G_{18} 获得。$1A$ 的显示只有当 $1B$、$2A$、$2B$ 为非 1（即 0）信号时才能计数获得 60s 高电平，故由或非门 G_6 的输出 $Y_{1A} = \overline{1B+2A+2B}$（全 0 出 1）控制与门 G_5 允许秒脉冲信号送入 60S 计数器计数。另外，Y_{1A} 为 1 时，通过 C_2、R_2 的微分电路产生正脉冲送入 FF_1 的 4013 D 触发器的直接置 1 端（S 端），使 $Q_1 = 1$，微分电路使 S 很快恢复为 0。当计数器计数达到 60 时，与门 G_4 输出正脉冲到 2R 端，对计数器清零，另外再送入 FF_1 的 CP 端，使构成 T′触发器的 D 触发器 $Q_1 = 0^{\ominus}$，这样使 $1A$ 输出为 $t = 60s$ 的高电平信号。当或非门 G_9 在 $1A$、$2A$、$2B$ 均为 0 时，Y_{1B} 为 1，通过 C_3、R_3 微分电路使 FF_2 的 S 端为正的尖脉冲，使 $Q_2 = 1$，故 $1B$ 也为 1，使 $Y_{1A} = 0$，与门 G_5 被封，4518-1 停止计数。其余 5S1、35S 和 5S2 的计数电路的工作过程与 60S 计数电路相似，不同的是，要求 $Y_{1B} = \overline{1A+2A+2B}$，$Y_{2A} = \overline{1A+1B+2B}$，$Y_{2B} = \overline{1A+1B+2A}$，原理与 Y_{1A} 相似。通过上述电路可使交通信号灯循环工作显示，而在开机时某一信号灯的显示完全是随机的。

➡ 实训实施

【设备选取】

实训仪器：直流稳压电源 ×1、双踪示波器 ×1、LED 状态显示、交通灯状态显示模块、IC_2 14 脚插座 ×9、IC_3 16 脚插座 ×3、七段译码/显示模块 ×1。

实训器件：CD4518 ×3、CD4013 ×2、CD4081 ×3、CD4025 ×2、CD4071 ×1、CD4069 ×1。电阻器：51kΩ ×4、330kΩ ×1，电容器：0.1μF ×4、2.2μF ×1。

【实施内容及步骤】

由于本实训电路连线较多，故可按功能块分别调试。

1. 多谐振荡电路的调试

将 $G_1 \sim G_3$ 反相器 CD4069 与电阻器 R、电容器 C 按图 3-122 中所示电路连线，将直流稳压电源调整到 +5V，关闭后与器件电源端相连，开启电源后，用示波器测试 G_3 输出端波形的频率，即验证矩形波周期是否为 1s。

2. 60S 计数器定时电路单独调试

将 4518-1、4013 的 FF_1、4081 的 G_4、G_5、4025 的 G_6 和 R_2、C_2 按图 3-122 中 60S 计数器定时电路连线，并将 Q_1 端与 AX28 模块的"绿"孔相连，将多谐振荡器输出与 G_5 的一端相连，将直流稳压电源调到 +5V，关闭电源后，将电源线连至上述各器件和模块的电源端。并将 G_6 三个输入端接全 0，4518-1 输出 8 个 Q 端（$1Q_0 \sim 1Q_3$，$2Q_0 \sim 2Q_3$）与 AX27 模块（AX27 图中未画出）相连。开启稳压电源，观察 AX27 数码管显示值和 AX28 模块哪一个颜

$\ominus$ 经查，4013 双 D 触发器要求 CP 时钟脉冲宽度 t_w 为 140ns（5V），而与门 4081 的传输延时时间 T_{PHL}、T_{PLH} 为 250ns（>140ns），故能保证时序要求。

色灯亮，记录于表 3-47 中。

表 3-47　交通信号灯参数

序号	定时器电路	数码管显示	交通信号灯颜色显示
1	60S 定时		
2	5S1 定时		
3	35S 定时		
4	5S2 定时		

3. 5S1 计数器定时电路单独调试

按图 3-122 中 5S1 定时电路功能块内所有器件连线，4025 或非门 G_9 三个输入端全接 0，而 Q_2 端连 AX28 模块中黄色灯孔，其他与模块接线和调试方法与上述 2 中内容相同。观察 AX27 数码管显示值和 AX28 亮灯颜色，记录于表 3-47 中。

4. 35S 计数器定时电路单独调试

按图 3-122 中 35S 定时电路功能块内所有器件连线，4025 或非门 G_{14} 三个输入端全接 0，而 Q_3 端连 AX28 模块中颜色灯的插孔，其他与模块接线和调试方法与上述 2 中内容相同。观察数码管显示值和 AX28 亮灯颜色，记录于表 3-47 中。

5. 5S2 计数器定时电路单独调试

按图 3-122 中 5S2 定时电路功能块内所有器件连线，4025 或非门 G_{16} 三个输入端全接 0，而 Q_4 端连 AX28 模块中黄色灯的插孔，其他与模块接线和调试方法与上述 2 中内容相同。观察数码管显示值和 AX28 亮灯颜色，记录于表 3-47 中。

6. 综合调试

在上述各功能块调试完成的基础上，关闭电源后，按图 3-122 连接各功能块电路，仅改接 4025 或非门 G_6、G_9、G_{14}、G_{16} 与 Q_1、Q_2、Q_3、Q_4 和 4071 或门 G_{18}、G_{19} 之间连线，并将 1Hz 信号连到各功能块相应输入端。并将模块 AX28 的交通信号灯状态显示与 1A、1B、1C、2A、2B、2C 相连。观察在开启后是否与图 3-121 的显示时序相符。

【实训注意事项】

在实训实施中，各功能块调试后不必拆除连线，以便在综合调试时改接部分连线。

在各功能块调试时，由于仅用到器件中的某一个门电路，故必须处理好未调试功能块器件的输入端，如在调试 5S1 定时电路时，可将 60S 定时电路中 G_5 的 1Hz 信号端脱开后接 0。其输入端可不变动，其他功能块调试时也进行相同处理，即不参与调试的功能块不加 1Hz 信号，改接 0。与 AX28 模块连线也不必拆除和处理，在综合调试中仍可用到。

在实训实施进行之前，必须充分理解本实训电路的工作原理，控制电路和工作原理要仔细阅读。

【实训总结】

1）总结用 N 进制计数器和触发器 CP 端、S_D 端实现计数时间的长时间定时控制信号的原理和方法。

2）总结本实训中实现门电路相互关联控制信号的方法。

3）已知 LED 驱动电路器件中 1413 的反相器饱和电压降不大于 2V，而 LED 导通时，正向电压降为 2V，正向导通电流 $I_F = 20\text{mA}$，试验算图 3-122 中 AX28 的限流电阻为多大？（同时有 4 个 LED 导通）

附　　录

放大器干扰、噪声抑制和自激振荡的消除

内容说明

　　放大器具有很高的灵敏度，很容易受到外界和内部一些无规则信号的影响，因而必须抑制干扰、噪声和消除自激振荡，才能进行正常的调试和测量。

知识链接

　　放大器的调试一般包括调整和测量静态工作点，调整和测量放大器的性能指标：放大倍数、输入电阻、输出电阻和通频带等。由于放大电路是一种弱电系统，具有很高的灵敏度，故很容易受到外界和内部一些无规则信号的影响，也就是在放大器的输入端短路时，输出端仍会有杂乱无规则的电压输出，这就是放大器的噪声和干扰电压。另外，由于安装、布线不合理，负反馈太深以及各级放大器共用一个直流电源造成级间耦合等因素，也会使放大器在没有输入信号时产生一定幅值和频率的电压输出，如收音机的尖叫声或"突突…"的汽船声，这就是放大器发生了自激振荡。噪声、干扰和自激振荡的存在都影响了对有用信号的观察和测量，严重时，放大器将不能正常工作。所以，必须抑制干扰、噪声和消除自激振荡。

【干扰和噪声的抑制】

　　把放大器输入端短路，在放大器输出端仍可测量到一定的噪声和干扰电压。其频率如果是 50Hz（或 100Hz），一般称为 50Hz 交流声，有时是非周期性的，没有一定的规律，可以用示波器观察到如图 A-1 所示波形。50Hz 交流声大都来自电源变压器或交流电源线，100Hz交流声往往是由整流滤波不良造成的。另外，由电路周围的电磁波干扰信号引起的干扰电压也是较为常见的。由于放大器的放大倍数很高（特别是多级放大器），只要在它的前级引入一点微弱的干扰，经过几级放大，在输出端就可以产生一个很大的干扰电压。此外，电路中的地线连接不合理，也会引起干扰。

　　抑制干扰和噪声的措施一般有以下几种：

　　（1）选用低噪声的元器件　如噪声小的集成运放和金属膜电阻等，另外还可加低噪声的前置差分放大电路。由于集成运放内部电路复杂，故它的噪

图 A-1　示波器输出噪声和干扰

声较大，即使是极低噪声的集成运放，也不如某些噪声小的场效应对管或双极型超 β 对管。所以在要求噪声系数极低的场合，以挑选噪声小的对管组成前置差分放大电路为宜，也可加有源滤波器。

（2）合理布线　放大器输入回路的导线和输出回路、交流电源的导线要分开，不要平行敷设或捆扎在一起，以免相互感应。

（3）屏蔽　小信号的输入线可以采用具有金属丝外套的屏蔽线，外套接地。整个输入级用单独金属盒罩起来，外罩接地。电源变压器的一、二次侧之间加屏蔽层。电源变压器要远离放大器前级，必要时可以把变压器也用金属盒罩起来，以利于隔离。

（4）滤波　为防止电源串入干扰信号，可在交（直）流电源线的进线处加滤波电路。

图 A-2a ~ c 所示的无源滤波器可以滤除天电干扰（雷电等引起）和工业干扰（电机、电磁铁等设备起、制动时引起）等干扰信号，而不影响 50Hz 电源的引入。图中的电感、电容元件，一般电感器 L 的电感值为几毫亨至几十毫亨，电容器 C 的电容值为几千皮法。图 A-2d 阻容串联电路对电源电压的突变有吸收作用，以免其进入放大器。R 和 C 的数值可选 100Ω 和 $2\mu F$ 左右。

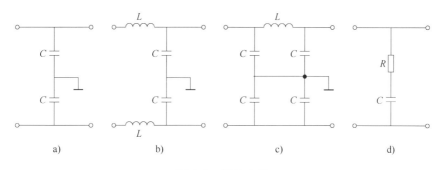

图 A-2　滤波电路

（5）选择合理的接地点　在各级放大电路中，如果接地点安排不当，也会造成严重的干扰。例如，在图 A-3 中，同一台电子设备的放大器，由前置放大级和功率放大级组成。当接地点如图中实线所示时，功放级的输出电流是比较大的，此电流通过导线产生的电压降与电源电压一起，作用于前置级，引起扰动，甚至产生振荡；还因负载电流流回电源时造成机壳（地）与电源负端之间的电压波动，而前置放大级的输入端接到这个不稳定的"地"上，会引起更为严重的干扰。如将接地点改成图中虚线所示，则可克服上述弊端。

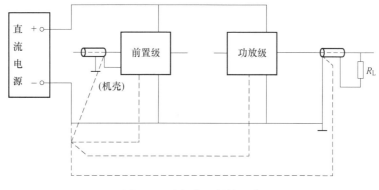

图 A-3　选择合理的接地点

【自激振荡的消除】

若放大器发生自激振荡，则可以把输入端短路，用示波器（或毫伏表）接在放大器的输出端进行观察，得到如图 A-4 所示波形。自激振荡和噪声的区别是：自激振荡的频率一般为比较高或极低的数值，而且频率随着放大器元器件参数的不同而改变（甚至拨动一下放大器内部导线的位置，频率也会改变），振荡波形一般是比较规则的，幅值也较大，往往可使晶体管处于饱和和截止状态。

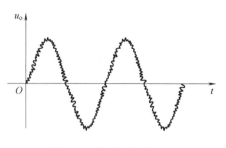

图 A-4　自激振荡波形图

高频振荡主要是由安装、布线不合理引起的。例如，输入和输出线靠得太近，产生正反馈作用。对此，应从安装工艺方面解决，如元器件布置紧凑、接线要短等。也可以用一个小电容器（如 1000pF 左右）的一端接地，另一端逐级接触管子的输入端或电路中合适部位，找到抑制振荡最灵敏的一点（即电容器接此点时，自激振荡消失），在此处外接一个合适的电阻器、电容器各一只或单一电容器（一般为 $100pF \sim 0.1\mu F$，由试验决定），进行高频滤波或负反馈，以降低放大电路对高频信号的放大倍数或移动高频电压的相位，从而抑制高频振荡（见图 A-5）。

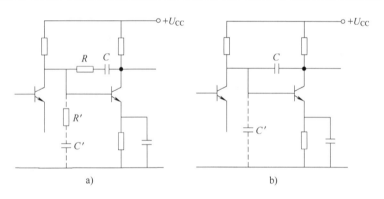

图 A-5　电路图

低频振荡是由各级放大电路共有一个直流电源所引起的。如图 A-6 所示，因为电源总有一定的内阻 R_0，特别是电池用的时间过长或稳压电源质量不高，使得内阻 R_0 比较大时，则会引起电压 U''_{CC} 的波动，U''_{CC} 的波动作用到前级，使前级输出电压相应变化，经放大后，引发波动更厉害，如此循环，就会造成振荡现象。最常用的消除办法是在放大电路各级之间加上去耦电路，如图 A-6 中的 R 和 C，从电源方面使前后级之间的相互影响减小。去耦电路中 R 的值一般为几百欧，电容器 C 的值为几十微法或更大一些。

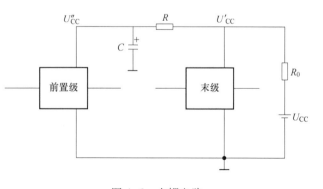

图 A-6　去耦电路

附录 B

TTL 集电极开路门与三态输出门的应用

数字系统中有时需要把两个或两个以上集成逻辑门的输出端直接并接在一起完成一定的逻辑功能。对于普通的 TTL 门电路，由于输出级采用了推拉式输出电路，无论输出是高电平还是低电平，输出阻抗都很低。因此，通常不允许将它们的输出端并接在一起使用。

集电极开路门和三态输出门是两种特殊的 TTL 门电路，它们允许把输出端直接并接在一起使用。

1. TTL 集电极开路门（OC 门）

下文所用 OC 与非门型号为 2 输入四与非门 74LS03，内部逻辑电路及引脚排列如图 B-1 所示。OC 与非门的输出晶体管 VT_3 是悬空的，工作时，输出端必须通过一只外接电阻器 R_L 和电源 U_{CC} 相连接，以保证输出电平符合电路要求。

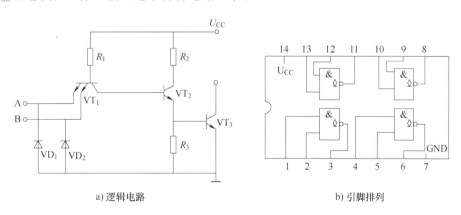

a) 逻辑电路   b) 引脚排列

图 B-1　74LS03 内部逻辑电路及引脚排列

OC 门的应用主要有下述三个方面。

1）利用电路的"线与"特性方便地完成某些特定的逻辑功能。如图 B-2 所示，将两个 OC 与非门输出端直接并接在一起，则它们的输出为

$$F = F_A F_B = \overline{A_1 A_2} \cdot \overline{B_1 B_2} = \overline{A_1 A_2 + B_1 B_2}$$

即把两个（或两个以上）OC 与非门"线与"可完成与或非的逻辑功能。

2）实现多路信息采集，使两路以上的信息共用一个传输通道（总线）。

3）实现逻辑电平的转换，以推动荧光数码管、继电器、MOS 器件等多种数字集成电路。

OC 门输出并联运用时负载电阻 R_L 的选择。

如图 B-3 所示，电路由 n 个 OC 与非门"线与"驱动有 m 个输入端的 N 个 TTL 与非门，为保证 OC 与非门输出电平符合逻辑要求，负载电阻 R_L 阻值的选择范围为

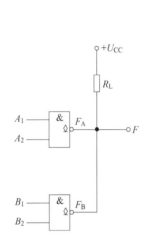

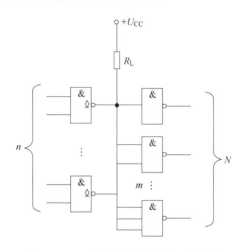

图 B-2　OC 与非门"线与"电路　　　　图 B-3　OC 与非门负载电阻 R_L 的确定

$$R_{Lmax} = \frac{U_{CC} - U_{OH}}{nI_{OH} + mI_{iH}} \quad R_{Lmin} = \frac{U_{CC} - U_{OL}}{I_{LM} + NI_{iL}}$$

式中，I_{OH} 为 OC 门输出晶体管截止时（输出高电平 U_{OH}）的漏电流，约为 $50\mu A$；I_{LM} 为 OC 门输出低电平 U_{OL} 时允许的最大灌入负载电流，约为 $20mA$；I_{iH} 为负载门高电平输入电流（$<50\mu A$）；I_{iL} 为负载门低电平输入电流（$<1.6mA$）；U_{CC} 为 R_L 外接电源电压；n 为 OC 门个数；N 为负载门个数；m 为接入电路的负载门输入端总个数。

R_L 必须小于 R_{Lmax}，否则 U_{OH} 将下降；R_L 必须大于 R_{Lmin}，否则 U_{OL} 将上升。又因为 R_L 的大小会影响输出波形的边沿时间，在工作速度较高时，R_L 应尽量选取接近 R_{Lmin}。

除了 OC 与非门外，对于其他类型的 OC 器件，R_L 的选取方法也与此类同。

2. TTL 三态输出门（3S 门）

TTL 三态输出门是一种特殊的门电路，它与普通的 TTL 门电路结构不同，它的输出端除了通常的高电平、低电平两种状态外（这两种状态均为低阻状态），还有第三种输出状态——高阻状态，处于高阻状态时，电路与负载之间相当于开路。三态输出门按逻辑功能及控制方式来分有各种不同的类型，本文所用三态门的型号是 74LS125 三态输出四总线缓冲器，图 B-4a 所示为其逻辑符号，它有一个控制端（又称禁止端或使能端）$\bar{E}$，$\bar{E} = 0$ 为正常工作状态，实现 $Y = A$ 的逻辑功能；$\bar{E} = 1$ 为禁止状态，输出 Y 呈现高阻状态。这种在控制端加低电平时电路才能正常工作的工作方式称为低电平使能。

图 B-4b 为 74LS125 的引脚排列，表 B-1 为其功能表。

三态电路的主要用途之一是实现总线传输，即用一个传输通道（称总线）以选通的方式传送多路信息。如图 B-5 所示，电路中把若干个三态 TTL 电路输出端直接连接在一起构成三态门总线。使用时，要求只有需要传输信息的三态控制端处于使能状态（$\bar{E} = 0$），其余各门皆处于禁止状态（$\bar{E} = 1$）。由于三态门输出电路的结构与普通 TTL 电路相同，显然，若

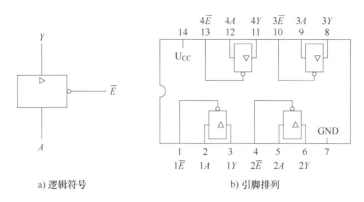

a) 逻辑符号　　　　　　　　　b) 引脚排列

图 B-4　74LS125 三态输出四总线缓冲器的逻辑符号及引脚排列

同时有两个或两个以上三态门的控制端处于使能状态，将出现与普通 TTL 门"线与"时同样的问题，因而是绝对不允许的。

表 B-1　74LS125 功能表

输　入		输　出
$\bar{E}$	A	Y
0	0	0
	1	1
1	0	高阻态
	1	

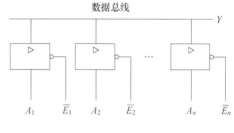

图 B-5　三态输出门实现总线传输

附录 C

CC7107 型 A-D 转换器组成的 $3\frac{1}{2}$ 位直流数字电压表

在数字系统的应用中，通常要将一些被测量的物理量通过传感器送到数字系统中进行加工处理；经过处理获得的输出数据又要送回物理系统，对系统物理量进行调节和控制。传感器输出的模拟电信号首先要转换成数字信号，数字系统才能对其进行处理。这种模拟量到数字量的转换称为模-数（A-D）转换。处理后获得的数字量有时又需要转换成模拟量，这种转换称为数-模（D-A）转换。A-D 转换器简称 ADC，D-A 转换器简称 DAC，ADC 和 DAC 都是数字系统和模拟系统的接口电路。

CC7107 型 A-D 转换器是把模拟电路与数字电路集成在一块芯片上的大规模的 CMOS 集成电路，它具有功耗低、输入阻抗高、噪声低，能直接驱动共阳极 LED 显示器，无须另加驱动器件，使转换电路简化等特点。其引出端功能见表 C-1，其引脚排列及功能如图 C-1 所示。

表 C-1　引出端功能表

引出端	功　　能
V_+ 和 V_-	电源的正端和负端
aU ~ gU aT ~ gT aH ~ gH	个位、十位、百位笔画的驱动信号，依次接至个位、十位、百位数码管的相应笔画电极
abK	千位笔画驱动信号，接千位数码管的 a、b 两个笔画电极
PM	负极性指示的输出端，接千位数码管的 g 段，PM 为低电位时显示负号
INT	积分器输出端，接积分电容器
BUF	缓冲放大器输出端，接积分电阻器
AZ	积分器和比较器的反相输入端，接自动调零电容器
IN_+、IN_-	模拟量输入端，分别接输入信号的正端与负端
COM	模拟信号公共端，即模拟地
C_{REF}	外接基准电容端
$UREF^+$、$UREF^-$	基准电压的正端和基准电压的负端
TEST	测试端，该端经 500Ω 电阻器接至逻辑电路的公共地。当作"测试指示"时，把它与 V_+ 端短接后，LED 全部笔画点亮，显示数"1888"
OSC_1 ~ OSC_3	时钟振荡器的引出端，外接阻容元件组成多谐振荡器

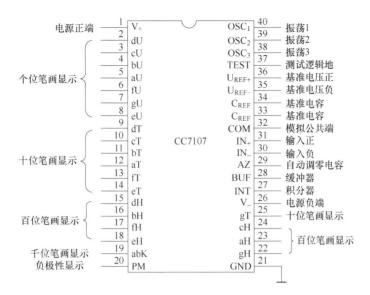

图 C-1 CC7107 引脚排列及功能图

由 CC7107 组成的 3½ 位直流数字电压表接线图如图 C-2 所示。

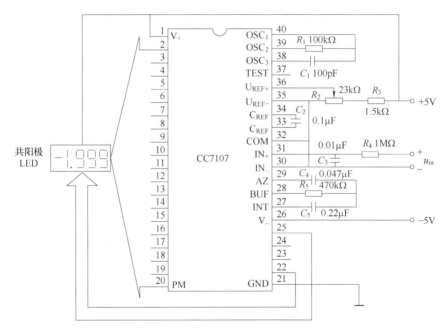

图 C-2 直流数字电压表接线图

外围元件的作用如下。

1) R_1、C_1 为时钟振荡器的 RC 网络。

2) R_2、R_3 是基准电压的分压电路，R_2 使基准电压 $U_{REF} = 1V$。

3) R_4、C_3 为输入端阻容滤波电路，用于提高电压表的抗干扰能力，并能增强它的过载能力。

4）C_2、C_4分别是基准电容器和自动调零电容器。

5）R_5、C_5分别是积分电阻器和积分电容器。

6）CC7107 的第 21 脚（GND）为逻辑地，第 37 脚（TEST）经过芯片内部的 500Ω 电阻器与 GND 接通。

7）芯片本身功耗小于 15mW（不包括 LED），能直接驱动共阳极的 LED 显示器，不需要另加驱动器件。在正常亮度下，每个数码管的全亮笔画电流为 40 ~ 50mA。

8）CC7107 没有专门的小数点驱动信号，使用时可将共阳极数码管的公共阳极接 V_+ 端，小数点接 GND 时点亮，接 V_+ 时熄灭。

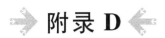
集成逻辑门电路新、旧图形符号对照

名称	新国标图形符号	旧图形符号	逻辑表达式
与门	A B C & Y	A B C Y	$Y = ABC$
或门	A B C ≥1 Y	A B C + Y	$Y = A + B + C$
非门	A 1 Y	A Y	$Y = \overline{A}$
与非门	A B C & Y	A B C Y	$Y = \overline{ABC}$
或非门	A B C ≥1 Y	A B C + Y	$Y = \overline{A + B + C}$
与或非门	A B C D & ≥1 Y	A B C D + Y	$Y = \overline{AB + CD}$
异或门	A B =1 Y	A B $\oplus$ Y	$Y = A \oplus B$

附录 E

集成触发器新、旧图形符号对照

名称	新国标图形符号	旧图形符号	触发方式
由与非门构成的基本 RS 触发器	S Q / R Q̄	Q̄ Q / R̄ S̄	无时钟输入触发器状态直接由 S 和 R 的电平控制
由或非门构成的基本 RS 触发器	S Q / R Q̄	Q̄ Q / R S	
TTL 边沿型 JK 触发器	1J CP 1K R	S̄_D R̄_D / J CP K	CP 脉冲下降沿
TTL 边沿型 D 触发器	S 1D CP R	S̄_D R̄_D / CP D	CP 脉冲上升沿
CMOS 边沿型 JK 触发器	1J CP 1K R	S R / J CP K	CP 脉冲下降沿
CMOS 边沿型 D 触发器	S 1D CP R	S R / CP D	CP 脉冲上升沿

256

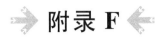

逻辑函数化简法

数字电路研究的是数字电路输入与输出之间的因果关系，即逻辑关系。无论电路多么复杂，这种逻辑关系都能用逻辑函数来描述。普通代数中的函数是随自变量变化而变化的因变量，函数与变量之间的关系可以用代数方程来表示，逻辑函数也是如此。

在逻辑电路的设计中，所用的元器件少、元器件间相互连线少和工作速度高是中小规模逻辑电路设计的基本要求。为此，在一般情况下，逻辑表达式应该表示成最简的形式，这样就涉及对逻辑表达式的化简问题。其次，为了实现逻辑表达式的逻辑关系，要采用相应的具体电路，有时需要对逻辑表达式进行变换。所以逻辑代数要解决一个化简的问题和一个变换的问题。

逻辑函数有很多种表示方法：真值表、逻辑图、卡诺图、波形图及逻辑函数表达式。

（1）真值表 用0、1表示输入逻辑变量各种可能取值的组合对应的输出值排列成的表格，称为真值表。

（2）逻辑图 将逻辑函数中各变量之间的与、或、非等逻辑关系用逻辑图形符号表示出来，就可以画出逻辑图。

（3）卡诺图 卡诺图又称为最小项方格图，是由表示逻辑变量的所有可能组合的小方格构成的平面图，这是一种用图形描述逻辑函数的方法，一般采用正方形或矩形。这种方法经常被使用。

（4）逻辑函数表达式 将逻辑函数中各变量之间进行的与、或、非等运算的组合式称为逻辑代数表达式，又称为逻辑函数表达式。

一个逻辑函数表达式除了与或型、或与型之外，还有与非与非型、或非或非型及与或非型。这些类型的转换问题将在后面介绍。即使是同一类型的逻辑函数表达式，如常见的与或型，它的表现形式对于同一逻辑关系也有多种，例如：

$$P_1 = AB + \overline{A}C$$
$$P_2 = AB + \overline{A}C + BC$$
$$P_3 = ABC + AB\overline{C} + \overline{A}BC + \overline{A}\overline{B}C$$
$$\cdots\cdots$$

不难用形式定理加以证明它们是相等的。

逻辑函数化简的方法主要有代数法和卡诺图法。

【代数法化简】

逻辑函数的运算规则见表 F-1。

表 F-1　逻辑函数的基本运算规则与公式

运 算 法 则	基 本 公 式
0-1 律	$A \cdot 0 = 0$；$A + 1 = 1$
自等律	$A \cdot 1 = A$；$A + 0 = A$
重叠律	$A \cdot A = A$；$A + A = A$
互补律	$A \cdot \overline{A} = 0$；$A + \overline{A} = 1$
交换律	$A \cdot B = B \cdot A$；$A + B = B + A$
结合律	$A \cdot (B \cdot C) = (A \cdot B) \cdot C$；$A + (B + C) = (A + B) + C$
分配律	$A \cdot (B + C) = AB + AC$；$A + B \cdot C = (A + B)(A + C)$
吸收律	$A \cdot (A + B) = A$；$A + AB = A$ $AB + \overline{A}C + BC = AB + \overline{A}C$
反演律	$\overline{AB} = \overline{A} + \overline{B}$；$\overline{A + B} = \overline{A}\,\overline{B}$
双重否定律	$\overline{\overline{A}} = A$

代数法化简没有普遍适用的一定规则，有时需要一定的经验。用实际电路实现上述逻辑关系时，采用 P_1、P_2、P_3 都可以，但是总希望电路比较简单。一般来说，逻辑函数表达式越简单，由此实现的电路也越简单。对于与或型逻辑函数表达式，最简单就是逻辑函数表达式中的与项最少，每一与项中变量也最少。在上述例子中，显然，P_1 比另外两个都简单。化简逻辑函数表达式有几种方法，这里介绍的是代数法，即运用形式定理和基本规则进行化简。所以必须熟练掌握这些定理和规则，否则有时容易与一般代数相混。

并项法：利用公式将两项合并成一项，减少变量。

吸收法：吸收或消去多余的乘积项或多余的因子。

配项法：利用重叠律、互补律和吸收律，使用配项法或添加多余项，然后根据各种基本规律逐步化简。

代数法化简逻辑函数表达式，就是运用逻辑代数的定律、定理、规则对逻辑函数表达式进行变换，以消去一些多余的与项和变量。

以下介绍的方法是一个基本的方法，是以与或逻辑函数表达式为基础，但不是对所有的化简问题均能奏效。其他形式的逻辑函数表达式都可转换成与或型的逻辑函数表达式。例如：

$$P = (A + B)(C + D) = AC + AD + BC + BD$$
$$P = \overline{\overline{AB} \cdot \overline{CD}} = AB + CD$$

布尔代数除基本公式和定理外，在运算时还有一些基本规则：代入规则、反演规则及对偶规则，见表 F-2。

表 F-2　规则说明

规　　则	说　　明
代入规则	在任一含有变量 A 的布尔逻辑等式中，如果用另一个逻辑（布尔）函数 F 去代替所有的变量 A，则等式仍然成立 代入规则是容易理解的，因为 A 只可能取 0 或 1，而另一逻辑函数 F，无论外形如何复杂，F 最终也只能是非 0 即 1
反演规则	设 P 为一逻辑函数，如果把式中的"·"号改为"+"号；"+"号改为"·"号，则称为加乘互换。如果把式中的"0"换为"1"，而"1"换为"0"，则称为"0""1"互换。如果把式中的原变量改为反变量，反变量改为原变量，则称为原反互换 于是，反演规则可叙述为：在一布尔逻辑数式 P 中，如果实行加乘互换、"0""1"互换、原反互换，得到的新逻辑式记为 $\bar{P}$，$\bar{P}$ 称为 P 的反式或反函数
对偶规则	对偶概念为：在一个逻辑函数式 P 中，实行加乘互换、"0""1"互换，得到的新逻辑函数式记为 P'，则称 P' 为 P 的对偶式（注意不实行原反互换） 对偶规则：有一布尔逻辑等式，对等号两边实行对偶变换，得到的新布尔逻辑函数式仍然相等 显然，对对偶式 P' 再求对偶，就得到原函数 P

【最小项与最大项】

最小项：n 个变量 X_1、X_2、$\cdots$、X_n 的最小项，是 n 个变量的逻辑乘，每一个变量既可以是原变量 X_i，也可以是反变量 $\bar{X_i}$。每一个变量均不可缺少。如有 A、B 两个变量时，最小项为 $\bar{A}\bar{B}$、$\bar{A}B$、$A\bar{B}$、AB，共有 $2^2=4$ 个最小项。

最小项用小写字母 m_i 表示，i 为二进制数相应的十进制数的数值。将最小项中的原变量视为"1"，反变量视为"0"，按高低位排列，便得到了一个二进制数。前面曾讲到二进制数是逢二进一的，例如，对于最小项 $A\bar{B}C$，C 为最低位，A 为最高位，对应的二进制数是"101"，它的十进制数值为

$$1\times2^2 + 0\times2^1 + 1\times2^0 = 4+0+1 = 5$$

所以，最小项 $A\bar{B}C$ 的符号是 m_5。对于每一种二进制输入方式，只能有一个最小项为"1"，其他最小项全为"0"，这一特点称为 N 中取一个"1"。

最大项：n 个变量 X_1、X_2、$\cdots$、X_n 的最大项，是 n 个变量的逻辑和，每一个变量既可以是原变量 X_i，也可以是反变量 $\bar{X_i}$，每一个变量均不可缺少。如有 A、B 两个变量时，最大项为 $\bar{A}+\bar{B}$、$\bar{A}+B$、$A+\bar{B}$、$A+B$，共有 $2^2=4$ 个最大项。

对于 n 个变量来说，最小项和最大项的数目各为 2^n 个。

最大项用大写字母 M_i 表示，最大项是或逻辑，最小项是与逻辑，最大项和最小项是对偶的关系。所以，最大项确定的原则与最小项确定的原则是对偶的。

最大项下标确定的方法是：将最大项对应的二进制数写出，进行"0""1"互换，得到新的二进制数，它对应的十进制数就是最大项的下标。

掌握最小项和最大项的性质，有助于逻辑函数表达式的化简和变换。

全部最小项之和恒等于"1"。两个最小项之积恒等于"0"。若干个最小项之和等于其

余最小项和之反。

$$m_1+m_2=\overline{m_0+m_3}\quad m_0=\overline{m_0+m_2+m_3}$$

异或逻辑和同或逻辑之间也符合这种关系。

最小项的反是最大项；最大项的反是最小项。例如，当有输入时，最大项对每一种输入被选中的特点是只有一个最大项是“0”，其余最大项都是“1”，即所谓 N（2^n）中取一个“0”。以两变量为例，最小项的性质和最大项的性质之间具有对偶性。

【卡诺图化简】

把所有最小项按一定的顺序排列起来，每一个小方格由一个最小项占有。因为最小项的数目与变量数有关，设变量数为 n，则最小项的数目为 $2n$。两变量的情况如图 F-14a 所示。图中第一行表示 $\overline{A}$，第二行表示 A；第一列表示 $\overline{B}$，第二列表示 B。这样四个小方格就由 4 个最小项分别对号占有，行和列的符号相交就以最小项的与逻辑形式。

B̄
B
Ā
Ā B̄
Ā B
A
A B̄
A B
B
A
0
1
0
0 0
0
0 1
1
1
1 0
2
1 1
3

a)　　b)

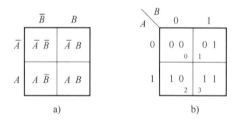

图 F-1　两变量最小项图

有时为了更简便，我们用“1”表示原变量，用“0”表示反变量，这样就可以将图 F-1a 改画成图 F-1b 的形式，四个小方格中心的数字 0、1、2、3 就代表最小项的编号。

三变量的最小项图如图 F-2 所示，方格编号即最小项编号。最小项的排列要求每对几何相邻方格之间仅有一个变量变化成它的反变量，或仅有一个反变量变化成它的原变量，这样的相邻又称为逻辑相邻。逻辑相邻的小方格相比较时，仅有一个变量互为反变量，其他变量都相同。逻辑相邻的最小项排列起来就形成循环码。

四变量的最小项图如图 F-3 所示，该图只画出了图 F-1b 的形式。由图 F-1 到图 F-3 可以看到，几何相邻的小方格都满足逻辑相邻的条件。例如，图 F-3 中，不但 m_0 与 m_4，而且 m_0 与 m_1 之间、m_0 与 m_2 之间也都满足逻辑相邻关系，同一列的第一行和最后一行，同一行的第一列和最后一列之间也满足逻辑相邻关系，好像卡诺图首尾相连卷成了圆筒。这种由满足逻辑相邻条件的最小项小格排列的图称为卡诺图（Karnaugh Map）。

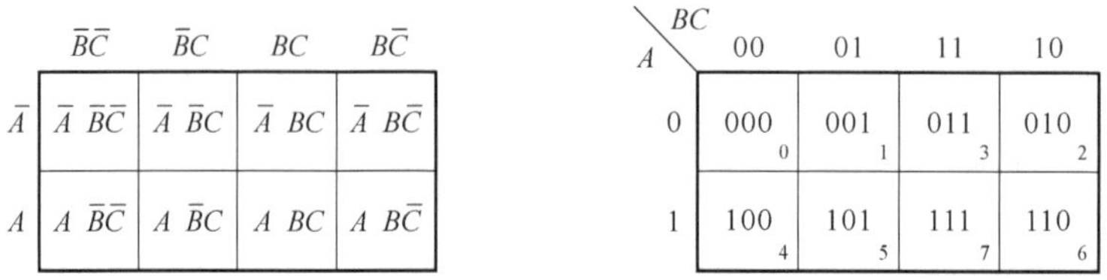

B̄C̄
B̄C
BC
BC̄
Ā
Ā B̄C̄
Ā B̄C
Ā BC
Ā BC̄
A
A B̄C̄
A B̄C
A BC
A BC̄
BC
A
00
01
11
10
0
000
0
001
1
011
3
010
2
1
100
4
101
5
111
7
110
6

a)　　b)

图 F-2　三变量最小项图

掌握卡诺图的构成特点，就可以从印在表格旁边的 AB、CD 的“0”“1”值直接写出最小项的文字符号内容。例如，图 F-3 中，第四行第二列相交的小方格，表格第四行的“AB”标为“10”，应记为 $A\overline{B}$，第二列的“CD”标为“01”，应记为 $\overline{C}D$，所以该小格为 $A\overline{B}\,\overline{C}D$。

五变量的最小项图如图 F-4 所示。它是由四变量最小项图构成的，将左边的一个四变量卡诺图按轴翻转 180°而成。左边的一个四变量最小项图对应变量 $E=0$，轴左侧的一个对应 $E=1$。这样一来除了几何位置相邻的小方格满足邻接条件外，以轴对称的小方格也满足邻接条件，这一点需要注意。图中最小项编号按变量高低位的顺序为 $EABCD$ 排列时，所对应的二进制码就已确定。

AB \ CD	00	01	11	10
00	0000 (0)	0001 (1)	0011 (3)	0010 (2)
01	0100 (4)	0101 (5)	0111 (7)	0110 (6)
11	1100 (12)	1101 (13)	1111 (15)	1110 (14)
10	1000 (8)	1001 (9)	1011 (11)	1010 (10)

图 F-3　四变量最小项图

	$\overline{E}$				轴	E			
AB \ CD	00	01	11	10		10	11	01	00
00	0	1	3	2		18	19	17	16
01	4	5	7	6		22	23	21	20
11	12	13	15	14		30	31	29	28
10	8	9	11	10		26	27	25	24

图 F-4　五变量最小项图

卡诺图为什么可以用来化简？这与最小项的排列满足逻辑相邻关系有关。因为在最小项相加时，相邻两项就可以提出（$N+\overline{N}$）项，从而消去一个变量。所以，在卡诺图中只要将相邻最小项组合，就可能消去一些变量，使逻辑函数得到化简。

既然卡诺图由全部最小项组成，任一与或逻辑函数表达式可以由若干个最小项之和来表示，那么就可以将该与或型逻辑函数表达式存在的最小项一一对应填入图中，存在的最小项填“1”，不存在的填“0”。因小格不是“1”，就是“0”，所以只填“1”就可以了，“0”可以不必填。

卡诺图化简法的步骤如下。

填图：将逻辑函数用卡诺图表示。按合并最小项规律，将相邻 1 方格圈起来，直到所有 1 方格被圈完为止，圈越大越好。合并最小项时，圈的最小项越多，消去的变量就越多，因而得到的由这些最小项的公因子构成的乘积项也就越简单。每一个圈至少应包含一个新的最小项。合并时，任何一个最小项都可以重复使用，但是每一个圈至少都应包含一个新的最小项——未被其他圈圈过的最小项，否则它就是多余的。必须把组成函数的全部最小项圈完。每一个圈中最小项的公因子就构成一个乘积项，一般来说，这些乘积项加起来，就是该函数的最简与或表达式。

有时需要比较、检查才能写出最简与或表达式。有些情况下，最小项的圈法不唯一，虽然它们同样都包含了全部最小项，但谁是最简单的，常常需要比较、检查才能确定。有时还会出现几个表达式都是最简式的情况。

本质：利用最小项的相邻性消去一个变化的因子。

参考文献

[1] 高吉祥，库锡树. 电子技术基础实验与课程设计 [M]. 3 版. 北京：电子工业出版社，2011.

[2] 王志伟. 电子技术应用项目式教程 [M]. 北京：北京大学出版社，2010.

[3] 蔻戈，蒋立平. 模拟电路与数字电路 [M]. 3 版. 北京：电子工业出版社，2015.

[4] 高嵩. 电工技术 [M]. 北京：电子工业出版社，1998.

[5] 梁洪杰，李栋. 电子技术基础项目教程 [M]. 北京：机械工业出版社，2014.

[6] 藤井信生. 电子实用手册 [M]. 薛培鼎，崔东印，译. 2 版. 北京：科学出版社，2007.

[7] 张兴伟. 全彩图解电子工程师入门手册 [M]. 北京：电子工业出版社，2016.

[8] 王海燕，展希才，程继兴. 电工技术 [M]. 北京：机械工业出版社，2010.

[9] 王卫平，杨翠峰，王永成. 数字电子技术实践 [M]. 大连：大连理工大学出版社，2009.

[10] 邓元庆. 数字设计基础与应用 [M]. 北京：清华大学出版社，2007.

[11] 闫石. 数字电子技术基础 [M]. 北京：中国石化出版社，2013.

[12] 孙红英，于凤卫. 电工电子基础与电力电子技术 [M]. 北京：人民交通出版社，2013.

[13] 王海群. 电子技术实验与实训 [M]. 北京：机械工业出版社，2005.

[14] 魏绍亮，陈新华. 电子工业实践 [M]. 北京：机械工业出版社，2002.

[15] 崔海良，马文华. 模拟电子技术 [M]. 北京：北京理工大学出版社，2013.